Kohlhammer

Peter Wiegmann

Einsatzplanung bei der Feuerwehr

Verlag W. Kohlhammer

Dieses Buch widme ich meinem Vater Günther Wiegmann (* 1941, † 2021). Er hat sein Leben lang in der Buchproduktion in meiner Heimatstadt Gütersloh in einem großen Medienunternehmen gearbeitet. Dementsprechend war er Büchern sehr verbunden. Während meines Studiums konnte ich dort in der Produktion als Aushilfe etwas Geld verdienen und die industrielle Herstellung von Büchern kennenlernen. So ist auch meine Verbundenheit zu Büchern entstanden. Leider kann er das Erscheinen dieses Buches nicht mehr miterleben. Er ist im September 2021 verstorben.

Die Abbildungen stammen – soweit nicht anders angegeben – von dem Autor. Um bei einigen Grafiken eine Gesamtansicht zu ermöglichen, wurde stellenweise auf die Lesbarkeit einiger Details verzichtet. Da es sich hierbei jeweils um etablierte Werkzeuge bzw. Hilfsmittel handelt, wird dieses Wissen vorausgesetzt.

Zur besseren Lesbarkeit wird in diesem Buch oftmals das generische Maskulin verwendet. Alle Personenbezeichnungen beziehen sich – sofern nicht anders kenntlich gemacht – auf alle Geschlechter und sind keinesfalls wertend.

1. Auflage 2026

Gesamtherstellung: W. Kohlhammer GmbH, Heßbrühlstr. 69, 70565 Stuttgart
produktsicherheit@kohlhammer.de

Print:
ISBN 978-3-17-043944-3

E-Book-Formate:
pdf: ISBN 978-3-17-043946-7
epub: ISBN 978-3-17-043947-4

Inhaltsverzeichnis

Vorwort

Liebe Leserin, lieber Leser,

vor Ihnen liegt erstmalig ein Buch zur ganzheitlichen Betrachtung des Arbeitsgebietes der Einsatzplanung in einer Feuerwehr. Es gibt eine Vielzahl von Fachbüchern in der Feuerwehrwelt. Das Thema »Einsatzplanung« kam bisher dabei meiner Meinung nach zu kurz. Insofern soll dieses Buch diese Lücke nun schließen. Ich freue mich über die Möglichkeit der Veröffentlichung und bedanke mich für die gute Zusammenarbeit mit dem Kohlhammer Verlag – insbesondere bei Lukas Janzen, der mich als Lektor betreut hat.

Dieses Fachbuch soll dazu anregen, über Strukturen und Planungsprozesse in der Feuerwehr nachzudenken und ggf. die Einrichtung eines eigenständigen Sachgebietes »Einsatzplanung« in Betracht zu ziehen, sofern dies nicht bereits etabliert ist. Nur durch ein sinnvolles Ineinandergreifen vieler Anweisungen, Dokumente und Einsatzpläne gelingt eine leistungsfähige Einsatzvorbereitung mit dem Ziel, die Einsatzqualität zu steigern und der Einsatzleitung unterstützende Einsatzpläne an die Hand zu geben.

Über Anregungen und Hinweise würde ich mich sehr freuen. Gerne können Sie mir diese an folgende E-Mail-Adresse schicken: bucheinsatzplanung@web.de

Viel Vergnügen beim Lesen des Buches!

Peter Wiegmann

Hinweis zu den Grafiken:

Zugunsten einer Gesamtansicht wurde bei einigen Grafiken auf große oder immer eindeutig lesbare Schrift verzichtet. Da es sich bei Werkzeugen wie z. B. Taktischen Arbeitsblättern und Feuerwehrplänen um etablierte Hilfsmittel handelt, wird dieses Wissen und der entsprechende Umgang damit vorausgesetzt.

Einführung in die Einsatzplanung

Dieses Fachbuch soll die »klassischen« Aufgaben der Einsatzplanung in der Feuerwehr aufzeigen. Dabei wird grundsätzlich zwischen den einsatzvorbereitenden (strukturschaffenden) Maßnahmen und den einsatzunterstützenden Informationen unterschieden. Hierzu zählen insbesondere Alarmdepeschen, Feuerwehrpläne, Pläne für besondere Einsatzlagen, Alarm- und Gefahrenabwehrpläne, Alarmpläne und sonstige Einsatzunterlagen.

Bei der Erstellung von Einsatzunterlagen und -plänen ist insbesondere ein ganzheitlicher Ansatz notwendig. Dieser soll Widersprüche und Lücken zwischen den verschiedenen Regelwerken (wie Bedarfsplanung, Führungsorganisation, Alarm- und Ausrückeordnung, Standard-Einsatzregeln und Taktikstandards) vermeiden. Viele Feuerwehren haben dafür ein eigenständiges Sachgebiet »Einsatzplanung« aufgestellt. Neben den »klassischen« Aufgabengebieten einer Feuerwehr:

- Technik,
- Aus- und Fortbildung,
- Vorbeugender Brandschutz,
- Personal und
- Leitstelle

gibt es die Einsatzplanung (als eigenständiges Aufgabengebiet) oftmals erst seit ein paar Jahren. In manchen Städten wird an Stelle der »Einsatzplanung« die Bezeichnung »Einsatzvorbereitung« für diesen Aufgabenbereich verwendet. Andere nutzen »Einsatzvorbereitung« als Überbegriff für mehrere Bereiche. So gibt es vereinzelt Abteilungen der Einsatzvorbereitung, in denen die Sachgebiete der Fahrzeug- und Gerätetechnik, der Aus- und Fortbildung und der Einsatzplanung enthalten sind.

Da die Führungskräfte vor allem in der ersten Phase eines Einsatzes eine Vielzahl von Informationen aufzunehmen und zu bewerten haben, muss diese Menge auf ein notwendiges Maß begrenzt bleiben. Insbesondere bei der Auswahl der Informationen benötigt der Einsatzplaner ein tiefgehendes Verständnis für die Anforderungen, die aus Sicht der Einsatzleitung an Einsatzunterlagen und Pläne generell gestellt werden.

Der Bereich der Brandschutzbedarfsplanung der öffentlichen Feuerwehren bzw. der Bedarfs- und Entwicklungsplanung bei Werkfeuerwehren wird in diesem Buch nur kurz angerissen, weil das Thema insgesamt so umfangreich und komplex ist, dass es ein gesondertes Buch füllen würde und dieses bereits auf dem Markt verfügbar ist. Auch wäre das Thema »Einsatzunterstützende Software« so umfangreich, dass es ein gesondertes Buch ergeben würde. Die planerischen Aufgaben der Feuerwehr im Vorfeld von Großveranstaltungen sollen ebenfalls nur kurz betrachtet werden, da auch hierzu inzwischen eigenständige Fachbücher erschienen sind.

Anhand vieler Bespiele sollen in diesem Buch praktische Lösungen aufgezeigt werden. Dabei muss es sich nicht immer um die Ideallösung handeln. Es bleibt dem Leser überlassen, durch diese Denkanstöße die eigene, für die jeweilige Feuerwehr passende Lösung zu suchen.

Danksagung

Die Fertigstellung dieses Buches wäre ohne die Unterstützung zahlreicher Personen nicht möglich gewesen und es fällt schwer, hier abzugrenzen. Bei den folgenden Personen möchte ich mich an dieser Stelle jedoch ganz besonders bedanken:

Christian Bernhardt, Werkfeuerwehr CHEMPARK Dormagen
Jan Ole Unger, Drehleiter.info
Dr. Adrian Ridder, BF Düsseldorf
Larus Melka, BF Bremerhaven
Andreas Rehbein, Fa. Kobra, Recklinghausen
Thomas Klünsch, Drohnenexperte der Fa. Currenta

Ein besonderer Dank gilt meiner Familie und insbesondere meiner Frau Claudia für die Unterstützung und den Verzicht vieler gemeinsamer Freizeitaktivitäten während der Recherche und dem Schreiben des Buches und meiner Tochter Ellen, die mich bei der Erstellung einiger Bilder unterstützt hat.

1 Aufgabe und Bedeutung der Einsatzplanung

Bevor der Begriff der Einsatzplanung betrachtet wird, lohnt sich zunächst ein Blick auf die Definitionen der »Planung« im Allgemeinen.

»Wenn man es nicht schafft zu planen, plant man, es nicht zu schaffen.«
*(Benjamin Franklin, Staatsmann USA * 1706, † 1790)*

»Planen ist ein systematisches zukunftsbezogenes Durchdenken von Zielen, Maßnahmen, Mitteln und Wegen zur zukünftigen Zielerreichung.«
(Jürgen Wild, Grundlagen der Unternehmensplanung, 1974)

Diese Definitionen umschreiben sehr gut, dass oftmals ohne eine vorherige Planung keine oder nur eine schlechte Umsetzung möglich ist. Dabei wird ein erreichbares Ziel vorangestellt. Betrachtet man beispielhaft einen Anlagenstillstand in der petrochemischen Industrie, so sieht man minutiös geplante Einzelschritte, die parallel oder zeitlich hintereinander erfolgen, um unter anderem das wirtschaftliche Ziel möglichst kurzer Produktionsunterbrechungen zu erreichen. In diesen Fällen arbeiten ganze Planungsstäbe oft monatelang im Vorfeld. In der Umsetzung finden dann tausende personalintensive Maßnahmen statt. Abweichungen werden dabei vom Planungsstab kontinuierlich betrachtet. Anpassungen werden vorgenommen. Die einzelnen Arbeitsschritte sind dabei (im Gegensatz zum Feuerwehreinsatz) im Vorfeld zeitlich genau bewertbar.

Ein anderes Beispiel kann man in der Bauindustrie sehen, wenn viele logische hintereinander notwendige Schritte verschiedener Gewerke koordiniert werden müssen. Logischerweise kann ein Dachdecker erst nach Fertigstellung des Dachstuhls vor Ort am Haus beginnen. Dennoch kann er rechtzeitig vorbereitende Maßnahmen treffen.

Insgesamt wird die Welt zunehmend komplexer. Die Anforderungen an die Feuerwehren steigen. Konnte man vor ca. 30 Jahren noch sicher sein, dass eine Fahrzeugbatterie im PKW vorne gut sichtbar im Motorraum anzufinden ist, so gibt es heute eine Vielzahl möglicher Einbauorte. Zusätzlich sind weitere Informationen, wie Antriebsart (Gas, LPG, Elektro- oder Wasserstoffantrieb etc.), Orte der Airbags, Gasgeneratoren, Karosserieverstärkungen und ggf. Hochvoltbereiche zusätzlich für das Vorgehen der Feuerwehr relevant. Dies hat zur Einführung der »Rettungskarten« durch die Automobilindustrie im Jahr 2009 geführt.

Diese Beispiele zeigen mit Blick auf die Einsatzbearbeitung folgende Grundsätze:

- Man muss vorbereitet sein – es braucht klare Planungen im Vorfeld (z. B.: Alarm- und Ausrückeordnung).
- Eine gute Planung ist eine gute Grundlage – ersetzt aber nicht die richtige Anwendung im Einzelfall.
- Der Planer muss sich realistische Szenarien im Vorfeld kreieren, auf deren Basis er agiert.
- Ein Anwender muss sich im Vorfeld mit einem Planwerk auseinandersetzen. Er muss Ziel und Nutzen verstehen und verinnerlichen. Idealerweise erkennt er einen Vorteil in der Nutzung des Planwerkes für sich.
- Ein Planwerk sollte nur die für die Anwendung notwendigen Informationen beinhalten und nicht inhaltlich »überfrachtet« werden. Dies gilt insbesondere für den hochdynamischen Feuerwehreinsatz. Lagekarten sollten zum Beispiel nur die relevanten Informationen farbig und die »untergeordneten« Informationen, wie z. B. Gebäudeumrisse, in schwarz-weiß oder grau darstellen. Unnötige Informationen sollten hingegen gar nicht dargestellt werden.
- Durch Visualisierung lassen sich oftmals Informationen besser darstellen als in textlichen Beschreibungen.
- Idealerweise werden Planwerke in der Praxis im Rahmen einer Einsatzübung oder eines Planspiels erprobt, anschließend werden notwendige Anpassungen vorgenommen.
- Erfahrungen in der praktischen Anwendung eines Planwerkes müssen bei einer Aktualisierung berücksichtigt werden. Nur so kann eine Weiterentwicklung und Qualitätssteigerung erreicht werden.
- Weil Planwerke in der Regel sehr viele Informationen beinhalten, steigt mit der Menge der Informationen auch die Gefahr fehlerhafter Informationen. Sinnvollerweise sollten Planerstellung und Prüfung von verschiedenen Personen durchgeführt werden (Vieraugenprinzip).
- Gravierende Fehler müssen sofort korrigiert werden. Im Einzelfall muss ein Einsatzplan bei gravierenden Fehlern sofort aus der Anwendung genommen werden.

- Andere Fehler können zu einem geeigneten Zeitpunkt korrigiert werden. Dafür bedarf es eines strukturierten Änderungsmanagements, damit Informationen nicht verloren gehen.

1.1 Die Stresskurve

Bei der Menge der Informationen, die ein Einsatzleiter aufnehmen und verarbeiten muss, kann man eine klassische »Stresskurve« mit der Normalverteilung nach Gauß (Carl Friedrich Gauß geb. 1777, verst. 1855) ansetzen. Neben der Menge der Informationen kann aber auch die vorherige »Aufbereitung« der Informationen stressentlastend wirken. Visuell veranschaulichte Informationen lassen sich vom Gehirn einfacher verarbeiten.

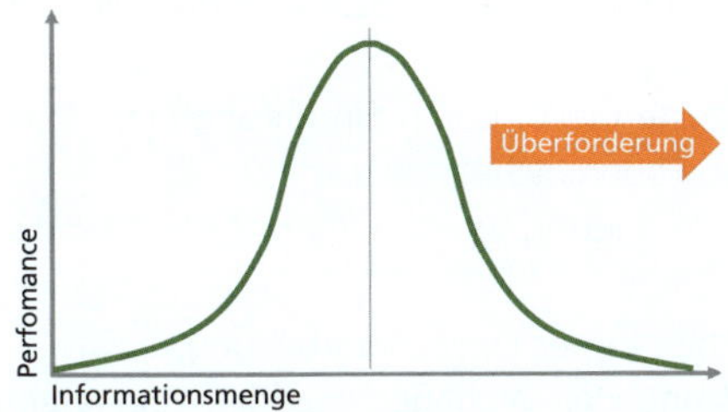

Bild 1: ***Stresskurve mit Normalverteilung nach Gauß***

Einhergehend mit technischen Veränderungen und aktuellen Ereignissen in unserer Gesellschaft ändert sich auch das Aufgabenspektrum der Feuerwehren ständig. Dabei sind »die Feuerwehren« grundsätzlich in der Lage, darauf angemessen zu reagieren, wenn sie vorbereitende Maßnahmen durch die Einsatzplanung vornehmen. Insbesondere die nachfolgenden Punkte führten und führen zu neuen Herausforderungen für die Feuerwehren:

- Biogefahren (Labore),
- Photovoltaikanlagen,
- Windenergie,
- alternative Antriebstechniken (LPG, DNG, Wasserstoff, Elektroantrieb etc.),
- Extremwetterlagen (Starkregen, Orkane, Stürme, Hochwasser etc.),
- Corona-Pandemie,
- Errichtung von Flüchtlingsunterkünften,
- Probleme in der Trinkwasserversorgung.

1.2 Ziele der Einsatzplanung

Frei übersetzt könnte man aus der FwDV 100 ableiten: »Es ist die Aufgabe der Einsatzplanung, die richtige Information zum richtigen Zeitpunkt in der ausreichenden Genauigkeit bereitzustellen.« Oftmals müssen diese Informationen im Vorfeld umfangreich recherchiert werden. Vereinfacht kann man generell folgende Ziele der Einsatzplanung zuordnen:

- Bereitstellung notwendiger Informationen für die Einsatzbearbeitung (Festlegung der Informationen für Alarmdisplay, Alarmdepeschen etc.),
- Umsetzung gesetzlicher Anforderungen,
- Anforderungen der Aufsichtsbehörden wie zum Beispiel die Umsetzung der Landeskonzepte in NRW für die Themen »Behandlungsplatz 50«, »Patiententransportzug 10« etc.,
- Erstellen von Arbeitsmitteln für die Einsatzkräfte und die Einsatzleitung (z. B.: System der Lagedarstellung),
- Optimierung von Prozessen (z. B. durch Einführung eines Vorgonges an einer hauptberuflichen Feuerwache),
- Vereinfachung durch Festlegung von Standards (z. B.: Standard-Einsatz-Regeln),
- Steigerung der Sicherheit in der Einsatzbearbeitung,
- tiefergehende Umsetzung der Vorgaben aus den Feuerwehrdienstvorschriften bzw. Anpassung an lokale Gegebenheiten,
- Weiterentwicklung der Feuerwehren durch Ermöglichung neuer Einsatzarten durch vorherige Planung (z. B. Einsätze an Fahrzeugen mit alternativen Antrieben),
- Festlegung von Abläufen besonderer Einsatzsituationen (Szenarienbasiert z. B.: Atemschutznotfall),
- Anforderung und wiederkehrende Überprüfung von Einsatzunterlagen von Betreibern besonderer Anlagen (z. B.: Feuerwehrplan nach DIN 14095).

Auf der einen Seite findet im Informationszeitalter eine massive Zunahme der zur Verfügung stehenden Informationen statt. Auf der anderen Seite kommen immer mehr neue Aufgaben auf die Feuerwehr zu, die es zu bewältigen gilt. Es braucht daher eine Einsatzplanung, die konzeptionell diese Dinge betrachtet und nur die Informationen nach Möglichkeit auf das notwendige Maß reduziert.

Das vorliegende Werk soll ein roter Faden für alle Aufgaben der Einsatzplanung sein, daher können einzelne Themen nicht bis ins Detail betrachtet werden. Die Struktur dieses Buches unterscheidet zwischen:

- der Einsatzplanung im Vorfeld (dazu kann man alle einsatzvorbereitende Maßnahmen zählen),
- der konkreten Planung des Einsatzes an der Einsatzstelle, die auch den Ablauf und den Informationsfluss betrachten und
- Einsatzunterlagen, die jederzeit unterstützend zur Verfügung stehen müssen (dazu zählen neben den Plänen im weiteren Sinne sämtliche notwendigen Informationsquellen, die im Verlauf des Einsatzes vor Ort benötigt werden).

In ▶ Kapitel 5 wird anhand eines Einsatzbeispiels der (Einsatz-)Planungsprozess des Einsatzleiters veranschaulicht. Es ist auch die Aufgabe der Einsatzplanung, das strategische Handeln der Führungskräfte zu unterstützen.

Ein Blick in die Feuerwehrdienstvorschriften zeigt, dass in den zuletzt eingeführten überarbeiteten Vorschriften, wie der FwDV/DV 800 (2017) in Kapitel 3.2 oder der FwDV 500 (2022) in Kapitel 1.2.2 (und weiteren) auch hier der steigenden Bedeutung der Einsatzplanung durch eigene Kapitel Rechnung getragen wurde. In der 2015 herausgegebenen Empfehlung der Arbeitsgemeinschaft der Leiter der Berufsfeuerwehren (AGFB) für »Qualitätskriterien für die Bedarfsplanung von Feuerwehren in Städten« heißt es: »Die Erkundungszeit und die Entwicklungszeit können durch Verbesserungen in der Einsatztaktik, den Einsatzunterlagen und der Ausstattung unterstützt werden«. Auch dies sind konkrete Hinweise auf die Notwendigkeit der Einsatzplanung insgesamt.

1.3 Zukünftige Entwicklungen der Einsatzplanung der Feuerwehr

Spätestens seit dem Loveparade-Unglück 2010 in Duisburg und dem terroristischen Anschlag auf dem Breitscheidplatz 2016 in Berlin sind die Anforderungen an die vorbereitenden Planungen und die Anforderungen an die Sicherheit bei Veranstaltungen erheblich gestiegen. Letztendlich sieht man dies inzwischen auch bei jedem kleineren Weihnachtsmarkt oder Stadtfest, bei dem Durchfahrtbarrieren und Hindernisse errichtet werden. In diesen Fällen ist dennoch der Einsatz von Rettungsdienst und Feuerwehr sicherzustellen – eine klassische Aufgabe der Einsatzplanung im Vorfeld.

Die Auswirkungen durch den Klimawandel, die sich durch verstärktes Aufkommen von Stürmen, Starkregenereignissen, Hochwasserlagen, Hitzeperioden, Waldbränden und vielem mehr zeigen, führen ebenfalls zu veränderten Anforderungen, die die Feuerwehren zukünftig vermehrt bewältigen müssen. So wurde zum Beispiel in Mühlheim an der Ruhr im Jahr 2023 bei der Berufsfeuerwehr ein neues Modulsystem »Trinkwasserversorgung« mit 15 000 Litern Trinkwasser erstmalig beschafft und durch besondere Einsatzkonzepte in die Umsetzung gebracht. Ergänzt wurde dieses Modul »Energieversorgung« mit sechs Großaggregaten zur Stromerzeugung. Durch die Trockenheit aufgrund des Klimawandels sind in den Jahren 2022 und 2023 viele großflächige Waldbrände in Deutschland entstanden, die für die Feuerwehren zu großen Herausforderungen wurden. Neben den vorbereitenden Planungen im Vorfeld für derartige Ereignisse ist auch die Personal- und Materialplanung während des laufenden Einsatzes entscheidend, um die Durchhaltefähigkeit sicherzustellen. Dafür sollten im Vorfeld die entsprechenden Informationswege und Arbeitsunterlagen erstellt werden. Die Gefahrenabwehr im Bereich der Waldbrandbekämpfung (oder Vegetationsbrandbekämpfung) wird momentan in Deutschland erheblich weiterentwickelt und führt zu neuen Taktiken und Einsatzkonzepten, die im Detail auf die lokalen Feuerwehren umgesetzt werden müssen. Neben der Umsetzung der Brandbekämpfungsstrategien (offensiv versus defensiv) ist vor allem eine lokale Planung mit den Gegebenheiten vor Ort durchzuführen, um Anfahrt- und Rückzugswege, Löschwasservorkommen etc. sinnvoll nutzen zu können. In einzelnen Bundesländern gibt es landesweite Waldbrandeinsatzkarten als Informationsmittel, wie zum Beispiel in Niedersachsen, Hessen oder Sachsen-Anhalt.

Die Auswirkungen des Klimawandels können aber auch unsere Infrastruktur beschädigen, wie etwa die stromführenden Überlandleitungen. Für die Versorgung mit elektrischem Strom hat zum Beispiel das Land Nordrhein Westfalen in der jüngeren Vergangenheit 25 Netzersatzanlagen für den Katastrophenschutz beschafft und in den Dienst der Feuerwehren gestellt. Diese Einheiten können eine elektrische Stromversorgung je nach Lage für einzelne Objekte bei Ausfall der Energieversorgung bereitstellen. Sie können Notstrombereiche von Krankenhäusern absichern oder Wärme zur Betreuung von Menschen erzeugen. Für beide Fälle ist eine Szenarienorientierte Einsatzplanung im Vorfeld durch die zuständige Feuerwehr durchzuführen. Die Netzersatzanlagen sind Teil eines Logistikkonzeptes, welches unter anderem auch Leistungen im Bereich der Verpflegung von Einsatzkräften und der Sicherstellung eines länger andauernden Einsatzes durch die Nutzung eines Ruhebereiches ermöglicht.

Es gibt aber auch gesellschaftliche Veränderungen, die Auswirkungen auf die Feuerwehr haben. Viele Städte haben bereits autofreie Wohngebiete umgesetzt, wie zum Beispiel Münster, Aachen, Freiburg oder Berlin. Dies kann Auswirkungen auf die Einsätze der Feuerwehr haben, weil diese Bereiche gegen das Hereinfahren der PKW geschützt sind. Im einfachsten Fall kann dies die Verwendung von Sperrpfosten mit Feuerwehrentriegelung bedeuten und weitergehende Konsequenzen haben. Bereits bei der Aufstellung derartiger Bebauungspläne sollte die Feuerwehr beteiligt sein, um einen sicheren und schnellen Einsatz jederzeit zu gewährleisten und ggf. Kompensationen zu berücksichtigen. Neue Verkehrskonzepte können zu Problemen aber auch Chancen für die Feuerwehr führen. Beispielsweise kann das Vorhandensein einer eigenen Busspur im Ampelbereich im Einzelfall ein sicheres Umfahren wartender Fahrzeuge bedeuten. Die Feuerwehr sollte bereits bei der Konzeption neuer Verkehrskonzepte beteiligt werden. Zukünftig wären bei »intelligenter« Ampelschaltung durch Signalansteuerungen herannahender Einsatzfahrzeuge Grünschaltungen denkbar. In Berlin gab es 2021 dazu bereits das Pilotprojekt »HALI« (Grüne Welle für Einsatzfahrzeuge der Polizei und der Feuerwehr).

Vorstellbar sind Entwicklungen in den Bereichen:

- Bildanalyse (Pläne für die Feuerwehr),
- Früherkennung von Bränden durch Drohnen zur Überwachung,
- Optimierung von Einsatzplänen unter vorher festgelegten Kriterien (Einlesen und Auswerten von grafischen Informationen),
- Optimierung im Technikeinsatz (z. B. Drohnen zur Erkundung),
- Datenanalysen zum Beispiel im Bereich der Messergebnisauswertung und Beurteilung bis hin zum Ableiten von Maßnahmen,
- Einsatz im Bereich der Spachassistenz (z. B. Simultanübersetzung in der Erkundung oder Notrufannahme in einer Leitstelle),
- Einsatz- und Führungsübungen unter Einsatz von »Virtual Reality« (VR),
- Analysen in der Einsatzauswertung.

Diese Aufzählung kann hier nur beispielhaft sein und wird sich rasant weiterentwickeln. Bereits absehbar ist, dass das Erfordernis der Einrichtung einer Einsatzplanung dadurch zunehmend an Bedeutung gewinnen wird.

Der Einfluss durch künstliche Intelligenz auf die zukünftige Arbeit der Einsatzplanung in der Feuerwehr dürfte bereits begonnen haben. Gibt man im ChatGPT (Generative Pre-trained Transformer) folgende Frage ein: »Wofür braucht eine Feuerwehr eine Einsatzplanung?«, dann errechnet diese »künstliche Intelligenz« folgende Antwort:

»Eine Feuerwehr benötigt eine Einsatzplanung, um sicherzustellen, dass sie im Falle eines Einsatzes effektiv und effizient handeln kann. Die Einsatzplanung umfasst die Vorbereitung, Koordination und Durchführung von Einsätzen …« (9. Mai 2023).

Diese Antwort entspricht den Vorstellungen des Autors – in der künstlichen Intelligenz liegen aber auch Gefahren! So können der Feuerwehr beispielsweise gezielte Fehlinformationen in hoher Qualität begegnen.

All diese Dinge können im Einsatzfall nur sinnvoll genutzt und eingesetzt werden, wenn sie im Vorfeld durch eine strukturierte Planung vorbereitet, geschult und geübt werden. Insbesondere diese Einsatzpläne müssen so geschrieben und aufgebaut sein, dass sie in dem seltenen Fall der Anwendung selbsterklärend und leicht lesbar umgesetzt werden können. Ferner sind sie unter anderem auch in der Leistelle zu hinterlegen. Für den Fall der Mitwirkung der Feuerwehr in diesen Plänen sind sie in die Alarm- und Ausrückeordnung aufzunehmen.

Sollte die eigene Feuerwehr nicht in diesen Konzepten aktiv mitwirken, so sind die Leistungsfähigkeit dieser Einheiten, die Standorte der entsendenden Feuerwehren und deren prognostizierte Eintreffzeit in einem Einsatzplan zu hinterlegen.

2 Sachgebiet »Einsatzplanung«

Ein Sachgebiet »Einsatzplanung« hat innerhalb einer Feuerwehr sehr viele Schnittstellen. Abhängig von der Art und Größe der Feuerwehr können diese sehr unterschiedlich ausgeprägt sein. Zunächst sollen die Zuständigkeiten bei der Bearbeitung verschiedener Themenstellungen in einer VDMI-Matrix veranschaulicht werden.

2.1 VDMI-Matrix Einsatzplanung

Diese deutsche Form der englischen Projektmanagement-Methode »RACI-Matrix« (Responsible, Accountable, Consulted, Informed) dient zur vereinfachten Veranschaulichung. Dabei ist entscheidend, dass immer nur einer Stelle die Verantwortung (V) und die Durchführung (D) zugeordnet werden. Dies kann im Einzelfall dieselbe Stelle sein. Bei Mitwirkung (M) und Information (I) können mehrere Stellen aufgeführt werden.

Das Sachgebiet Ausbildung wird bei vielen Themen informiert. Dennoch sollte bei dieser »Information« auch die Möglichkeit der Ausbildung des jeweiligen Planwerkes besprochen werden. Im Einzelfall sind gesonderte Ausbildungsunterlagen auf die Teilnehmer zugeschnitten zu erstellen. Wird beispielsweise ein Einsatzplan für eine Kirmes vorgestellt, muss ein komplexes Einsatzkonzept, wie zum Beispiel ein MANV-Konzept, geschult und anschließend in einer Übung die Umsetzung erprobt werden. Abläufe müssen geübt und verinnerlicht werden. Das Konzept ist auf die praxistaugliche Umsetzung zu überprüfen. Schwachstellen sind zu identifizieren. Gegebenenfalls ist das Konzept nach der Auswertung anzupassen. Erkenntnisse aus den Übungen sind zu berücksichtigen. Dies führt insgesamt zu einer höheren Akzeptanz. Ferner dient es als Qualitätskontrolle, die sicherstellt, dass ein Konzept auch umsetzbar ist. Bei der Ausbildung ist zielgruppenorientiert vorzugehen. Wird beispielsweise eine neue Führungsorganisation im Wachunterricht einer hauptberuflichen Feuerwehr besprochen, so gibt es unterschiedliche Anforderungen an die Ausbildung aus Sicht der »Mannschaft« oder Sicht der Führungskräfte.

In diesen Beispielen wird deutlich, dass idealerweise die Durchführung erster Schulungen durch die Einsatzplanung selbst durchgeführt werden. Nur so können Hintergründe erläutert werden, die bei der Erstellung ausschlaggebend waren. Eine spätere Wiederholung kann dann durch das Sachgebiet Ausbildung erfolgen. Dafür ist es sinnvoll, wenn die Schulungsunterlagen in enger Abstimmung erstellt werden.

	SG Einsatzplanung	Leiter der Feuerwehr	SG Leitstelle	Führungskräfte der Feuerwehr	Wachabteilungen	Freiwillige Feuerwehr	SG Vorbeugender Brandschutz	SG Ausbildung	SG Fahrzeug- und Gerätetechnik	SG Rettungsdienst
Bedarfsplanung/Bedarfs- und Entwicklungsplan	D	V	M	I						
Führungsorganisation	D	V	M	M	I	I	I	I	I	I
AAO	D	V						I		
SER	VD	I	I	M	M	M		I		
Taktikstandards	VD	I	I	M	M	M		I		
Alarmdepeschen	VD	I	M	M	I	I				
Pläne für besondere Einsatzlagen	D	V	I	M	M	M	M			
MANV-Konzept	M	V	M					I		D
Anforderungen an Technik	VD	I		M	I	I			M	

Bild 2: ***VDMI-Matrix »Einsatzplanung« (V: Verantwortung – Sicherstellung der Durchführung/verantwortlich für die Qualität, Wahrnehmung einer teilweise gesetzlich festgeschriebenen Verantwortlichkeit; D: Durchführung – Zuständig/Bearbeitung der Aufgabe; M: Mitwirkung – Aktive Mitwirkung/Fachliche Beratung; I: Information – Passiv/Wird vom Durchführenden informativ eingebunden, ist aber nicht an der Entscheidung beteiligt)***

Ein Sachgebiet »Einsatzplanung« besitzt themenbezogen viele verschiedene Schnittstellen innerhalb der Feuerwehr. Im Folgenden sind beispielhaft drei verschiedene Organisationsformen als Varianten dargestellt. Diese beziehen sich beispielhaft auf eine »mittelgroße« hauptamtliche Feuerwehr. Die einzelnen Schnittstellen sind nach inhaltlichen Themen durch farbige Felder im Hintergrund dargestellt. Dabei wird in diesen Grafiken nicht nach den Inhalten der VDMI-Matrix unterschieden. Die Zahlen stehen in allen drei Beispielen für die folgenden Schnittstellen:

1) Bedarfsplanung,
2) Führungsorganisation,
3) AAO,
4) SER,
5) Taktikstandards,
6) Alarmdepeschen,
7) Feuerwehrplan (objektbezogen),
8) Pläne für besondere Einsatzlagen,

9) MANV-Konzept (im Lead: RD),
10) Alarm- und Gefahrenabwehrplan,
11) Anforderungen an Technik.

In der ersten Variante (▶ Bild 3) ist die Einsatzplanung organisatorisch sehr am Vorbeugenden Brandschutz angehangen. Der Vorbeugende Brandschutz kennt über die gutachterlichen Stellungnahmen im Baugenehmigungsverfahren frühzeitig neue Projekte im Stadtgebiet, bei denen die Einsatzplanung eingebunden werden kann.

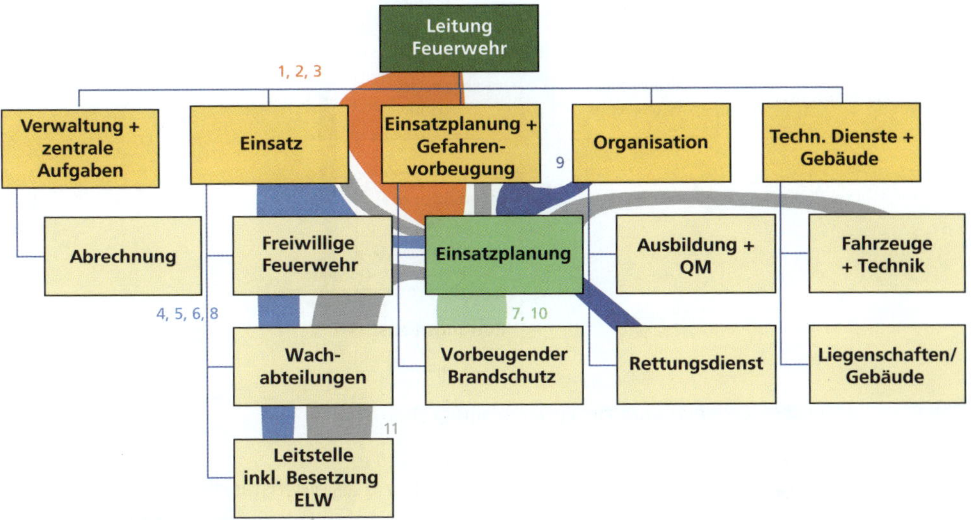

Bild 3: ***Mögliches Organigramm zur Einsatzplanung (Variante 1)***

Die zweite Variante (▶ Bild 4) optimiert den »Output« des Sachgebiets Einsatzplanung durch organisatorische Nähe zur Ausbildung und zur Technik. Beide Bereiche setzen die Anforderungen der Einsatzplanung nach Abschluss um.

In der dritten Variante (▶ Bild 5) ist die Einsatzplanung direkt dem Leiter der Feuerwehr unterstellt. Die Summe der Schnittstellen reduziert sich dadurch geringfügig.

Zusammenfassend kann man aus allen drei Organigrammen ableiten, dass es eine optimale Organisationsform aus Sicht der Einsatzplanung nicht geben kann. Vielmehr ergeben sich generell »im eigenen Haus« viele Schnittstellen, die themenabhängig unterschiedlich sind. Ein Sachgebiet Einsatzplanung agiert daher immer »interdisziplinär«. Entscheidender ist aus Sicht des Autors aber die generelle Not-

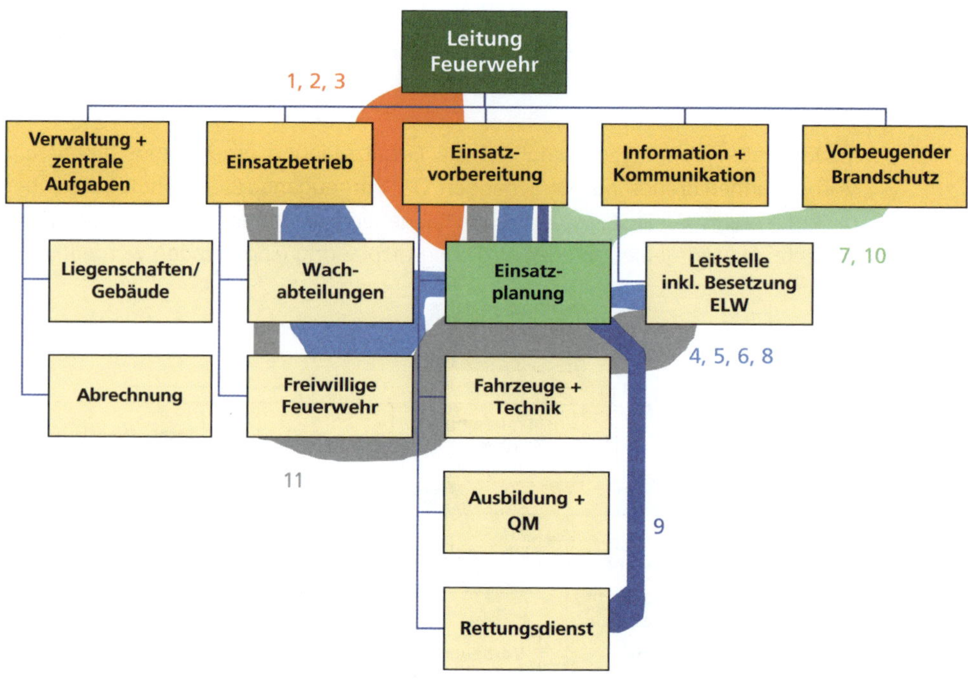

Bild 4: ***Mögliches Organigramm zur Einsatzplanung (Variante 2)***

wendigkeit der Einrichtung einer Einsatzplanung als eigenständiges Sachgebiet. Dies gibt dem Thema insgesamt Bedeutung und ermöglicht die zentrale Konzentration aller Themen, die in diesem Fachbuch betrachtet werden an einer Stelle. Aus der Aufgabenstellung können die Kompetenzen und das Fachwissen abgeleitet werden, über die die Mitarbeitenden der Einsatzplanung idealerweise verfügen sollten:

- Teamfähigkeit,
- räumliches Denken,
- Fähigkeit zur vereinfachten visuellen Darstellung auch komplexer Sachverhalte,
- sachgebietsübergreifendes Denken,
- Fähigkeit, sich in die üblichen Problem- und Fragestellungen des Einsatzleiters an der Einsatzstelle hineinzudenken,
- Denken in Prozessen,
- Kenntnisse und Erfahrungen über die Leistungsfähigkeit der Feuerwehr,

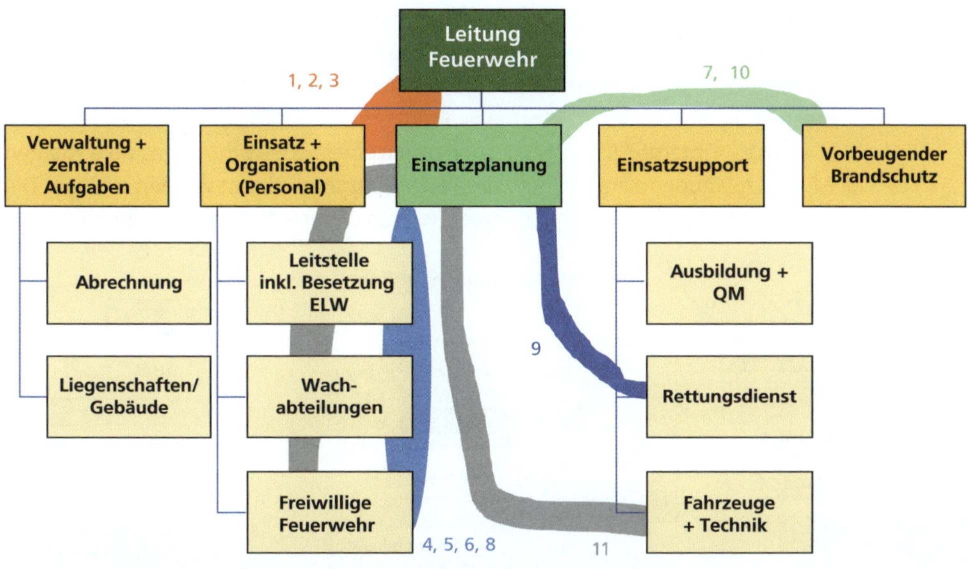

Bild 5: ***Mögliches Organigramm zur Einsatzplanung (Variante 3)***

- Kenntnisse und Erfahrungen über die Leistungsfähigkeit des Rettungsdienstes und der Hilfsorganisationen (wenn relevant),
- Kenntnisse und Erfahrungen in der Stabsarbeit (Erstellung und Fortschreibung, Führungsorganisation, Führungsstufe D),
- Kenntnisse über besondere Objekte und Gefahren im Zuständigkeitsbereich,
- Kenntnisse über einschlägige Normen,
- neben den vielen internen Schnittstellen agiert die Einsatzplanung im Rahmen ihrer Aufgabenstellung auch nach »außen«. Dabei ist oftmals eine strategische Kompetenz erforderlich. Die strategische Zielsetzung wird mit der Leitung der Feuerwehr im Vorfeld abgestimmt.

Für die Erstellung von Feuerwehrplänen gibt es in verschiedenen Einrichtungen eigenständige Seminare, die sich allerdings teilweise an die Zeichner selbst wenden. Der TÜV Rheinland bietet zum Beispiel ein Seminar mit der Qualifikation zur »Fachkundigen Person für Feuerwehrpläne, Flucht- und Rettungspläne« an. Da das Zeichnen der Pläne in der Regel nicht innerhalb der Feuerwehr selbst durchgeführt wird, sollten die Seminarinhalte bei der Vielzahl der Angebote im Vorfeld genau betrachtet werden, um eine Notwendigkeit der Teilnahme im Einzelfall bewerten zu können. Da viele Seminare aber neben der Erstellung der Pläne selbst auch die Systematik von Feuerwehrplänen mit vielen rechtlichen und inhaltlichen Fragestellungen behandeln, kann eine Teilnahme sinnvoll und zielführend sein.

Neben den internen Schnittstellen innerhalb einer Feuerwehr gibt es viele Themen der Einsatzplanung, die außerhalb der Feuerwehr abgestimmt werden müssen. Die nachfolgende Übersicht (▶ Bild 6) zeigt, wie umfangreich diese sein können.

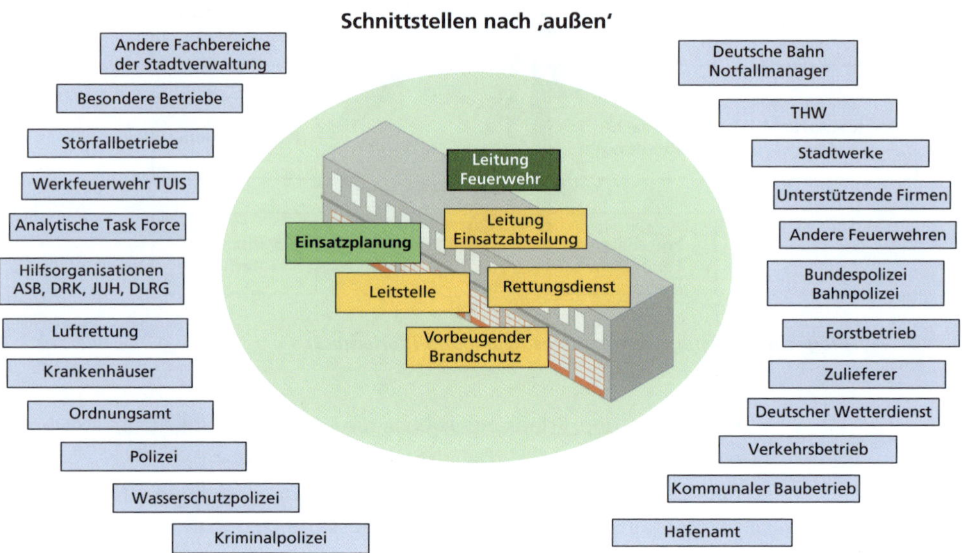

Bild 6: ***Externe Schnittstellen der Einsatzplanung***

Beispielhaft sind die Anforderungen der Feuerwehr an ein neues autofreies Wohngebiet zu nennen. Mit dem Wegfall der Nutzung von PKW innerhalb des Wohngebietes müssen die Anfahrten für die Feuerwehr dennoch sichergestellt werden, auch wenn die Gebäudehöhen keine Drehleitern erfordern und der zweite Rettungsweg über tragbare Leitern der Feuerwehr sichergestellt werden kann. Zur Anfahrt können im Einzelfall ausgebaute Radwege oder andere Verkehrswege genutzt werden, wenn neben der Tragfähigkeit auch die Kurvenradien und Kurvenbreiten eine Anfahrt im Einsatzfall ermöglichen. Diese Fragestellungen können zentral von der Einsatzplanung bewertet und mit anderen Fachbereichen der Stadtverwaltung (z. B. Stadtplanung, Ordnung und Sicherheit etc.) abgestimmt werden.

Wird in einem anderen Beispiel die Verkehrsinfrastruktur auf eine »intelligente« Ampelsteuerung umgerüstet, so kann die Feuerwehr durch Einführung eines aktiven »Blaulichtroutingsystems« Einfluss auf die Ampelsteuerung bei Alarmfahrten automatisch oder per Sender nehmen. Im Einzelfall können nur so in dem immer dichter werdenden Straßenverkehr die festgelegten Hilfsfristen in der Gefahrenabwehr noch erreicht werden. Besonderheiten bei der Anfahrt können informativ in der Alarmdepesche hinterlegt werden, um den ausrückenden Einheiten gezielte Informationen zu geben.

Wird in einem dritten Beispiel die Einsatzfähigkeit der Feuerwehr durch Großbaustellen beeinträchtigt, so kann die Einsatzplanung auch hier geeignete Kompensationen erwirken. Die Umschlussarbeiten vor der Eröffnung der neuen Autobahnbrücke in Leverkusen hat zu einer zeitweisen Vollsperrung in beide Richtungen geführt. Nur durch die vereinbarte Sondernutzung durch die Feuerwehr im Einsatzfall konnte die Einsatzfähigkeit Rhein-übergreifend im Januar 2024 sichergestellt werden.

Bei der baulichen Situation von Rast- und Parkplatzanlagen im Autobahnbereich wird im Gegenzug kaum Einfluss bei der Gestaltung genommen. Hier ist die vor Ort vorhandene Situation von der Einsatzplanung aufzunehmen; auf dieser Basis können dann ggf. Absprachen mit den Betreibern, zum Beispiel für die Planung eines Bereitstellungsraumes oder einer Sammelstelle (Rastplätze etc.), getroffen werden. Hier ist in der Regel aber auch keine Mitwirkung der Feuerwehr bei der Planung dieser Anlagen erforderlich, da diese generell für große LKW ausgelegt werden.

Ein weiteres Beispiel für die notwendige Zusammenarbeit mit externen Stellen sind Einsätze auf dem Bahngelände – insbesondere in Tunnelanlagen. Diese erfordern neben einer Einsatzplanung mit besonderen Einsatzkonzepten im Vorfeld oftmals auch die Anschaffung besonderer Einsatzmittel. Szenarienbasiert sind in diesem Beispiel im Vorfeld folgende Fragestellungen zu betrachten:

- Welche Szenarien können einen Einsatz der Feuerwehr auslösen?
- Mit welcher Personenzahl bzw. Verletztenanzahl muss gerechnet werden? (I. d. R. schwer abschätzbar)
- Wie ist die räumliche Situation in puncto Anfahrt, Aufstellflächen, Zugänglichkeiten etc.?
- Wo ist die Leistungsgrenze der Feuerwehr und wie kann diese ggf. durch technische oder organisatorische Anpassungen verändert werden?
- Welche Kräfte können unterstützen? Wie werden diese eingebunden? (Z. B.: Notfallmanager, Hilfsorganisationen, besondere Fachkräfte, Fachberater etc.)

- Welche erfolgreichen Einsatzkonzepte gibt es bereits bei anderen Feuerwehren, die beispielhaft herangezogen werden können?
- Welche Übungs- und Einsatzerfahrungen sind zu berücksichtigen?

Die AGBF hat 2015 die Qualitätskriterien für die Bedarfsplanung von Feuerwehren in Städten aus 1998 überarbeitet. »Die Erkundungszeit und die Entwicklungszeit können durch Verbesserungen in der Einsatztaktik, den Einsatzunterlagen und der Ausstattung unterstützt werden.« Hieraus ergibt sich ein konkreter Auftrag zur Erstellung geeigneter Einsatzunterlagen und einer ggf. erforderlichen Verbesserung der Ausstattung auf Anforderungen der Einsatzplanung.

2.2 Sachgebiet »Einsatzplanung« einer Freiwilligen Feuerwehr

Viele Freiwillige Feuerwehren verfügen über hauptamtliche Gerätewarte. Dies entlastet die Einsatzkräfte um viele notwendige Prüf- und Pflegearbeiten erheblich. Durch die zunehmende Anzahl an Aufgaben wäre es auch denkbar, in vielen Städten einen hauptamtlichen Angestellten für die Einsatzplanung einzustellen. Bei der Vielzahl der Themen, die in diesem Buch intensiv vorgestellt werden, kann dies eine sinnvolle Entlastung der ehrenamtlichen Kräfte sein. Nach Erstellung maßgeschneiderter Einsatzkonzepte könnte der Einsatzplaner nachfolgend direkt die notwendigen Ausbildungskonzepte und -unterlagen erstellen und intern abstimmen.

Ferner könnte auch hier durch systematische Vorplanung die Qualität und die Sicherheit der Einsatzbearbeitung gesteigert werden. Viele Landkreise haben sogenannte Brandschutzdienststellen eingerichtet, in denen hautberuflich der Vorbeugende Brandschutz als behördliche Aufgabe wahrgenommen wird. Die Schnittstelle zum VB könnte durch einen hauptamtlichen Einsatzplaner ebenfalls sehr gut gepflegt werden, allein schon wegen der parallelen Arbeitszeit, die bei den Freiwilligen Feuerwehren, die in den Abendstunden ihren klassischen Übungsdienst absolvieren, nicht der Fall ist.

2.3 Sachgebiet »Einsatzplanung« einer hauptamtlichen Feuerwehr

In einer hauptamtlichen Feuerwehr sollte ein Führungsdienst (mindestens mit Qualifikation eines Zugführers) ein eigenständiges Sachgebiet »Einsatzplanung« leiten. Zusätzlich sind weitere Mitarbeiter im Sachgebiet erforderlich, die mindestens über die Qualifikation eines Gruppenführers verfügen sollten. Der Personalansatz hängt insgesamt von folgenden Faktoren ab:

- aktueller Stand vorhandener Einsatzpläne (IST/SOLL),
- allgemeiner Entwicklungsstand des Sachgebietes »Einsatzplanung«,
- Organisationsstruktur der Feuerwehr,
- strategische Ausrichtung,
- Komplexität der Aufgabenstellung,
- Größe der Feuerwehr,
- Aufgaben Krisenstab: Mitwirkung/Organisation,
- Aufgaben Einsatzleitungsstab: Mitwirkung/Organisation,
- Aufgabenspektrum der Feuerwehr im Ausrückebereich insgesamt,
- Summe der Schnittstellen zu anderen (externen) Bereichen.

2.4 Ausstattung des Sachgebietes

Idealerweise verfügen alle Arbeitsplätze in dem Sachgebiet »Einsatzplanung« über zwei große Computerbildschirme oder Vergleichbares, um Pläne parallel anzeigen und bearbeiten zu können. Die Schreibtische sollten ebenfalls sehr groß sein, um ggf. Pläne ausbreiten zu können. An den Wänden sollten möglichst viele Whiteboards zur Verfügung stehen – auch um Pläne mit starken Magneten aufhängen zu können. Ein angeschlossener Farbdrucker sollte mindestens in DIN A3 zur Verfügung stehen. Idealerweise steht ein Plotter in DIN A1 zur Verfügung. Üblicherweise werden Drucker und Plotter aufgrund des Arbeitsschutzes in einem separaten Raum installiert.

Neben der klassischen Büro-IT sollten auch Tablet-PC zur Verfügung stehen. Diese sind inzwischen bei vielen Feuerwehren zum Standard geworden und ermöglichen einen ständigen Zugriff auf notwendige Daten. Die Nutzung von Tablet-PC in der Sachgebietsarbeit der Einsatzplanung bietet die Chance, eine Routine in der Anwendung sämtlicher Einsatzpläne und geeigneter Apps zu erwerben, um dadurch eine jeweilige Eignung für den Feuerwehreinsatz abschätzen zu können. Ferner benötigt dieses Sachgebiet Zugang zu folgenden Unterlagen:

- Brandschutzbedarfsplan,
- Rettungsdienstbedarfsplan,
- Genehmigungen mit Relevanz für die Feuerwehr,
- Erlasse und Richtlinien mit Relevanz für die Feuerwehr,
- Landeskonzepte der Gefahrenabwehr,
- Zugriff auf geltende Normen,
- Karten in elektronischer und ausgedruckter Form des Ausrückebereiches und des Umfeldes.

3 Elemente der Einsatzplanung

3

In diesem Kapitel werden nachfolgende Elemente der Einsatzplanung betrachtet. Der Begriff »Elemente« wurde dabei zur einfacheren Formulierung gewählt und ist so im Bereich der Feuerwehren nicht etabliert.

Bei der Erstellung und Aktualisierung verschiedener Einsatzunterlagen ergeben sich für die Einsatzplanung unterschiedliche Schnittstellen innerhalb und außerhalb der Feuerwehr. Während für die Brandschutzbedarfsplanung originär die Stadt selbst verantwortlich ist und die Feuerwehr bzw. die Einsatzplanung eher unterstützen, liegt zum Beispiel das Aufstellen der Führungsorganisation und der Alarm- und Ausrückeordnung originär in der Hand der Einsatzplanung. Für die systematische Aufstellung einer Brandschutzbedarfsplanung werden oftmals externe Beraterfirmen beauftragt. Bei der Erstellung hat die Feuerwehr dann eine beratende Rolle. Sie unterstützt bei der Erfassung der vorgefundenen Struktur und Auswertung der Einsätze der Vergangenheit. Ferner sollte sie in diesem Prozess beachten, dass die Inhalte der Brandschutzbedarfsplanung aus Sicht der Feuerwehr umsetzbar sind. In Kraft gesetzt wird der Brandschutzbedarfsplan abschließend durch den Stadtrat oder Magistrat der Stadt. Für die Umsetzung sind nachfolgend oftmals personelle und/oder technische Anpassungen innerhalb der Feuerwehr erforderlich. Im Extremfall kann dies bis zum Neubau einer (zusätzlichen) Feuerwache gehen.

In Zukunft ist zu erwarten, dass Landkreise, kreisfreie Städte und die Innenministerien der Bundesländer Katastrophenschutzbedarfsplanungen aufstellen werden, um den zunehmenden Anforderungen auch hier Rechnung zu tragen. Erste Bundesländer, wie zum Beispiel Rheinland-Pfalz, bauen dafür momentan neue Strukturen auf. Die Einsatzplanung der Feuerwehr wird auch hier umfangreich mitarbeiten müssen, um ineinandergreifende Konzepte zu ermöglichen.

Um sicherzustellen, dass die Elemente der Einsatzplanung sinnvoll ineinandergreifen und keine Regelungslücken oder Überregulierungen stattfinden, ist es sinnvoll, diese an einer zentralen Stelle in einem Sachgebiet »Einsatzplanung« zu entwickeln und ständig zu aktualisieren. In diesem Sachgebiet sollte auch eine langfristige strategische Ausrichtung und Weiterentwicklung der Feuerwehr vorgenommen werden – insbesondere unter den momentan sich ständig verändernden äußeren Rahmenbedingungen. Der Aufbau von Flüchtlingsunterkünften in den Kommunen mit Unterstützung durch die lokalen Feuerwehren, die Bewältigung von Einsätzen durch Extremwetterlagen und die jüngsten Auswirkungen der Corona Pandemie sind dafür nur wenige Beispiele, die zeigen, wie das Aufgabenspektrum einer Feuerwehr in der Kommune sich ständig verändert. Die nachfolgende Grafik (▶ Bild 7) zeigt, dass ein ganzheitlicher Ansatz bei den verschiedenen Konzepten und Plänen im Allgemeinen notwendig ist, um Dinge nicht widersprüchlich zur regeln oder Regelungslücken zu erzeugen. Tiefergehend werden diese Punkte im nächsten Kapitel betrachtet.

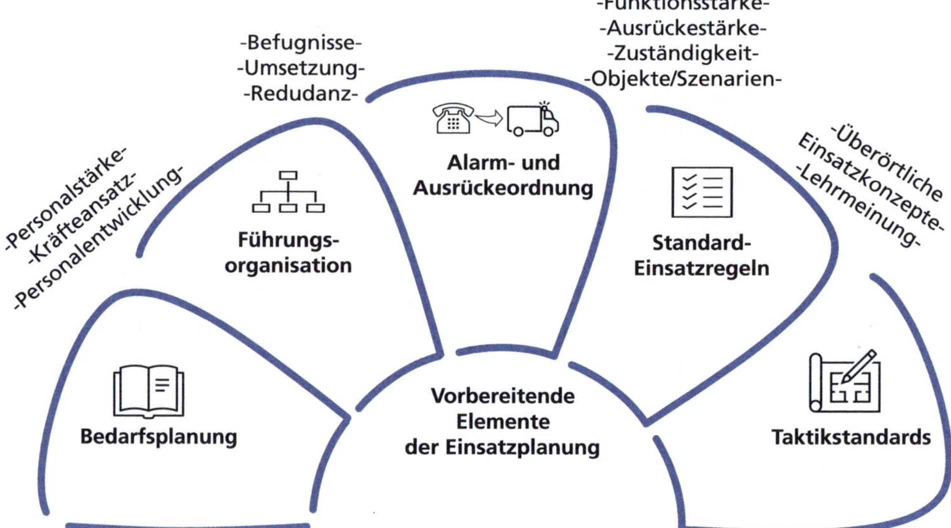

Bild 7: ***Elemente der Einsatzplanung (vorbereitend)***

Da sich die Städte hinsichtlich ihres Gefahrenpotentials aus Sicht einer Feuerwehr erheblich unterscheiden, muss individuell für jede Stadt eine angemessene Dimensionierung »ihrer« Feuerwehr erfolgen. Dies bezieht sich nicht nur auf die Brandschutzbedarfsplanung, sondern hat im Grunde genommen auch Einfluss auf alle Elemente der Einsatzplanung.

Die Städte unterscheiden sich aus Sicht einer Feuerwehr insbesondere in folgenden Punkten:

- Einwohnerzahl und Einwohnerdichte,
- Außenliegenschaften,
- geografische Lage,
- Gefahrenpotential im Bereich der Industrie (Chemische Industrie, Stahlindustrie, Autoindustrie etc.),

- Gefahrenpotential in See- oder Binnenhäfen (Art und Umfang des Warenumschlags, Gefährliche Stoffe etc.),
- Gefahrenpotential im Bereich der Verkehrsinfrastruktur (Flughäfen, Autobahnen, Zugstrecken, Bahnhöfe, besondere Verkehrssysteme wie z. B. Schwebebahn, Eisenbahntunnel o. ä.),
- Wasserstraßen, Seen,
- Universitäten und Forschungseinrichtungen,
- Justizvollzugsanstalten,
- Krankenhäuser, Forensiken, Universitätskliniken,
- Tourismuseinrichtungen, Freizeitparks, Stadien, Arenen,
- Vorhandensein von Werkfeuerwehren (Industrie, Flughäfen o. ä.),
- besondere Objekte ohne originäre Zuständigkeit der lokalen Feuerwehr, wie Bundeswehrkasernen, Botschaften oder das Bundeskriminalamt,
- Qualität der Löschwasserversorgung (abhängig oder unabhängig).

Neben dem Stadtgebiet selbst ist aber auch das Umfeld zu betrachten. Grundsätzlich stellt sich jede Feuerwehr auf das Gefahrenpotential in ihrem Zuständigkeitsbereich eigenständig auf. Es ist aber von großer Bedeutung, ob eine Stadt alleinstehend in der Fläche oder in einem Ballungsraum wie z. B. dem Ruhrgebiet liegt.

Die Zusammenarbeit mit benachbarten Feuerwehren ist ebenfalls zu berücksichtigen. Hier sind Synergien in der Vorhaltung besonderer Einsatzfähigkeiten wie zum Beispiel der Höhenrettung, Feuerwehrkrane oder im Bereich der Löschboote möglich. Die Zusammenarbeit benachbarter Feuerwehren sollte auch grenzüberschreitend betrachtet werden. Für den Bereich der Landesgrenze zu den Niederlanden gibt es z. B. inzwischen eine Vielzahl erfolgreicher grenzüberschreitender Einsatzkooperationen.

Die »Elemente der Einsatzplanung« kann man unterteilen in:

- **Vorbereitende strukturell/organisatorische Elemente (▶ Kapitel 3.1),**
- **Einsatzunterlagen, die informativ im Einsatz unterstützen und im Vorfeld durch die Einsatzplanung erstellt wurden (▶ Kapitel 3.2) und**
- **Einsatzunterlagen, die informativ im Einsatz unterstützen und vom Betreiber oder Eigentümer eines Gebäudes oder eines Betriebes erstellt werden (▶ Kapitel 3.3 und 3.4).**

3.1 Vorbereitende strukturell/organisatorische Elemente

Aus der nachfolgenden Grafik (▶ Bild 8) wird deutlich, dass viele Punkte unmittelbar zusammenhängen. Aus den Festlegungen im Brandschutzbedarfsplan ergeben sich zum Beispiel die Grundlagen für eine Alarm- und Ausrückeordnung. Dies ist dann die Basis für das Aufstellen von Standardeinsatzregeln. In den nachfolgenden Kapiteln werden diese Punkte tiefergehend betrachtet.

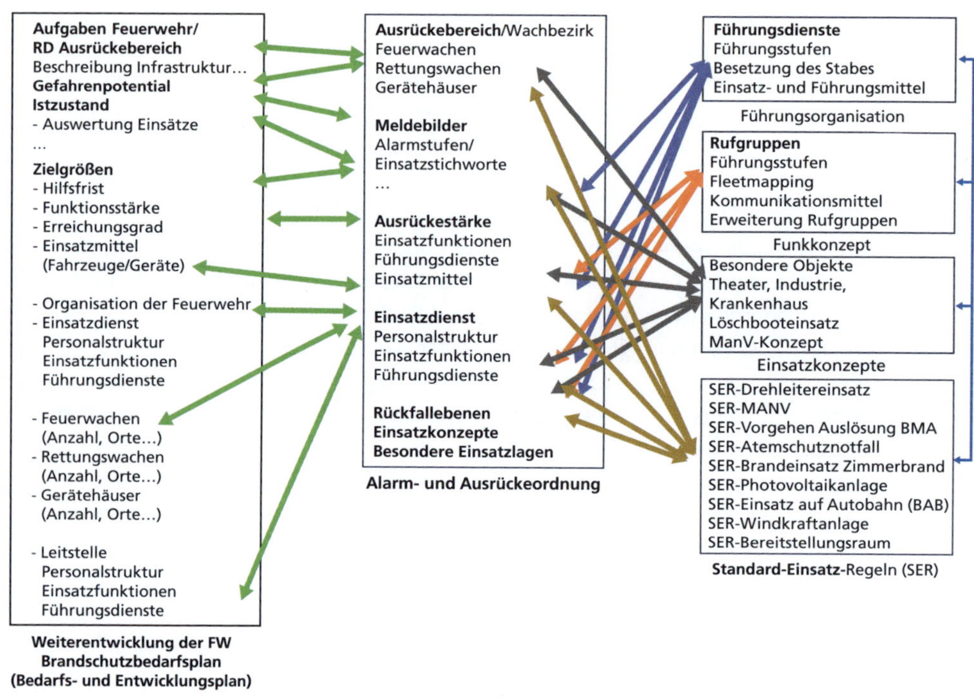

Bild 8: *Zusammenspiel der Elemente der Einsatzplanung*

3.1.1 Bedarfsplanung

Für die Bedarfsplanung gibt es verschiedene Begriffe. In vielen Bundesländern ist von »Brandschutzbedarfsplanung« die Rede. Neuerdings wird auch von einer »Bedarfs- und Entwicklungsplanung« gesprochen. Ferner sind Begriffe wie »Feuerwehrbedarfsplanung« oder »Gefahrenabwehrplanung« verbreitet. Die Brandschutzgesetze der Bundesländer sehen in § 1 oder § 2 in der Regel die Zuständigkeit für die Gefahrenabwehr, den Brandschutz und die Hilfeleistung bei der Gemeinde. Im Folgenden wird oftmals unter »Aufgaben der Gemeinden« unter anderem auch die Aufstellung und Fortschreibung von Brandschutzbedarfsplänen festgelegt. Dabei gibt es in den einzelnen Bundesländern sehr unterschiedliche Regelungen für die Fristen der Fortschreibung (ohne Frist, alle fünf Jahre oder alle zehn Jahre). Beispielhaft wird im Folgenden der Gesetzestext aus NRW angeführt. In den anderen Bundesländern gibt es vergleichbare Paragraphen.

Gesetz über den Brandschutz, die Hilfeleistung und den Katastrophenschutz in NRW (BHKG NRW)

»§ 3 Aufgaben der Gemeinden: (3) Die Gemeinden haben unter Beteiligung ihrer Feuerwehr Brandschutzbedarfspläne und Pläne für den Einsatz der öffentlichen Feuerwehr aufzustellen, umzusetzen und spätestens alle fünf Jahre fortzuschreiben.«

Die Bedarfsplanung orientiert sich an fiktiv festgelegten Einsatz-Szenarien. Bereits im Jahr 1978 wurde die so genannte O. R. B. I. T.-Studie (Entwicklung eines Systems zur **O**ptimierten **R**ettung **B**randbekämpfung mit **I**ntegrierter **T**echnischer Hilfeleistung) im Auftrag des damaligen Bundesministeriums für Forschung und Technologie durchgeführt. Ziel dieser Studie war eigentlich die Ermittlung notwendiger Konstruktionsmerkmale einer neuen »Fahrzeugfamilie« für die Feuerwehren, unter anderem unter Mitwirkung der Firma Porsche. Dass sich aus dieser »Technik-Studie« ein Meilenstein der Grundlage für die Feuerwehrbedarfsplanung über die Schutzzieldefinition der AGBF ergeben würde, war damals so nicht absehbar. In der Studie wurden für einen Zeitraum von zwei Jahren über 100 000 Einsätze der Feuerwehren bundesweit ausgewertet. Es konnten Erkenntnisse über den Ablauf eines Brandes, die Schadstoffkonzentrationen und die Grenzen einer möglichen Reanimation von Menschen und deren Überlebenswahrscheinlichkeiten in Abhängigkeit zur Eingreifzeit durch die Feuerwehr gewonnen werden. Diese zeitliche Grenze für eine erfolgreiche Reanimation liegt laut der Studie bei 17 Minuten nach Brandausbruch.

Inzwischen sind fast 50 Jahre vergangen und neben der Art der brennbaren Stoffe bzw. Materialien in den Wohnungen hat sich auch die Dichtigkeit der Gebäude grundlegend verändert. Daraus resultierend könnte eine erneute Studie veränderte Abläufe eines Brandes und Werte der Schadstoffkonzentrationen ergeben. Die AGBF (Arbeitsgemeinschaft der Leiter der Berufsfeuerwehren) hat erstmalig im September 1998 auf dieser Basis eine Fachempfehlung über Qualitätskriterien für die Bedarfsplanung von Feuerwehren in Städten im Rahmen des »Neuen Steuerungsmodells« herausgegeben. Als standardisiertes Schadensereignis wurde der »kritische Wohnungsbrand« im Obergeschoss eines mehrgeschossigen Gebäudes mit Feuer und Rauch in der betroffenen Nutzungseinheit und mit Raucheintrag in den Treppenraum festgelegt, da bei diesen Szenarien insgesamt die größten Personenschäden zu beklagen sind. Für diesen Wohnungsbrand wurden im Rahmen einer Einsatzplanung 16 Einsatzfunktionen ermittelt, die zeitversetzt aus verschiedenen Feuerwachen eintreffen können (▶ Bild 9). Unter der Hilfsfrist wurde der Zeitraum von Beginn der Notrufabfrage bis zum Eintreffen dieser Einsatzkräfte an der Einsatzstelle festgelegt. In dieser »Schutzzieldefinition« wurden dann folgende drei Kenngrößen als Qualitätskriterien festgelegt:

1) Hilfsfrist,
2) Funktionsstärke und
3) Erreichungsgrad.

Bild 9: ***Einsatzfunktionen nach AGBF (1998)***

Im Juni 2015 wurde das Ergebnis der TIBRO-Studie von der Bergischen Universität Wuppertal/Abteilung Sicherheitstechnik veröffentlicht. Hier wurde nicht nur der Name O. R. B. I. T. »umgedreht« – vielmehr sollte ein neuer Ansatz für die Grundlage der Bemessung betrachtet werden. TIBRO steht für »**T**aktisch-strategisch **I**nnovativer **B**randschutz auf Grundlage **R**isikobasierter **O**ptimierungen«. Die Studie zeigt Vorgehensweisen zur Durchführung von Gefahrenanalysen und Risikoanalysen auf, die insbesondere auf die lokalen Gegebenheiten anzuwenden sind und weicht damit von der generalistischen Annahme des »kritischen Wohnungsbrandes« der O. R. B. I. T.-Studie als Bemessungsgrundlage ab. Zur Unterstützung der Anwendung wurden so genannte »TIBRO-Informationen« herausgegeben, wie zum Beispiel die »TIBRO-Information 110: Vorschläge für Leitsätze zur Feuerwehrbedarfsplanung«.

Im Rahmen einer Facharbeit der Laufbahnausbildung für den höheren feuerwehrtechnischen Dienst wurde von Robert Luttermann 2020 die Fragestellung nach den Auswirkungen durch die TIBRO-Studie auf die Feuerwehrbedarfsplanung untersucht mit dem Ergebnis, dass »… die Einflüsse der TIBRO-Studie seit deren Abschluss im Jahr 2015 auf die deutsche Feuerwehrbedarfsplanung qualitativ und zusammenfassend als deutlich überschaubar zu beurteilen sind« (Luttermann 2020). Der Planungsansatz aus der TIBRO-Studie konnte sich bei den öffentlichen Feuerwehren letztendlich nicht durchsetzen. Im Bereich der Werkfeuerwehren kann die O. R. B. I. T.-Studie aufgrund des zugrundeliegenden Szenarios keine Anwendung finden. Hier wird bereits seit langer Zeit eine szenarienbasierte und damit auch eine risikobasierte Planung als Bemessungsgrundlage durchgeführt. Zu den drei festgelegten Qualitätskriterien (Hilfsfrist, Funktionsstärke und Erreichungsgrad) erweiterte die AGBF im Jahr 2015 in einer neuen Publikation den Begriff »Einsatzmittel« und brachte damit zum Ausdruck, dass diese sich weiterhin an den Grundlagen aus der O. R. B. I. T.-Studie orientieren.

Letztendlich ist bei der Erstellung oder Fortschreibung eines Brandschutzbedarfsplans die vorhandene Struktur der Feuerwehr mit ihren Standorten, ihrer Ausstattung und ihrem Erreichungsgrad der lokal festgelegten Hilfsfrist zu bewerten. Insbesondere die Verteilung der Standorte der Feuerwachen und Gerätehäuser haben einen erheblichen Einfluss auf den Erreichungsgrad der Hilfsfristen und der Funktionsstärken insgesamt. Die Vorgabe für den Erreichungsgrad ist im Brandschutzbedarfsplan aufzunehmen. Sie wird durch ein Votum im Stadtrat verbindlich. Der Erreichungsgrad ist ständig zu überprüfen. Die Höhe des festgelegten Erreichungsgrades hat neben der Sicherheit aber auch erheblichen Einfluss auf die Höhe der Gesamtkosten.

Da viele Standorte der Feuerwachen und Gerätehäuser initial mit Gründung der Feuerwehr oftmals vor über hundert Jahren entstanden sind und sich die Städte oftmals flächenmäßig durch Zuwanderung und bauliche Erweiterungen auch in der Fläche vergrößert haben, sind in vielen Großstädten diese Orte nicht mehr für die Erreichung der gesetzten Ziele geeignet. Neubauten von Hauptfeuerwachen an anderer Stelle, wie zum Beispiel in Frankfurt am Main 2003 mit der Fertigstellung des Zentrums für Brandschutz, Katastrophenschutz und Rettungsdienst im Stadtteil Eckenheim oder eine Ergänzung kleinerer Wachen, zum Beispiel in Gruppenstärke, können ein Ergebnis der Brandschutzbedarfsplanung sein. Der Neubau von Gerätehäusern für Freiwillige Feuerwehren, die bereits die Möglichkeit einer späteren anteiligen Nutzung durch hauptamtliche Feuerwehrkräfte vorsieht, bietet langfristig die Flexibilität, auf geänderte Rahmenbedingungen und Anforderungen zu reagieren.

3.1.2 Führungsorganisation und Funkkonzept

Die in der Bedarfsplanung festgelegte Personal- und Funktionsstärke der Feuerwehr ist die Basis für ein Konzept der Führungsorganisation. Dabei kann es im Einzelfall sein, dass Pläne eine Verstärkung im Sinne einer Weiterentwicklung vorsehen und weitere Anpassungen in der Einsatzplanung im Anschluss vorzunehmen sind. Die Bedarfsplanung stellt oftmals tiefergehende Anforderungen an die Führungsorganisation, die dann durch die Einsatzplanung detailliert umzusetzen sind.

Führungskräfte rücken i. d. R. bis Zugführerebene direkt mit »ihrem« Löschzug aus und sind bei hauptamtlichen Kräften an der Feuerwache stationiert. Dabei ist es sinnvoll, dass der Zugführer sein Fahrzeug nicht selbst fährt. Nur so kann er die folgenden Aufgaben bereits während der Anfahrt wahrnehmen:

- sicheres Auffinden des Einsatzortes,
- taktisches Anfahren (Festlegungen von Haltepunkten),
- Beurteilung der Lage auf der Anfahrt, (z. B. Sehen und Beurteilen einer Rauchwolke am Horizont),
- Absetzen einer Rückmeldung inkl. Nachforderung bei »Sicht auf Anfahrt«,
- Lesen des Feuerwehrplanes des Einsatzortes,
- Lesen eines Einsatzplanes.

Die erforderliche Aufmerksamkeit einer Alarmfahrt würde ihm dies als Fahrer nicht ermöglichen.

Neben dieser sofortigen Einsatzbereitschaft gibt es noch Führungskräfte in Rufbereitschaft oder in »Zufallsbereitschaft«. Bei der Aufstellung einer Führungsfunktion in Rufbereitschaft spielt der Wohnort der Führungskraft für die Erreichung der Hilfsfrist insbesondere bei hauptberuflichen Feuerwehren eine entscheidende Rolle. Da für die Mitgliedschaft in einer Freiwilligen Feuerwehr der Wohnort ausschlaggebend ist, ist dieser Punkt dort weniger relevant. Hier ist eher der Arbeitsort zu berücksichtigen. In Zeiten zunehmenden Mitgliedermangels in den Freiwilligen Feuerwehren erfordert es zukünftig auch hier flexiblere Modelle. So wäre die zeitweise Übernahme einer Führungsfunktion am Arbeitsort in einer Nachbarstadt bis Arbeitsende vorstellbar. Die oftmals fehlende Identifikation mit der Nachbarstadt oder deren Feuerwehr sowie die hohe Komplexität derartiger Lösungen sprechen allerdings manchmal dagegen.

In Nordrhein-Westfalen wurden in jüngerer Vergangenheit zunehmend feste Rufbereitschaften inkl. Dienstplanung für Führungskräfte von Freiwilligen Feuerwehren eingerichtet und mit einem Einsatzfahrzeug (KDOW) ausgestattet, um aus der Freizeit oder vom Arbeitsplatz aus direkt alarmiert werden zu können. Dabei werden i. d. R. die Ebene der Zugführer und Verbandsführer (teilweise inkl. Leitung der Feuerwehr) sichergestellt. Für diese Rufbereitschaften wird teilweise eine finanzielle Aufwandentschädigung gewährt.

Die FwDV 100 (Führung und Leitung im Einsatz) definiert ein »Führungssystem, welches aus der Führungsorganisation, dem Führungsvorgang und Führungsmittel besteht.« Betrachtet werden soll hier im Schwerpunkt die Führungsorganisation als Element der Einsatzplanung. Im Gegensatz zur heute gebräuchlichen Bezeichnung der Führungsdienste, aufwachsend von C-Dienst (Zugführer), B-Dienst (Verbandsführer) und A-Dienst (Leitungsebene der Feuerwehr), werden die Führungsstufen in der FwDV 100 von A aufwachsend bis D bezeichnet:

- A: Führen ohne Führungseinheit,
- B: Führen mit örtlichen Führungseinheiten,
- C: Führen mit einer Führungsgruppe,
- D: Führen mit einer Führungsgruppe beziehungsweise mit einem Führungsstab.

Führungsregel »2 bis 5«

Diese Regel besagt, dass einer Führungskraft nur zwei bis maximal fünf taktische Einheiten unterstellt werden sollen. Grundsätzlich soll dies vor Überforderung schützen. Im Einzelfall kann es notwendig und richtig sein, diesen Grundsatz zu vernachlässigen. Obwohl die »2 bis 5-er Regel« momentan weder in einer Feuerwehrdienstvorschrift noch in einer anderen Regel verbindlich festgelegt ist, ist sie in der Feuerwehrwelt unter den Führungskräften weit verbreitet.

In der FwDV 100 heißt es dazu wörtlich: »Eine Einsatzstelle oder ein Schadengebiet kann in der Regel in bis zu fünf Einsatzabschnitte untergliedert werden.« Bei der momentanen Überarbeitung dieser Dienstvorschrift durch eine bundesweit eingesetzte Arbeitsgruppe gibt es jedoch erste Überlegungen, diese Regel verbindlich aufzunehmen.

Gesetzliche Anforderungen an die Einsatzleitung

Im Gesetz über den Brandschutz, die Hilfeleistung und den Katastrophenschutz in NRW BHKG § 33, Einsatzleitung steht: »Die zur Erfüllung der Aufgaben nach diesem Gesetz erforderlichen Abwehrmaßnahmen werden von der durch die Gemeinde bestellten Einsatzleiterin oder dem durch die Gemeinde bestellten Einsatzleiter geleitet. Bis zur Übernahme der Einsatzleitung durch die bestellte Einsatzleiterin oder den bestellten Einsatzleiter, leitet die oder der zuerst am Einsatzort eintreffende oder bisher dort tätige Einheitsführerin oder Einheitsführer den Einsatz. Bei Großeinsatzlagen oder Katastrophen ist § 37 zu beachten.« Danach ist eine formale Bestellung einzelner Personen im Hauptamt oder der Freiwilligen Feuerwehr durch die Verwaltung im Vorfeld erforderlich. Dies erfolgt durch ein Ernennungsschreiben und stellt einen Verwaltungsakt im öffentlichen Recht dar.

Anforderungen, die bei der Aufstellung einer Führungsorganisation beachtet werden sollten:

- Umsetzung gesetzlicher Anforderungen in Bezug auf Sicherstellung der Qualifikation und Bestellung,
- Umsetzung der FwDV 100,
- Möglichkeit der Reaktionsfähigkeit bei gravierenden Lageänderungen durch flexible Anpassungsmöglichkeiten in der Führungsorganisation,
- Sicherstellung der Durchhaltefähigkeit (Resilienz) bei zeitlich lang andauernden Einsätzen (Ablösefähigkeit),
- Erhöhung der Lernfähigkeit der Führungskräfte (Entwicklung neuer Führungskräfte im Sinne eines lernenden Systems),
- Sicherstellung bei Ausfall (Rückfallebene),
- Vermeidung der Überforderung Einzelner,
- Besetzen von Schnittstellen und Verbindungsfunktionen (im operativ taktischen Einsatzleitungsstab und/oder im Krisenstab).

Ferner ist beim Aufstellen der Führungsorganisation der Führungsgrundsatz aus der FwDV 100 umzusetzen: »Aufgabenbereiche müssen überschaubar und klar abgegrenzt sein« und »Unterstellungsverhältnis und Weisungsrecht müssen klar festgelegt werden«. Die anderen Führungsgrundsätze der FwDV 100 beziehen sich auf die Umsetzung einer Führungsorganisation und richten sich weniger an die Aufstellung der Führungsorganisation im Vorfeld. Die erforderlichen Ausbildungen und Prüfungen sind hinreichend beschrieben und werden daher hier vernachlässigt.

Zu einer Führungsebene gibt es in der FwDV 100 eine klare Definition: »Alle Führungskräfte mit vergleichbarem Zuständigkeits- und Verantwortungsbereich und in gleichem Unterstellungsverhältnis bilden eine Führungsebene.« Ferner heißt es »Führungsebenen dürfen grundsätzlich nicht übersprungen werden.« Aufwachsend vom Truppführer bis zur Ebene der Leitung der Feuerwehr werden nachfolgend alle Ebenen beschrieben (siehe auch FwDV 3).

Truppführer

Truppführer retten und führen einen Trupp eigenständig. Dabei sind sie an der Aufgabenumsetzung selbst beteiligt. Truppführer müssen voll einsatztauglich sein. Insbesondere wenn sie im Angriffstrupp oder Wassertrupp (i. d. R. Sicherheitstrupp) eingesetzt werden. Neben Detailkenntnissen über Ausrüstung und Leistungsfähigkeit der eingesetzten Fahrzeuge und der Ausrüstung ist auch die persönliche Einschätzung der Leistungsgrenze der eingesetzten Einsatzkräfte erforderlich.

Staffel- oder Gruppenführer

Staffel- oder Gruppenführer führen oftmals eine Staffel oder eine Gruppe, die gemeinsam auf einem Fahrzeug ausrücken, und ggf. weitere Einheiten, wie zum Beispiel eine unterstellte Drehleiter. Sie unterstehen in der Regel direkt dem Zugführer. Im Rahmen der Auftragstaktik bekommen sie vom Zugführer die Freiheit für die Umsetzung der gestellten Aufgabe bzw. zur Erreichung des gesteckten Zieles. Sie benötigen die gleichen Detailkenntnisse wie Truppführer (siehe oben). Bei kleineren Einsätzen übernehmen sie die Rolle des Einsatzleiters.

In der alten FwDV 5 (Der Zug im Löscheinsatz) wurde der Begriff des »Gruppengleichwertes « definiert. Ein Gruppenführer darf Einsätze bis zu einem Gruppengleichwert von »2« also zwei Gruppen (in Summe 18 Einsatzkräfte) leiten. Die FwDV 5 wurde im Februar 2008 durch eine neue FwDV 3 »Einheiten im Lösch- und Hilfeleistungseinsatz« abgelöst. In die FwDV 100 wurden bereits im März 1999 in der Führungsstufe A »Führen ohne Führungseinheit« taktische Einheiten bis zur Stärke von zwei Gruppen aufgenommen. Ab der »Führungsstufe B« (Zug oder Verband) bedarf es der Anwesenheit eines Zugführers.

Führungsassistenten

Nach der FwDV 3 führen Führungsassistenten Befehle des Zugführer aus und sind nach FwDV 100 formal die Vertreter des Zugführers. Sie verfügen mindestens über eine Ausbildung zum Gruppenführer. Sie stehen dem Zugführer »einzeln« direkt zur Verfügung und fungieren als »Libero« für Erkundungsaufträge, zur Führungsunterstützung oder zur Umsetzung von Aufgaben, die ein Einzelner erledigen kann. In der gängigen Praxis wird die Aufgabe des Vertreters des Zugführers oftmals von einem Gruppenführer übernommen, da die Funktion des Führungsassistenten oftmals nicht besetzt wird oder dieser zeitgleich den Einsatzleitwagen fährt und sämtliche Aufgaben im ELW übernimmt. In diesen Fällen steht er dann für Erkundungsaufträge nicht zur Verfügung.

Zugführer

Da viele Einsätze zunächst in Zugstärke durchgeführt werden, sind die Zugführer i. d. R. zunächst die Einsatzleiter. FwDV 3: »Der Zug kann als selbständige Einheit zur umfassenden, eigenverantwortlichen Schadensbekämpfung eingesetzt werden«. Der Zugführer führt die Erkundung durch und lässt sich dabei durch die Delegation von Erkundungsaufträgen unterstützen. Nach der Beurteilung und Planung des Einsatzes sorgt er für die Einweisung der Einsatzkräfte in die Lage und befiehlt anschließend Maßnahmen zur Gefahrenabwehr. Er gibt Rückmeldungen inklusive erforderlicher Nachforderungen an die Leitstelle. Er benötigt weniger Detailkenntnisse über die Ausrüstung, muss aber die Leistungsfähigkeit und die Leistungsgrenze seines Zuges jederzeit beurteilen können. Um technische Lösungen in der Gefahrenabwehr sinnvoll auswählen zu können, benötigt er ein ausgeprägtes feuerwehrtaktisches und -technisches Fachwissen. Viele Feuerwehren benennen diese Ebene heute als »C-Dienst« und nummerieren diese ggf. in C1, C2 usw. Zugführer werden oftmals für besondere Aufgaben eingesetzt. Sie übernehmen Einsatzabschnitte, wie zum Beispiel den EA Messen, EA Warnen, EA Dekontamination oder werden als Verbindungsbeamter zu anderen Behörden, Organisationen oder Stäben entsandt.

Lagedienst

Lagedienste werden üblicherweise hauptamtlich rückwärtig in einer Leitstelle eingesetzt. Sie verfügen i. d. R. ebenfalls über eine abgeschlossene Zugführerausbildung (Laufbahngruppe 2.1) und sind die feuerwehrtechnisch am höchsten ausgebildete Führungskraft in einer Leitstelle. Aufgrund ihrer Ausbildung verfügen Lagedienste ebenfalls über ein ausgeprägtes feuerwehrtaktisches- und -technisches Fachwissen. Neben der Kenntnis über die Leistungsfähigkeit sämtlicher Einheiten in der Zuständigkeit der Leitstelle ist auch die persönliche Einschätzung der Leistungsgrenze der

Disponenten erforderlich. Sie organisieren den Dienstbetrieb einer Leitstelle und sind weisungsbefugt gegenüber allen im Dienst befindlichen Mitarbeitern der Leitstelle. Ferner entscheiden sie eigenständig über eine notwendige Alarmierung von Rufbereitschaften.

Verbandsführer (oftmals B-Dienst)

Verbandsführer nehmen an Einsatzstellen oftmals eine strukturierende Rolle der Führungsorganisation ein, indem sie Einsatzabschnitte bilden und Lagebesprechungen durchführen. Im Rahmen der Auftragstaktik können diese Einsatzabschnitte in der Regel sehr stark eigenverantwortlich agieren. Obwohl Verbandsführer bei einer unmittelbaren Menschenrettung keinen konkreten Beitrag leisten können, weil sie oftmals zeitversetzt zum Zugführer eintreffen, ist in vielen Städten das Kriterium »Menschenleben in Gefahr« ausschlaggebend für die Alarmierung der Verbandsführer. Da diese Einsätze in ihrer Dynamik und i. d. R. im Gesamtaufwand für die Einsatz- und Führungskräfte viele zusätzliche Aufgaben bedeutet, ist dies sinnvoll. Ferner kann der nachrückende Verbandsführer fachlich unterstützend wirken und insbesondere bei administrativen Dingen der Einsatzleitung entlasten.

Gesamt-Einsatzleiter (oftmals A-Dienst)

Die Funktion wird teilweise mit dem Verbandsführer und/oder der Funktion des Leiters der Feuerwehr oder dessen Vertreter verknüpft. Ebenso wie die Funktion des Verbandsführers, geht hier die Qualifikation zur Führung mit einem Führungsstab oftmals einher (»Führungsstufe D« gemäß FwDV 100). Häufig werden diese Führungskräfte als Vertreter der Feuerwehr in den lokalen Krisenstab der Stadt oder des Kreises entsendet – insbesondere weil sie in der Regel über eine umfassende Ausbildung und Erfahrung in der Stabsarbeit verfügen. Gesamt-Einsatzleiter entscheiden oftmals über die Anforderung und Leistung überörtlicher Hilfe.

Leiter der Feuerwehr (oftmals A-Dienst oder Direktionsdienst)

Die Funktion des Leiters der Feuerwehr (oder dessen Vertreter) übernimmt insbesondere in der Öffentlichkeitsarbeit und in der internen Behördenkommunikation eine gravierende Rolle. Sie sind Einsatzleiter bei Einsätzen mit politischer Bedeutung oder mit großem öffentlichen Interesse.

Allgemein kann man die Aufgaben der Führungsdienste stichwortartig aufzählen:

- Übernahme der Einsatzleitung,
- Übernahme von Führungsaufgaben in der Gefahrenabwehr an der Einsatzstelle (z. B. als Verbandsführer, Einsatzabschnittsleiter),
- Übernahme einer Funktion im Einsatzleitungsstab,
- Übernahme besonderer Einsatzaufgaben (z. B. Luftbeobachter im Hubschrauber),
- rückwärtige Führungsunterstützung,
  - Flächenlagen durch extremen Schnee, Starkregen, Hochwasser oder Sturm,
  - Führung bei Einsätzen mit einem erheblichen Koordinierungsbedarf,
  - Entschärfungen von Fliegerbombe o. ä.,
  - Bedrohungslagen (polizeiliche Gefahrenabwehr),
  - Notrufausfall/erhebliche Störungen im Bereich der Leitstelle,
  - großflächiger Stromausfall,
- Pressesprecher der Feuerwehr,
- Ansprechpartner gegenüber anderen Behörden oder Fachbereichen,
- Fachberater oder Verbindungsperson in anderen Stäben (z. B. der Polizei),
- Vertreter der Feuerwehr im Krisenstab der Stadt oder des Kreises.

Der Sicherheitsassistent im Kontext der Einsatzplanung

von Dr. Adrian Ridder

Arbeitssicherheit im Feuerwehreinsatz

Aus der Industrie bekannte Verfahren zur Gefährdungsbeurteilung sind größtenteils nicht für die Verwendung im Einsatz- und Übungsdienst der Feuerwehren verwendbar, da dort, anders als in der Industrie, der »Arbeitsplatz« der FA – die Einsatzstelle – und die dort herrschenden Gefährdungen nur in sehr geringem Maße vom Arbeitgeber beeinflussbar sind und sich die Gefährdungen teils in sehr kurzen Zeitabständen ändern können, die Arbeitsbedingungen somit nicht konstant sind. Eine einmalige oder auch in regelmäßigen größeren Zeitabständen durchgeführte Gefährdungsbeurteilung greift hier zu kurz, da von Einsatz zu Einsatz oder Übung zu Übung andere Bedingungen vorliegen können, welche v. a. in ihrer Kombination mit anderen vorliegenden Gefährdungen zu wiederum neuen Gefährdungen führen können. Eine Gefährdungsbeurteilung im Feuerwehrdienst muss daher dynamisch und den wechselnden Bedingungen an Einsatz- und Übungsstellen – die sich auch während eines Einsatzes ändern können – angepasst wiederholt durchgeführt werden.

Dies kann zum einen durch die Führungskräfte geschehen, welche während des Einsatzes wiederholt den Führungskreislauf durchlaufen sollten, und im Rahmen dieser kontinuierlichen Lageevaluation auch auf ändernde Gefährdungen und Risiken aufmerksam werden sollten. Diese Erkenntnisse sollten die Führer dann in die Entwicklung der Arbeitsschutzmaßnahmen einfließen lassen. Doch auch an dieser Stelle gelten sensorische und kognitive Beschränkungen der Informationsverarbeitung.

Der Sicherheitsassistent

In den USA und anderen Ländern (u. a. Frankreich, UK, Australien, Schweiz) existiert schon seit längerem bei vielen Feuerwehren die Funktion »Safety Officer«. Seit 2010 etabliert sich diese Funktion als »Sicherheitsassistent« (SiAss) auch in Deutschland. Durch diesen pragmatischen und praxisnahen Ansatz für Übung und Einsatz können die o. g. zentralen Forderungen der Arbeitsschutzgesetzgebung umgesetzt werden: Der SiAss wirkt als »dynamische Echtzeit-Gefährdungsbeurteilung«. Diese muss regelmäßig wiederholt werden (teils im Minuten- oder gar Sekundenbereich), um den sich gegebenenfalls schnell ändernden Einsatzbedingungen Rechnung zu tragen. Der Sicherheitsassistent nimmt im Grunde die Funktion eines Führungsassistenten ein, der sich ausschließlich um Sicherheitsbelange kümmert, wovon die deutsche Bezeichnung abgeleitet wurde. Er ist als Stabsfunktion direkt dem Einsatzleiter unterstellt und unterstützt diesen bei der sicheren Abarbeitung des Einsatzes; die Verantwortung und letztendliche Entscheidungsbefugnis verbleibt beim Einsatzleiter.

Bild 10: ***SiAss bei einer Übung (Quelle: Christian Schorer)***

Hauptaufgabe des Sicherheitsassistenten ist das Feststellen und Bewerten von Gefährdungen, unsicheren Situationen und unsicheren Verhaltensweisen an der Einsatzstelle. Darüber hinaus entwickelt er Maßnahmen zur Gewährleistung der Sicherheit der Einsatzkräfte und schlägt diese dem Einsatzleiter vor. Er stellt ein weiteres »Paar Augen und Ohren« für den Einsatzleiter dar. Da er sich primär nur um die Sicherheit der Feuerwehrangehörigen kümmern kann, ist er ein »Schutzengel« für die Einsatzkräfte.

Der SiAss hat die Befugnis, bei Gefahr in Verzug Führungsebenen überspringen zu dürfen, um so Einsatzkräfte z. B. aus gefährlichen Situationen heraus zu befehlen oder unsichere Maßnahmen abstellen zu lassen. Dies entspricht einer überlieferten Regelung der FwDV 3, wonach jede Einsatzkraft berechtigt ist, bei Gefahr die Tätigkeit einstellen zu lassen (Kommando »Gefahr – Alle sofort zurück!«). Ein Führungsdurchgriff des SiAss zum Stoppen unsicherer Tätigkeiten sowie deren Änderung oder Aufschiebung muss jedoch die letzte Maßnahme sein, wenn die zuständige Führungskraft nicht mehr rechtzeitig erreicht werden kann, um im Rahmen einer normalen »Beratung« die Situation zu ändern.

Der Sicherheitsassistent sollte im Idealfall auf der fachlichen Ebene vergleichbar mit der des Experten für Arbeitsschutz (z. B. Fachkraft für Arbeitssicherheit – FASi in Deutschland) angesiedelt sein. Dazu gehört eine angemessene Aus- und Fortbildung. Durch eine entsprechende Dokumentation des Einsatzverlaufs (auch und vor allem durch Fotos, Skizzen, Helmkameraufnahmen etc. und weniger durch lange Berichte) ergibt sich dabei auch die Möglichkeit, in Form einer dynamischen Gefährdungsbeurteilung im laufenden Einsatz gesetzliche Forderungen aus dem Arbeitsschutzgesetz sinnvoll mit Leben zu erfüllen und umzusetzen. Mit der erhöhten Einsatzsicherheit geht dabei auch eine erhöhte Rechtssicherheit für Führungskräfte und Leiter der Feuerwehr einher. Die Funktion des SiAss ist dabei keinesfalls als »Gängelung« oder Kontrolle von Führungskräften und Einsatzleitern zu verstehen, sondern entlastet und unterstützt diese bei ihrer anspruchsvollen Tätigkeit.

Arbeitssicherheitsexperte

Auf europäischer Ebene ergibt sich aus der nationalen Umsetzung der EG-Rahmenrichtlinie 89/391/EWG die Etablierung einer Funktion, die den Arbeitgeber beim Arbeitsschutz und bei der Unfallverhütung in allen Fragen der Arbeitssicherheit einschließlich der menschengerechten Gestaltung der Arbeit zu unterstützen und zu beraten hat. Sie soll die Durchführung des Arbeitsschutzes und der Unfallverhütung beobachten sowie Ursachen von Arbeitsunfällen untersuchen. Diese Aufgaben werden bei der Feuerwehr nach bisherigem Verständnis der Rechtsgrundlagen und der gelebten Praxis vornehmlich im »rückwärtigen« Bereich vorgenommen,

d. h. nicht im Einsatz. Die FASi ist derzeit v. a. beim Arbeitsdienst, der Ausstattung von Arbeitsstätten, bei Beschaffungen und der Vermittlung von Unfallverhütungsvorschriften tätig. Der SiAss kommt im Gegensatz dazu vornehmlich im bisher meist – bezogen auf sicherheitstechnische Betreuung – vernachlässigten Bereich des Einsatzes und bei Übungen zum Zuge.

Für den Übungsdienst an dafür vorgesehenen Objekten wie Feuerwachen, Brandübungshäusern, Feuerwehrschulen und sonstigen Übungsanlagen überschneiden sich die Zuständigkeiten des Sicherheitsassistenten (aus der Dynamik von Übungen auch an solchen Einrichtungen heraus sinnvoll) und des für den rückwärtigen Bereich zuständigen Arbeitssicherheitsexperten (z. B. Fachkraft für Arbeitssicherheit – FASi in Deutschland). Die nachfolgende Abbildung stellt schematisch die jeweiligen Zuständigkeitsbereiche dar.

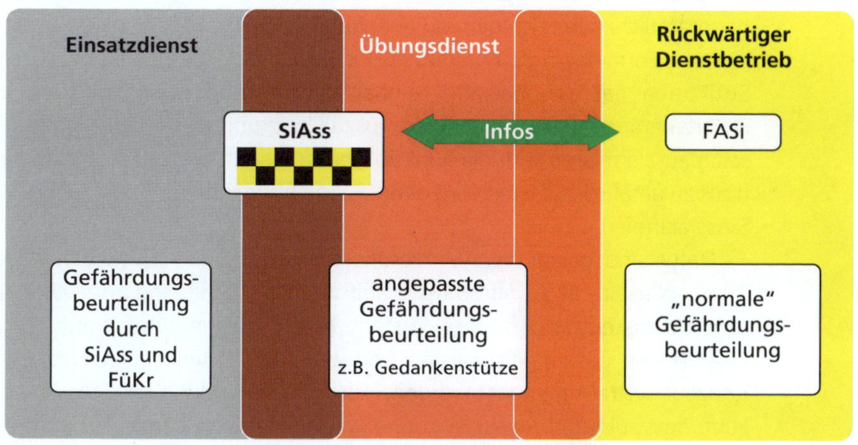

Bild 11: ***Verknüpfung SiAss und FASi (Quelle: Adrian Ridder)***

Verknüpfung SiAss und FASi

Auch Form und Umfang der Dokumentation der Sicherheitskonzeption für eine Übung lässt sich den einzelnen Bereichen zuordnen. So ist für den sog. Rückwärtigen Dienstbetrieb die klassische Gefährdungsbeurteilung wie in der Wirtschaft üblich sinnvoll und umzusetzen. Die Tragfähigkeit von Anschlagmitteln ist z. B. unabhängig von der Verwendung im Bereich von Industriekletterern oder dem Übungsturm der Höhenretter gleich zu bewerten und die Anwendungsbereiche unterliegen hier keinen grundsätzlich anderen Rahmenbedingungen. Für den Übungsdienst erscheint es sinnvoll, für die entsprechenden Besonderheiten angepasste Varianten einer

Gefährdungsbeurteilung zu verwenden, die pragmatisch und gleichzeitig umfassend sind. Der Sicherheitsassistent als dynamische Echtzeit-Gefährdungsbeurteilung ist besonders geeignet für die dynamischen Umgebungen des Einsatzdienstes sowie von entsprechend aufwändigen Übungen. Details werden nachfolgend erläutert.

Vorplanungen für den SiAss-Einsatz

Die Funktion des SiAss muss in die örtliche Führungsorganisation eingebunden werden. Das beinhaltet auch örtlich geeignete Einbindung in die Kommunikation (Ausstattung mit Funkgeräten, Rufnamen etc.) und Führungskräftekennzeichnungssystematik. Inzwischen haben sich verschiedene Varianten zur Besetzung der Funktion etabliert. Eine Option ist die Einrichtung einer definierten Alarmfunktion, welche in einem Dienstplan bzw. Bereitschaftsmodell besetzt wird. Ähnliche Strukturen bestehen auch in ehrenamtlichen Bereichen z. B. schon für Pressesprecher. Im hauptamtlichen Bereich gibt es Feuerwehren, die die Fachkraft für Arbeitssicherheit in dieser Form mit in den Alarmdienst integrieren. Insbesondere bei ehrenamtlichen Strukturen hat sich bewährt, einheitsübergreifend einen Pool von geeigneten Feuerwehrangehörigen zum SiAss auszubilden und diese dann ggf. auch wechselseitig zu alarmieren, um die Funktionsbesetzung in der örtlich zuständigen Einheit nicht zu gefährden. Damit wird dann die Nachbareinheit z. B. nur für die Stellung des SiAss alarmiert.

Dafür sind geeignete Alarmierungsschwellen und -stichwörter zu definieren. Diese sollten nicht zu »groß« gewählt werden, damit eine ausreichende Alarmierungshäufigkeit für den SiAss entsteht. Dadurch kann Routine aufgebaut werden, Erfahrungen gesammelt werden und alle Angehörigen der Feuerwehr mit dem Konzept vertraut gemacht werden. Auch die Einbindung des SiAss in stabsmäßige Führungsstrukturen macht Sinn und wird im Ausland bereits lange gelebt.

Kennzeichnung von Führungskräften

Um Führungskräfte und Kräfte mit besonderen Einsatzfunktionen an der Einsatzstelle auch für Außenstehende klar erkennbar zu machen, ist der Einsatz von Westen oder Schulterkollern sinnvoll. Neben einer farblichen Kennzeichnung, die in der Regel nur Einsatzkräften bekannt ist, sollten eindeutige Begriffe verwendet werden, die auch von fachfremden Personen klar und deutlich zu identifizieren sind. In der Alarm- und Ausrückeordnung können interne Regeln dazu aufgestellt werden. Im Standard muss die originäre Führungsorganisation für die ausrückende Zugstärke und ggf. weitere Führungsfunktionen betrachtet werden. Ferner muss auch ein Aufwachsen an der

Einsatzstelle möglich sein. So muss im Einzelfall beispielsweise die Funktionsweste des Einsatzleiters bei Übergabe der Einsatzleitung mit übergeben werden. Die dann unterstellte Führungskraft übernimmt dann üblicherweise einen Einsatzabschnitt und erhält dementsprechend die Weste eines Einsatzabschnittleiters.

In einzelnen Bundesländern gibt es entsprechende Erlasse und Richtlinien, die bei der Umsetzung zu berücksichtigen sind. Neben den dargestellten Farben werden oftmals noch weitere verwendet, wie zum Beispiel die Farbe lila für ein PSU-Team oder eine Weste für die Funktion eines Sicherheitsassistenten ähnlich der Atemschutzüberwachung.

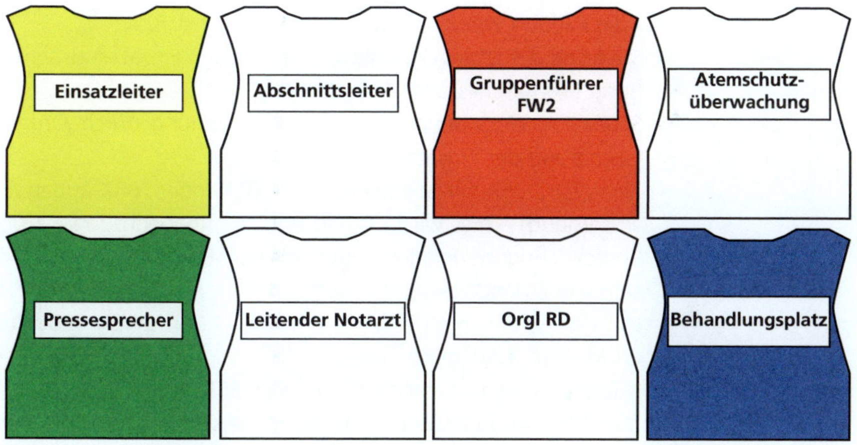

Bild 12: ***Funktionswesten***

Bildung von Einsatzabschnitten

Die Aufstellung einer »ersten« Führungsorganisation in der Alarm- und Ausrückeordnung kann den Einsatzkräften immer nur die Möglichkeit geben, einen Großteil der Einsätze umzusetzen. Lageabhängig gibt es viele Situationen, in denen dies dann vor Ort angepasst bzw. erweitert werden muss. Im Einzelfall ist sogar eine Abweichen von den Vorgaben einer Alarm- und Ausrückeordnung erforderlich, um den Einsatzerfolg zu erzielen. Eine textliche Auflassung sollte den Einsatzleitern dieses ermöglichen.

Insbesondere die Abbildung einsatzstrategischer Schwerpunkte in der Führungsorganisation erfordert die Bildung von Einsatzabschnitten und führt im Sinne der

Auftragstaktik zu einer Entlastung des Einsatzleiters und einer besseren Übersicht der Einsatzaufträge in den einzelnen Einsatzabschnitten.

Einsatzabschnitte können mit den bereits ausgerückten und eingetroffenen Einsatzkräften gebildet werden. Oftmals wird die Bildung von Einsatzabschnitten spätestens mit dem Eintreffen weiterer Einsatzkräfte in einer »aufwachsenden« Struktur erforderlich. Die Vorplanung der Führungsorganisation muss diesen Grundsatz berücksichtigen, indem eine Alarmstufenerhöhung in der Alarm- und Ausrückeordnung zum Beispiel mit dem zweiten alarmierten Löschzug neben einem zweiten Zugführer auch die zusätzliche Alarmierung eines Verbandsführers vorsieht.

Gründe für die Bildung von Einsatzabschnitten sind i. d. R.:

- Stärkung der Übersichtlichkeit (Struktur und Einsatzaufträge) durch Ordnung des Raumes und der Kräfte,
- Schaffung einer separierten Rufkanaltrennung durch Organisatorische Gliederung der Einsatzkräfte,
- einsatzstrategische Gründe (z. B.: EA BBK innen, BBK außen, EA Wasserversorgung) – dies wird oftmals auch »aufgabenbezogen« genannt,
- Berücksichtigung lokaler Gegebenheiten (z. B. »EA Rhein« mit dem Einsatz von Löschbooten),
- Umsetzung der Forderung aus einer FwDV (z. B. FwDV 500 mit EA Dekon, EA Messen, EA Warnen etc.),
- Umsetzung eines Einsatzkonzeptes (z. B. MANV-Konzept),
- räumliche Ausdehnung der Einsatzstelle (z. B. EA Ost, EA West),
- einheitenbezogene Erfordernisse (z. B. EA Technische Bergung durch THW),
- spezifisches Einsetzen von Einheiten/Fachkräften,
- Grundlage einer zeitlich gegliederten Reihenfolge der Abarbeitung von Maßnahmen,
- Grundlage für eine gezielte Ablösung einzelner EA im zeitlichen Verlauf (Ordnung der »Zeit«).

Um die Führungsorganisation an der Einsatzstelle in einer Lagedarstellung zu visualisieren sind vorbereitende Unterlagen erforderlich. Neben Gliederung, Unterstellung (Namen der Einsatzabschnittsleiter) und grobem Auftrag sind in diesen Übersichten auch die Kommunikationswege (z. B. Rufgruppen im Digitalfunk oder ggf. auch Handynummern) darzustellen.

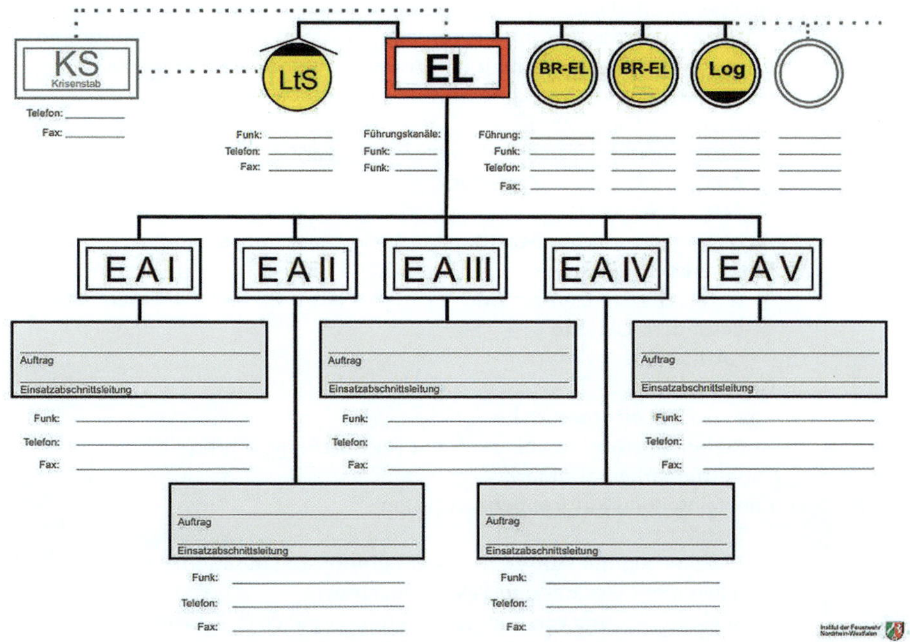

Bild 13: ***Führungsorganisation (Quelle: IdF NRW)***

Funkkonzept

Ein gut durchdachtes Funkkonzept trägt maßgeblich zur Effektivität und zur Sicherheit eines Feuerwehreinsatzes bei und stellt sicher, dass die Kommunikation jederzeit gewährleistet ist. Das Funkkonzept muss mit aufwachsender Führungsorganisation angepasst beziehungsweise erweitert werden. Dafür sind freie Rufgruppen erforderlich, die zusätzlich genutzt werden können. Bei der Aufstellung des Konzeptes könnte folgende Vorgehensweise umgesetzt werden. Dies sollte in enger Zusammenarbeit mit der Taktisch Technischen Betriebsstelle (TTB) und der Leitstelle erfolgen.

1) Analyse des Bedarfs
   - Umsetzung der Anforderungen aus der Alarm- und Ausrückeordnung
   - szenarienbasierte Planung und Auswahl realistischer Ereignisse
   - Ausstattung mit Funkgeräten für jede Einsatzkraft?
2) Auswahl der Funktechnik
   - Berücksichtigung übergeordneter Vorgaben
   - Analogfunk versus Digitalfunk
   - TMO versus DMO
   - Lösungen für besondere Objekte (z. B.: Objektfunkanlagen)
3) Netzwerkbeurteilung
   - technische Grenzen der TMO-Verfügbarkeit, z. B.: Außenliegenschaften oder besondere Objekte
   - GAN-Stufen
4) Geräteauswahl
   - Ex-Schutz erforderlich?
   - Redundanz/Austauschbarkeit mit Nachbarfeuerwehren
   - Verfügbarkeit am Markt
5) Kanaleinteilung/Rufgruppenzuweisung
   - Standard
   - Erweiterung mit Aufwachsen der Führungsorganisation
6) Erstellen eines Einsatz- und Taktikkonzeptes
   - Berücksichtigung von übergeordneten Vorgaben (z. B. Landeskonzepte oder Vorgaben per Erlass oder per Richtlinie)
   - Berücksichtigung besonderer Einsatzsituationen (z. B. den »Atemschutznotfall« inkl. der entsprechenden Rettungskonzepte)
   - Erstellen von Funkskizzen und »Fleetmapping«-Übersichten
   - Abstimmung mit anderen Rettungsdiensten, Hilfsorganisationen, benachbarten Feuerwehren und der Polizei
7) Erstellung eines Schulungs- und Ausbildungskonzeptes inklusive wiederkehrender Durchführung von Übungen, um Schwachstellen identifizieren zu können.
8) Sicherheitsmaßnahmen bei Ausfall
   - Rückfallebenen
   - Notfallpläne
9) Erstellen von Unterlagen für den Einsatzleiterstab, Sachgebiet S6 (Information und Kommunikation) nach FwDV 100

Die BDBOS (Bundesanstalt für den Digitalfunk der Behörden und Organisationen mit Sicherheitsaufgaben) ist verantwortlich für den Aufbau, Betrieb und die Weiterentwicklung des Digitalfunknetzes für den BOS-Bereich in Deutschland. Sie arbeitet zusammen mit den Einrichtungen in den Bundesländern und Kommunen und den beteiligten Unternehmen. Die Feuerwehren nutzen die vorhandene Infrastruktur im digitalen BOS-Funk und setzen dabei die Forderungen der BDBOS und ggf. weitere Vorgaben in den Bundesländern, wie z. B. Betriebskonzepte im Digitalfunk, um.

TMO (Trunk Mode Operation)
In dieser Betriebsart wählt sich jedes Funkgerät wiederkehrend in ein bestehendes Funknetz ein. In der Kryptokarte sind verschlüsselte Daten hinterlegt, die beim Einwählen in das Netz überprüft werden. So wird sichergestellt, dass nur berechtigte Teilnehmer am Sprechfunk teilhaben können. TMO bietet eine Vielzahl von zusätzlichen Funktionen wie ein dynamisches Roaming, eine Gruppenkommunikation, die Priorisierung von Anrufen, die Einrichtung von Notruffunktionen und das Netzmanagement.

Die Netzwerkinfrastruktur wird über Basisstationen betrieben. Die Basisstationen sind in der Fläche so verteilt (und teilweise redundant) aufgebaut, dass eine große Abdeckung erzielt wird. In dieser Betriebsart kann nach Einwahl in das Netz über große Reichweiten (zum Beispiel an die Leitstelle) kommuniziert werden. Die Durchdringung in Gebäude ist aber deutlich schlechter als im DMO.

DMO (Direct Mode Operation)
In dieser Betriebsart sendet das Funkgerät selbstständig und direkt an andere Geräte, ohne sich in ein Netz o. ä. einzuwählen. So bleibt der Funk auch bei Ausfällen oder Störungen des Netzwerks möglich. Die Reichweite bleibt aber auf die Leistung der einzelnen Geräte begrenzt. Gateway oder Repeater können die Funkanbindung im Einzelfall technisch verbessern und sind konzeptionell im Vorfeld zu betrachten.

In der nachfolgenden Grafik (▶ Bild 14) ist beispielhaft das Funkaufkommen in einem Einsatz in Löschzugstärke bei einem Zimmerbrand dargestellt. Die Einsatzkräfte nutzen dabei initial zwei Rufgruppen. Der Einsatzleiter kommuniziert gemeinsam mit den Gruppen- und Staffelführern in einer Gruppe »Führung«. Alle Einsatzkräfte kommunizieren in der Gruppe »Einsatz«. Die Gruppen und Staffelführer (inkl. Atemschutzüberwachung) verfügen damit über zwei Handsprechfunkgeräte. Die Namen der Rufgruppen sind hier der Einfachheit halber so genannt und entsprechen nicht den üblichen Bezeichnungen im Digitalfunk. Die technische Erreichbarkeit ist in diesem Beispiel zu jedem Zeitpunkt sichergestellt. Daher kann auf die Betrachtung »DMO« versus »TMO« verzichtet werden.

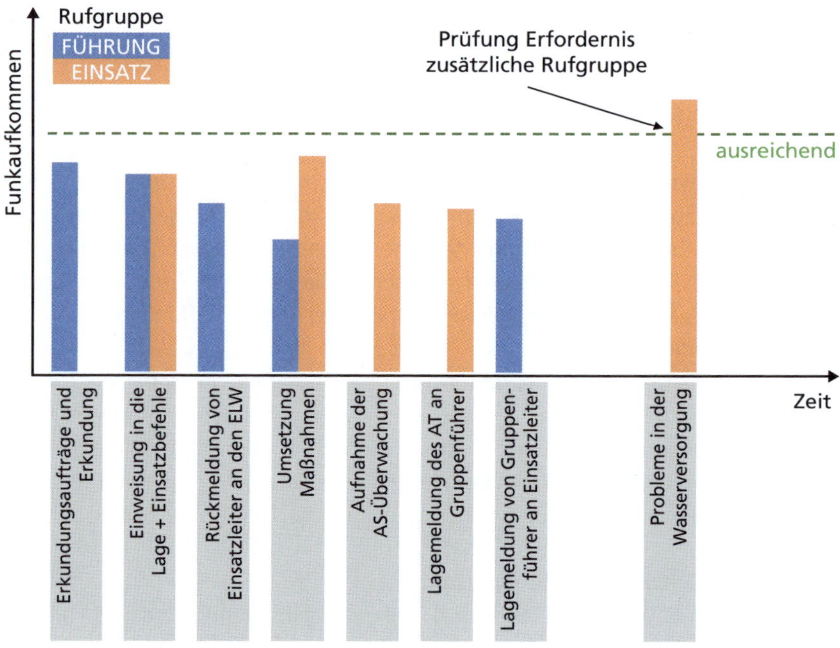

Bild 14: ***Funkaufkommen im Löschzug***

Die Einsatzplanung legt im Auftrag der Leitung der Feuerwehr die Rufgruppennutzung in Zusammenarbeit mit der Taktisch Technischen Betriebsstelle (TTB) fest und regelt diese verbindlich in der Alarm- und Ausrückeordnung oder in einem verbindlich eingeführtem Standardfunkkonzept.

Bei der Rufgruppeneinteilung für den Löschzug sind folgende Faktoren zu berücksichtigen:

- Einsatzszenarien, die als Planungsgrundlage dienen,
- technische Rahmenbedingungen (Erreichbarkeit …),
- besondere Funkkonzepte,
- besondere Objekte,
- Anforderungen der Leitstelle,
- Zusammenarbeit mit anderen Organisationen.

Das Funkkonzept kann als einzelnes Dokument oder als Gegenstand der Alarm- und Ausrückeordnung verbindlich eingeführt werden. Ferner sind derartige Skizzen auch als vorbereitende Einsatzunterlagen und für die Aus- und Fortbildung einsetzbar.

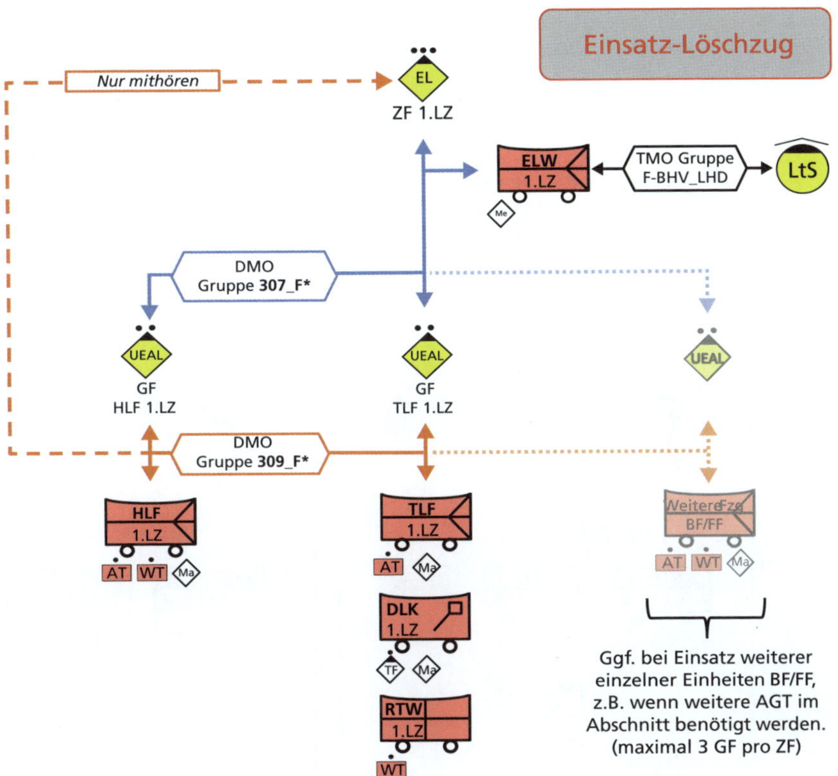

Bild 15: ***Funkkonzept (Quelle: BF Bremerhaven)***

Neben den bereits vergebenen Rufgruppen gibt es weitere, die nur in besonderen Einsatzlagen genutzt werden. Vorher angelegte Festlegungen dazu können in einer Alarmdepesche im Einzelfall den ausrückenden Einsatzkräften den gezielten Hinweis für die Nutzung geben. Dies gilt insbesondere auch für die Nutzung von Objektfunkanlagen in besonderen Einrichtungen oder Betrieben.

Für besondere Einsatzsituationen ist die Einführung vorbereiteter Einsatzabschnitte inklusive der Rufgruppenzuordnung sinnvoll. Am Beispiel der Berufsfeuerwehr Bremerhaven ist die vorgeplante Nutzung der Rufgruppe »DMO 607_R*« beispielhaft für den Unter-Einsatzabschnitt »medizinische Rettung« in der Zusammenarbeit mit dem Löschzug dargestellt.

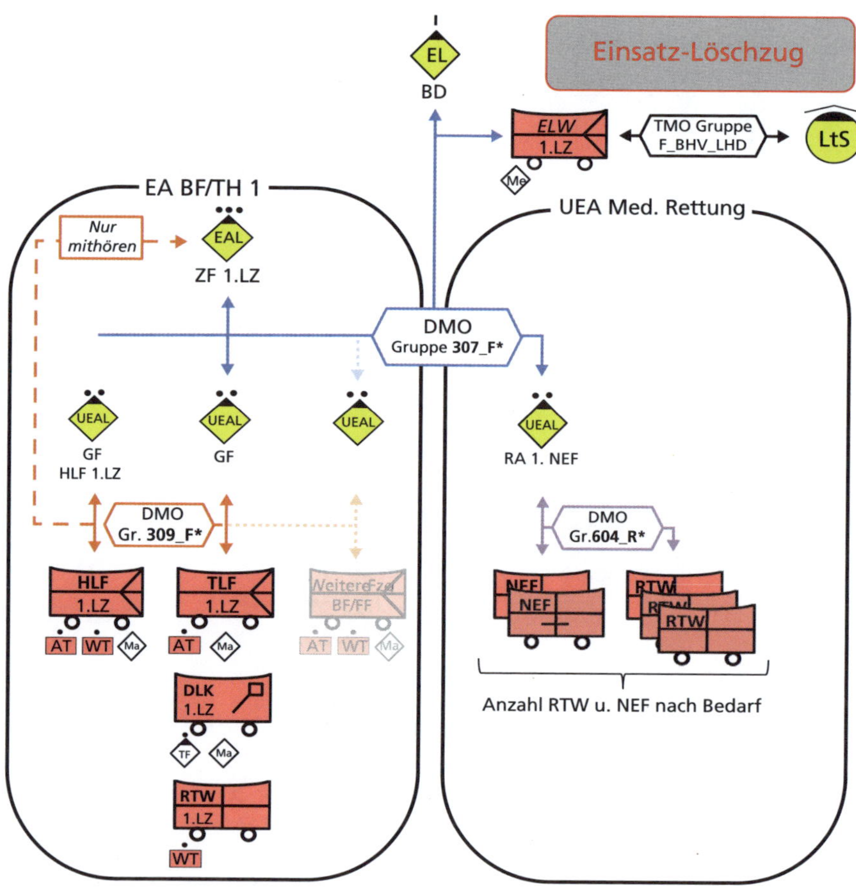

Bild 16: ***Funkkonzept mit UEA medizinische Rettung (Quelle: BF Bremerhaven)***

Personalübersichten

Um die Besetzung von Einsatzfunktionen (der Fahrzeuge) einer hauptberuflichen Feuerwehr übersichtlich darzustellen, bieten sich an geeigneter Stelle besonders dafür erstellte Magnettafeln an. Diese verfügen neben den Namen der Feuerwehr-angehörigen auch über sämtliche Fahrzeuge und deren Einsatzfunktionen. Ein möglicher Ort könnte dafür in der Fahrzeughalle sein, da viele Feuerwehren dort ihre Wachablösung vollziehen. Eintreffende Kollegen können ihr Namensschild bei

Eintreffen zur Schicht an eine geeignete Stelle hängen, wenn »fliegende Wechsel« stattfinden. So entsteht ein Gesamtüberblick. Bei Alarmierung aus der Freizeit (Hausalarm) kann diese Tafel weitergeführt werden. Daher wird sie vereinzelt auch als »Hausalarmtafel« bezeichnet (▶ Bild 17). Der Status »krank« darf aus Datenschutzgründen nicht ausgehangen werden. Andere Abwesenheiten, wie »Urlaub« oder »Fortbildung«, sind aber dennoch möglich. Viele Softwareanbieter setzen derartige Übersichten bereits in einer App oder in einem Programm um. In ▶ Kapitel 3.2.1 wird eine Möglichkeit der Anzeige der Fahrzeugbesetzungen durch Alarmdisplays betrachtet. Analog können derartige Systeme auch für Freiwillige Feuerwehren genutzt werden. Dabei wären sowohl der Übungsdienst als auch der Einsatzfall abbildbar.

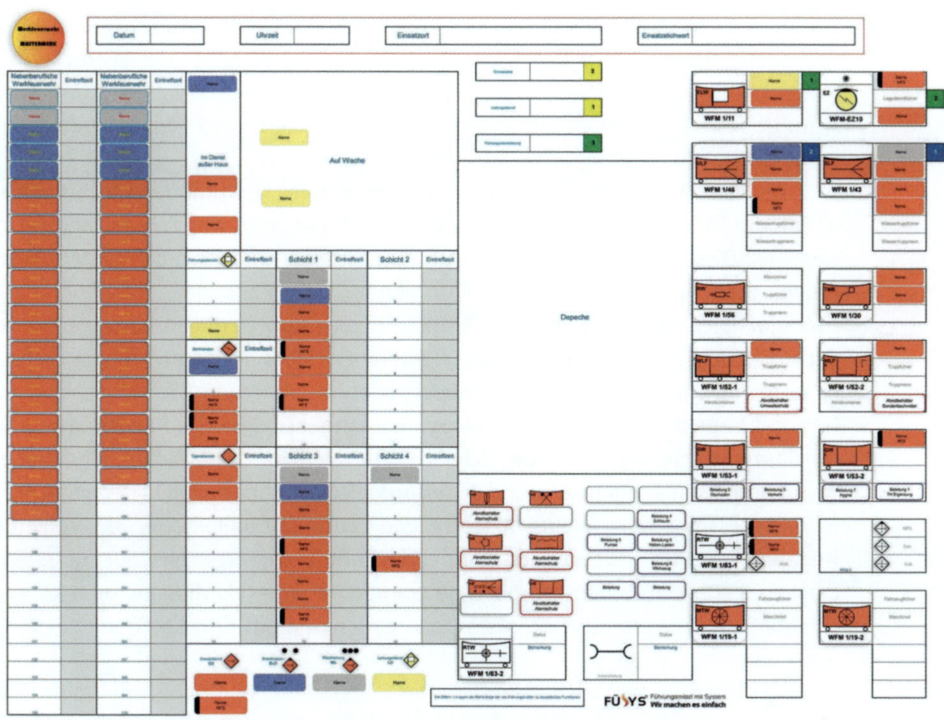

Bild 17: ***Beispiel Personalübersicht/Hausalarmtafel (Quelle: Fa. Kobra)***

3.1.3 Alarm- und Ausrückeordnung (AAO)

Die Alarm- und Ausrückeordnung könnte man auch als Herzstück einer Feuerwehr bezeichnen. Auf Basis der Brandschutzbedarfsplanung erfolgt die Umsetzung im Detail. Es ist entscheidend, dass beide Dokumente widerspruchsfrei ineinandergreifen. Nur so können die Ziele aus der Bedarfsplanung erreicht werden. Im Kernregelt eine AAO, welche Einsatzmittel (Mannschaft und Gerät) für die Bewältigungeines Ereignisses ausrücken müssen. Um Ereignisse zu »clustern« werden Meldebilder hinterlegt. Alarmstufen und Einsatzstichworte werden den Meldebildern zugeordnet. Zusätzlich ist der jeweilige Ausrückebereich hinterlegt. So wird festgelegt, welche zuständige Feuerwache bzw. welches Gerätehaus zu alarmieren ist. Oftmals wird die im Brandschutzbedarfsplan geforderte Funktionsstärke an der Einsatzstelle durch ein »Rendezvous« von Einsatzkräften verschiedener Feuerwachen und/oder Gerätehäusern der Freiwilligen Feuerwehr erreicht. Die ausrückenden Einsatzkräfte sollten in der Alarmierung und ggf. durch die Verwendung einer Alarmdepesche die Information über parallel alarmierte Einheiten mitgeteilt bekommen.

Zwischen einem realen Meldebild, welches bei der Notrufabfrage oft in großer Hektik und Angst oder Panik kommuniziert wird und dem, was sich als Lagebild im Kopf des Disponenten in der Leitstelle ergibt, können bereits große Unterschiede liegen. Disponenten sind in Ihrer Ausbildung besonders darin geschult, diese Abfragen nach einer vorgegebenen Struktur durchzuführen und insbesondere dabei auch die Gesprächsführung aktiv zu übernehmen. Über die gesetzlich vorgeschriebene technische Kurzzeitdokumentation haben Disponenten die Möglichkeit, die Notrufabfrage direkt abzuhören, um ggf. Entgangenes direkt zu hinterfragen. Eine Abstimmung mit einem Kollegen oder Vorgesetzten vor der Auswahl der richtigen Alarmierung ist dagegen aufgrund der erforderlichen Schnelligkeit in der Regel nicht möglich. Es gibt viele Einflussfaktoren, wie Zeitdruck, fehlerhafte oder fehlende Angaben, die das Lagebild des Anrufenden erheblich verzerren oder lückenhaft darstellen können. Neben den oben genannten negativen Einflussfaktoren können sich aber auch die Erfahrungen eines Disponenten und ggf. Objektkenntnisse positiv auswirken.

Nachdem nun das Lagebild im Kopf des Disponenten abgeschlossen ist, muss er dies gemäß der Alarm- und Ausrückeordnung mit einem »Raster« vergleichen, um kurze prägnante Einsatzstichworte oder Alarmstufen auszuwählen. Dies verdeutlicht hier bereits die Anforderung bei der Aufstellung oder Überarbeitung einer Alarm- und Ausrückeordnung nach einem einfachen Aufbau und leicht einprägsamen Begriffen, die im Umfang begrenzt sein müssen. Nachdem nun die Alarmstufe oder das Alarmstichwort ausgewählt wurden, beginnt die Alarmierung. Diese wird oft durch Sprachkonserven oder eine elektronische Stimme schnell und effektiv automatisch durchgeführt.

Meldebild versus Lagebild

Ein Meldebild setzt sich aus Sicht einer Feuerwehr aus den folgenden Bestandteilen zusammen:

- Einsatzort (ggf. inkl. Besonderheiten zum Objekt),
- Zahl der verletzten bzw. betroffenen Personen (Menschenleben in Gefahr),
- Art des Ereignisses (Brand, Verkehrsunfall, Gefahrgutunfall etc.),
- Ausmaß und Größe des Ereignisses,
- Gefährdungen,
- sonstige Besonderheiten (gemäß AAO am Objekt in der Leitstelle hinterlegt z. B.: ständig besetzter Pförtner).

Der Einsatzort ist im Meldebild zur Einstufung einer Alarmstufe enthalten, weil besondere Objekte (z. B. Krankenhaus, Industrieanlage etc.) im Einzelfall zu einer Erhöhung der Alarmstufe führen können. Weiterführende Informationen sind im Einsatzleitsystem der Leitstelle zu hinterlegen.

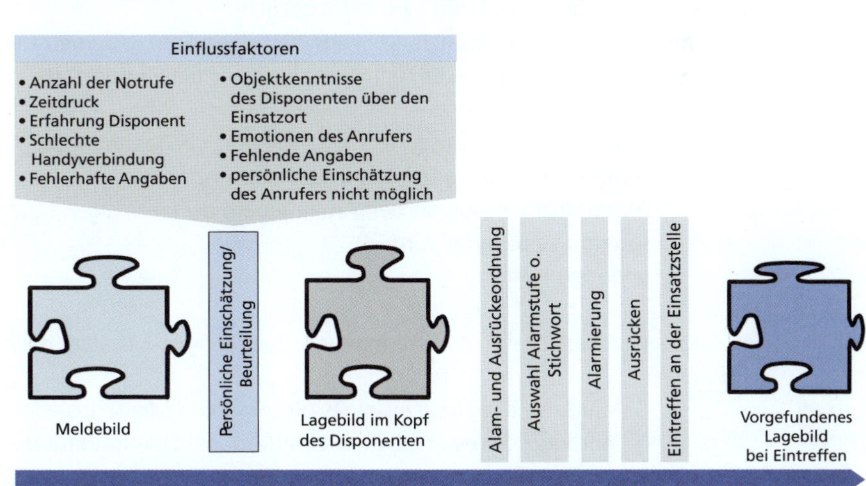

Bild 18: ***Meldebild versus Lagebild***

Aus Sicht des Rettungsdienstes sind dagegen andere bzw. weitere Bestandteile des Meldebildes zielführend und notwendig:

- Einsatzort (ggf. inkl. Besonderheiten zum Objekt),
- Art des Notfalls/Symptome (Verkehrsunfall oder Internistisch: Verdacht auf Herzinfarkt oder Schlaganfall etc.),
- Zahl der verletzten bzw. betroffenen Personen,
- Patientendaten (Geschlecht, Bewusstsein vorhanden, Atem- und Kreislaufinformation etc.),
- Art des Ereignisses (Brand, Verkehrsunfall, Gefahrgutunfall etc.),
- Gefährdungen im Umfeld,
- sonstige Besonderheiten (gemäß AAO am Objekt in der Leitstelle hinterlegt z. B.: ständig besetzter Pförtner).

Neben dem Meldebild selbst ist es bei der Alarmierung erforderlich, Informationen über ggf. parallel externe alarmierte Einheiten zu geben. Dies kann teilweise aus der Alarmstufe direkt abgeleitet werden (z. B. Alarmierung eines RTH). Für den Rettungsdienst steht der Notarztidentifikationskatalog der Bundesärztekammer als Basis zur Verfügung, der bei der Aufstellung der AAO des Rettungsdienstes berücksichtigt werden muss und ggf. durch weitere Vorgaben des Ärztlichen Leiters Rettungsdienstes erweitert wird.

So viel wie nötig – so wenig wie erforderlich

Das Alarmieren zu vieler Einsatzmittel kann zu folgenden Problemen führen:

- unnötige Gefahren bei der Alarmfahrt für die Einsatzkräfte und andere Verkehrsteilnehmer,
- Schwächung der Einsatzverfügbarkeit für Parallelereignisse,
- Akzeptanzrückgang bei den Einsatzkräften,
- Akzeptanzrückgang bei den Arbeitgebern der Freiwilligen Feuerwehren – sofern dies bekannt wird,
- unnötige Kosten.

Im Gegensatz dazu kann die Alarmierung zu geringer Einsatzmittel Folgendes auslösen:

- Gefährdung des Einsatzerfolges (Rettung von Menschenleben etc.),
- Gefährdung der eigenen Einsatzkräfte durch Überforderung,
- Erfordernis unnötiger Nachalarmierungen mit Zeitverzug,
- Akzeptanzrückgang bei den Einsatzkräften,

- Reputationsverlust des Bildes der Feuerwehr in der Öffentlichkeit bei Ausbleiben des Einsatzerfolges und Bekanntwerden der Thematik,
- Regress bei Schuldhaftigkeit.

Aus Sicht der ausrückenden Einsatzkräfte wird oftmals die Lage beim Eintreffen als Basis für eine Beurteilung einer angemessenen Alarmierung angesetzt. Richtigerweise muss aber das Meldebild des Notrufes als Ausgangsbasis angesetzt werden. Im Nachgang sollte bei gravierenden Einsätzen im Rahmen einer Einsatznachbesprechung ein Abgleich zwischen Meldebild und real vorgefundener Lage mit dem Leitstellendisponenten besprochen werden. Nur so kann ein Disponent langfristig ein Erfahrungswissen in diesem Punkt entwickeln. Ein erster Abgleich sollte zeitnah nach dem Einsatz zwischen dem Einsatzleiter und dem Disponenten durchführt werden.

Dominik Neff hat in seiner Bachelor-Thesis das Thema »Kategorisierung und Auswertung von Feuerwehreinsatzstichworten« betrachtet:

»In den 16 Bundesländern gibt es Unterschiede in der Leitstellenstruktur und den Regelungen zur Verwendung von Einsatzstichwörtern. In den anderen Bundesländern werden Einsatzstichwörter auf Ebene der Kreise und kreisfreien Städte festgelegt, wodurch dort eine Vielzahl an unterschiedlichen Stichwortkatalogen existiert. Aufgrund dieser Strukturen bestehen in Deutschland viele unterschiedliche Einsatzstichwörter, die sich hinsichtlich der Qualität der Informationsübertragung unterscheiden. Es existieren keine Vorgaben, Regelungen oder Empfehlungen zu Einsatzstichwörtern auf Bundesebene.«

(Dominik Neff, Bachelor-Thesis und Bericht im »BRANDSchutz«, Heft 10/23)

Folgende Bundesländer und Stadtstaaten geben einheitliche Stichwortkataloge vor:

- **Bayern**
- **Berlin**
- **Brandenburg**
- **Bremen**
- **Hamburg**
- **Hessen**
- **Rheinland-Pfalz**
- **Saarland**
- **Sachsen**
- **Schleswig-Holstein**

Die folgende ▶ Tabelle 1 zeigt eine Auswertung verschiedener Einsatzstichworte, die bei einem kritischen Wohnungsbrand gemäß Schutzzieldefinition der AGBF in den Alarm- und Ausrückeordnungen verschiedener Feuerwehren hinterlegt sind.

Tabelle 1: ***Auswertung Einsatzstichworte – kritischer Wohnungsbrand***

Nr.	Stichwort	Abkürzung	mind. Einsatzmittel
1	Brand 3 DLK	B3-DLK	3 × LF; 1 × DLK; 1 × Führungsdienst; Kreisbrandmeister
2	F 2 Y		2 × LF; 1 × Führungsdienst/ELW 1
3	Feuer, Menschenleben in Gefahr	FEU Y	2 × LF
4	B:Gebäude groß		4 × LF; 1 × DLK; 2 × ELW 1
5	B 3 Person		2 × LF
6	Brand 4		Keine Angabe
7	Brand mittel	B 2	2 × LF
8	F 2 Y		2 × LF; 1 × DLK; 1 × Führungsdienst/ELW 1; Kreisbrandmeister
9	B 3		2 × LF; 1 × DLK; 1 × Führungsdienst; Kreisbrandmeister
10	B 3		5 × LF; 2 × DLK; 4 × Führungsdienst; 1 × GW-AS
11	B 3		3 × LF; 1 × DLK; 1 × Führungsdienst
12	FGEBÄUDEY		2 × LF; 1 × DLK; 1 × Führungsdienst
13	Brand Mittel mit Menschenrettung	F30P	3 × LF; 1 × DLK; 1 × Führungsdienst
14	F4Y_Gebäude		Keine Angabe
15	F_Feuer2		4 × LF; 2 × DLK; 3 × Führungsdienst
16	Feuer mittel	FM	2 × LF; 1 × TLF
17	Feuer 1 Y	F 1 Y	2 × LF; 1 × DLK; 1 × Führungsdienst
18	Zimmerbrand		4 × LF; 1 × DLK; 3 × Führungsdienst
19	F3 Gebäudebrand		3 × LF
20	GEBÄUDE	B2	Keine Angabe
21	F3Y		4 × LF; 2 × Führungsdienst

Tabelle 1: ***Auswertung Einsatzstichworte – kritischer Wohnungsbrand – Fortsetzung***

Nr.	Stichwort	Abkürzung	mind. Einsatzmittel
22	Brand 4	204	3 × LF; 1 × DLK; 1 × Führungsdienst
23	F2Y		2 × LF
24	F2-Y		2 × LF; 1 × Führungsdienst
25	Wohnungsbrand mit Personenrettung	B2.09	Keine Angabe
26	F2Y		Keine Angabe
27	Brand 3	B3	2 × LF; 1 × DLK; 1 × Führungsdienst
28	B3-M		Keine Angabe
29	F-3		4 × LF; 2 × DLK; 2 × Führungsdienst
30	Mittelbrand		Keine Angabe
31	Gebäudebrand	B32	2 × LF; 1 × DLK; 1 × Führungsdienst

Notrufabfrage

Eine qualitativ hochwertige Notrufabfrage in der Leitstelle ist für die Einsatzplanung die Grundlage für die Umsetzung der Alarm- und Ausrückeordnung. Insofern ist es lohnend, diese hier zu betrachten, obwohl diese Aufgabe eigentlich in den Aufgabenbereich der »Sachgebiete Leitstelle« fällt. Grundsätzlich kann zwischen zwei verschiedenen Notrufabfragen unterschieden werden:

- Standardisierte Notrufabfrage, umgesetzt in unterschiedlichen Ausführungen, softwareunterstützt durch Einsatzleitsysteme,
- Notrufabfrage ohne hinterlegten Abfragealgorithmus auf »Expertenbasis«.

Standardisierte Notrufabfrage

Eine standardisierte Notrufabfrage ermöglicht den Disponenten in der Leitstelle eine schnelle, strukturierte und sichere Abfrage in der Notrufbearbeitung durch einen vorgegebenen Algorithmus. Insbesondere in schwierigen und oft dynamischen Situationen kann so sichergestellt werden, dass keine wichtigen Informationen verloren gehen bzw. nicht abgefragt werden. Die Umsetzung erfolgt durch eine Software, die den Disponenten in den Fragestellungen anleitet und nach einem

Algorithmus die nachfolgende Frage in der Regel auf der Ergebniseingabe der vorherigen Frage basiert. Die Einführung eines solchen (in der Regel QM-basierten) Systems bietet dem Betreiber einer Leitstelle eine gewisse juristische Absicherung im Rahmen der Organisationsverantwortung. Da viele Fragestellungen auch in einzelnen Fremdsprachen verfügbar sind, entsteht auch hier Handlungssicherheit. Bei medizinischen Notfällen wird der Disponent im letzten Teil, nachdem die Alarmierung bereits umgesetzt wurde, in die Anleitung einer Reanimation des Notrufenden nach ERC-Guideline (Leitlinien des European Resuscitation Council) geführt.

Ein Standard-Notrufabfragesystem ersetzt keineswegs die Fachkompetenz des Disponenten. Vielmehr liegen hier Optimierungspotentiale bzgl. Ablauf und Qualität. Die Entwicklungen der Künstlichen Intelligenz (KI) bieten perspektivisch für die Leistellen zusätzliche Möglichkeiten. Insbesondere bei Barrieren durch Fremdsprachen können Simultanübersetzungen einer KI zeitnah hilfreich unterstützen. Auch für die Verarbeitung von Gebärdensprache bestehen künftig weitere Chancen. Aus Sicht einer Einsatzplanung sind mittelfristig aus der Notrufabfrage resultierende automatische Informationsübergaben an eine Lagedarstellungs-Software wünschenswert, um auch den Prozess dieser Dateneingabe mittelfristig zu optimieren. Der Arbeitskreis »Rettungsdienst« des Hessischen Städtetages und des Hessischen Landkreistages hat 2022 Algorithmen für Einsatzbearbeiter der Leitstellen erarbeitet und veröffentlicht. Demnach besteht die Notrufabfrage aus:

- den Einstiegsfragen,
- den Schlüsselfragen,
- Hilfezusagen,
- Hilfeanweisungen sowie
- Ausstiegsinformationen.

Notrufabfrage ohne hinterlegten Abfragealgorithmus auf »Expertenbasis«

Neben der Standardisierten Notrufabfrage gibt es Leitstellen, die nach herkömmlicher Art die Notrufabfrage durchführen. Eine Abfragestruktur gibt es dabei auch. Diese orientiert sich an den fünf »W-Fragen« und geht dann im Einzelfall noch tiefer in die Fragestellung und ist in einem Katalog hinterlegt.

- **Wo** genau ist der Notfallort?
- **Wie** lautet die Rückrufnummer?
- **Wie** lautet der Anrufername?
- **Wie** viele Betroffene/Verletzte gibt es?
- **Was** genau ist passiert?

Einsatzmittel

Gemäß FwDV 100 bestehen Einsatzmittel aus Fahrzeugen (inkl. Besatzung), Geräten, Lösch- und Verbrauchsmitteln. Da eine hohe Übersichtlichkeit einer Alarm- und Ausrückeordnung die Umsetzbarkeit vereinfacht, ist es sinnvoll Standardkomponenten einzuführen. Große Berufsfeuerwehren etablieren beispielsweise ein Standard-HLF mit exakt gleicher Ausstattung und Beladung. Dies ermöglicht den Leitstellendisponenten und allen Einsatzkräften eine einfache Einschätzung des einsatztaktischen Wertes dieser Komponenten. Ferner ergeben sich hier auch Vorteile in der Aus- und Fortbildung, in der Beschaffung und in der Austauschbarkeit bei Ausfällen.

Neben dem Einsatz von Standardkomponenten können Einsatzmittel mit gleicher Zielsetzung taktisch zu Einheiten zusammengefasst werden. Folgende Begriffe können durch eine AAO verwendet und umgangssprachlich etabliert werden:

- Löschzug,
- Rüstzug (ggf. auch Kranzug oder Rüstzug/Kran),
- Hilfeleistungszug,
- Gefahrgutzug,
- Umweltzug,
- Logistikzug,
- SEG ABC,
- SEG Einsatzleitung,
- Führungszug,
- SEG Dekon,
- SEG Höhenrettung,
- SEG Wasserversorgung,
- Wasserförderzug,
- SEG Strahlenschutz,
- SEG MANV.

Hilfsfrist

Nach erfolgter Notrufabfrage erfolgt die Alarmierung nach Vorgabe der AAO. In den 16 Bundesländern gibt es unterschiedliche Vorgaben der Hilfsfristen und weiterer Festlegungen. Unter einer Hilfsfrist versteht man den Zeitraum von Beginn der Notrufabfrage in der Leitstelle bis zum Eintreffen der Einsatzkräfte an der Einsatzstelle in der geforderten Stärke (vgl. Definition DIN 14011). Sie ist die Summe aus:

Meldezeit, Dispositionszeit, Alarmierungszeit, Ausrückezeit und Anfahrtszeit. Dispositionszeiten werden in einzelnen Vorgaben einzeln ausgewiesen. Nach den Qualitätskriterien der AGBF aus 2015 werden für die Gesprächs- und Dispositionszeit 1,5 Minuten angesetzt. In den 16 Bundesländern gibt es unterschiedliche Vorgaben und Definitionen, die nur teilweise gesetzlich oder per Erlass festgelegt sind. Dabei werden neben dem Begriff der Hilfsfrist weitere Begriffe mit abweichenden Definitionen verwendet (▶ Tabelle 2).

Tabelle 2: ***Hilfsfristen in Deutschland***

Bundesland	Begriff	Zeit (min)	Bestandteile
Baden-Württemberg	Eintreffzeit	10	Ausrückezeit, Anfahrtzeit
Bayern	Hilfsfrist	10	Gesprächs- und Dispositionszeit in der Leitstelle, Ausrückezeit, Anfahrtzeit
Berlin	Hilfsfrist	15	Gesprächs- und Dispositionszeit in der Leitstelle, Ausrückezeit, Anfahrtzeit
Brandenburg	Hilfsfrist	8	Ausrückezeit, Anfahrtzeit
Bremen	Schutzziel	10	Anfahrtzeit
Hamburg	Hilfsfrist	8	Ausrückezeit, Anfahrtzeit
Hessen	Hilfsfrist	10	Ausrückezeit, Anfahrtzeit
Mecklenburg-Vorpommern	Eintreffzeit	10	Ausrückezeit, Anfahrtzeit
Niedersachen	Hilfsfrist	8	Ausrückezeit, Anfahrtzeit
Nordrhein-Westfalen	Hilfsfrist	8 – 14,5	Gesprächs- und Dispositionszeit in der Leitstelle, Ausrückezeit, Anfahrtzeit
Rheinland-Pfalz	Einsatzgrundzeit	8	Ausrückezeit, Anfahrtzeit
Saarland	Eintreffzeit	8	Ausrückezeit, Anfahrtzeit
Sachsen	Hilfsfrist	9	Ausrückezeit, Anfahrtzeit
Sachsen-Anhalt	Hilfsfrist	12	Ausrückezeit, Anfahrtzeit

Tabelle 2: ***Hilfsfristen in Deutschland – Fortsetzung***

Bundesland	Begriff	Zeit (min)	Bestandteile
Schleswig-Holstein	Hilfsfrist	10	Gesprächs- und Dispositionszeit in der Leitstelle, Ausrückezeit, Anfahrtzeit
Thüringen	Einsatzgrundzeit	10	Ausrückezeit, Anfahrtzeit

Im Bereich der Werkfeuerwehren kann in manchen Bereichen aus dem Störfallrecht (Störfallverordnung, Vollzugshilfe zur Störfall-Verordnung, Bundesumweltministerium vom März 2004) eine Hilfsfrist von fünf Minuten abgeleitet werden, die ebenfalls in der Definition des im April 2021 erschienen vfdb-Merkblattes so festgelegt und tiefergehend beschrieben wurde. Diese Hilfsfrist setzt sich zusammen aus der Zeit für die Alarmierung (ab Startpunkt), der Ausrücke- und Anfahrtszeit bis zum Eintreffen des ersten Einsatzfahrzeuges an der Einsatzstelle.

Bei Flughäfen wird zwischen dem Gebäudebrandschutz und dem Brandschutz auf dem Flugfeld unterschieden. Während beim Gebäudebrandschutz die gleichen Vorgaben der kommunalen Feuerwehren des jeweiligen Bundeslandes Anwendung finden, ist die Vorgabe bei Einsätzen an Flugzeugen nach ICAO-Richtlinie (International Civil Aviation Organization) eine Hilfsfrist von 180 Sekunden. In diesen Bereichen gibt es seitens der Einsatzplanung sehr viele Maßnahmen, die ein Erreichen überhaupt möglich machen. In den Fällen, in denen die Hilfsfrist erst ab dem Zeitpunkt der Alarmierung gerechnet wird, würde sich diese durch die Einführung eines Vorgonges nicht verkürzen. Die Betrachtung zeigt aber, dass es sinnvoll ist, alle beeinflussbaren Zeiten zu summieren und diese mit einem Erreichungsgrad zu faktorisieren, um dann durch die Einsatzplanung viele Anstrengungen zu unternehmen, um diese zu optimieren. Die Hilfedauer zwischen Beginn des Notrufes und dem Eintreffen an der Einsatzstelle kann sich durch die Einführung eines Vorgonges erheblich verkürzen, wie die nachfolgende Grafik (▶ Bild 19) veranschaulicht.

Zeitvorteil durch Alarmierung mittels Vorgong für hauptamtliche Kräfte

Marco Kauffunger kam im Rahmen seiner Facharbeit für den Aufstieg in die LG 2.2 »Die gestufte Alarmierung mittels Voralarm« zu dem Ergebnis, dass ein Zeitvorteil von 45 bis 60 Sekunden und im Einzelfall sogar von bis zu 120 Sekunden erreicht werden kann. Neben einer Literaturrecherche wurden im Rahmen dieser Facharbeit empirische Untersuchungen in einer Kreisleitstelle durchgeführt, die zu dem Ergebnis dieser Werte führten.

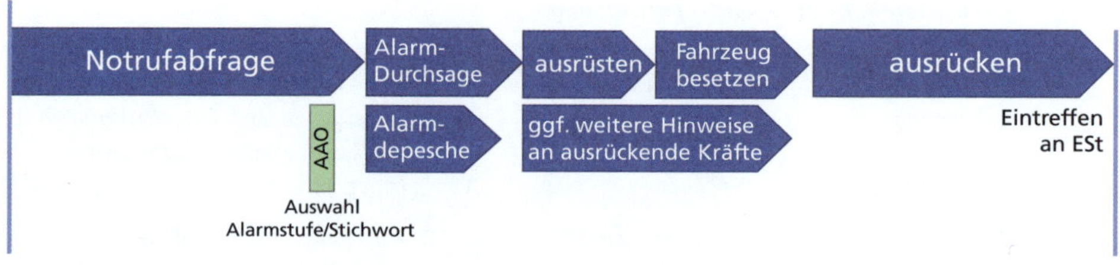

System Notrufabfrage/Ausrücken ohne Vorgong

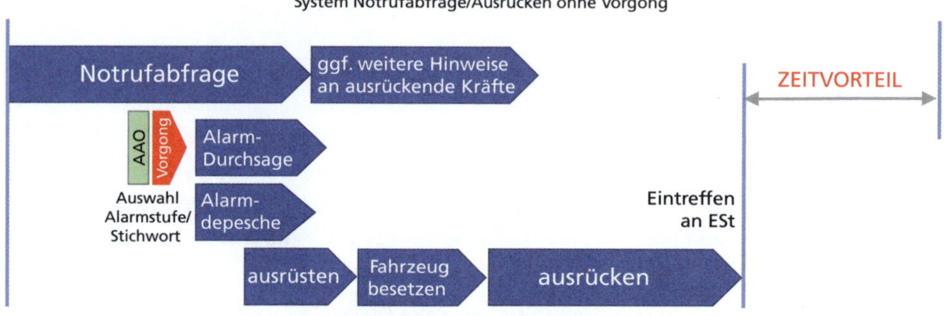

System Notrufabfrage/Ausrücken mit Vorgong

Bild 19: ***Zeitvorteil für hauptamtliche Kräfte durch Vorgong***

Bewertung der Ausrückezeit und Einleitung von Maßnahmen zur Optimierung

Unter der Ausrückezeit versteht man nach DIN 14011 (Begriffe aus dem Feuerwehrwesen) die Zeitspanne zwischen dem Abschluss der Alarmierung und dem Beginn des Ausrückens (vereinfacht dem »Losfahren«). Die Ausrückezeit ist erfolgskritisch für die Einhaltung der Hilfsfrist und sollte so kurz wie möglich sein. Die Einsatzplanung kann bei Notwendigkeit Maßnahmen zur Optimierung prüfen, indem sie folgende Fragestellungen betrachtet:

- Ist die Qualität der Alarmierungsdurchsagen ausreichend?
- Besteht die Möglichkeit einer technischen Sprachoptimierung durch eine Computerstimme?
- Gibt es einen Voralarm, der bereits während der Notrufabfrage vom Disponenten ausgelöst werden kann?
- Gibt es einen Alarmton mit Tonfolge, der besondere Alarmierungen einleitet?
- Werden Alarmierungen zum Beispiel in Werkstätten durch Blitzleuchten o. ä. unterstützt?

- Gibt es Pager mit Anzeige des Alarmierungstextes? Trageweise generell oder nur bei Abwesenheit von der Feuerwache?
- Sind die Abläufe im Fall einer »stillen Alarmierung« (z. B. nachts einzelner RTW) zu verbessern?
- Sind Informationen auf den Alarmanzeigen lesbar?
- Sind Alarmdepeschen auf einem Drucker schnell genug verfügbar oder führen sie zu Verzögerungen?
- Sind die Laufwege der jeweiligen Sozial-, Ruhe, und Arbeitsräume angemessen und schnell passierbar? Gibt es Hindernisse?
- Sind Rutschstangen in ausreichender Anzahl (ggf. mehrfach über mehrere Etagen) vorhanden?
- Ist die Dienstkleidung und die Einsatzschutzkleidung schnell an- und ausziehbar? (Z. B. könnten im Wachbetrieb Schuhe mit Klettverschluss getragen werden.)
- Sind die Einsatzfahrzeuge an einer stationären Stromerhaltung und an einer Druckluftversorgung permanent angeschlossen?
- Gibt es eine Motor-Vorwärmung, die einen sofortigen Motorstart ermöglicht?
- Werden Fahrzeughallentore automatisch geöffnet? (Insbesondere bei Freiwilligen Feuerwehren ist dieser Prozess tiefergehend unter Beachtung des Objektschutzes zu betrachten.)
- Sind die Abläufe bei besonderen Situationen optimierbar? (Z. B. Dienstsport, Duschen, Schichtübergaben, Übergabe einzelner Einsatzfunktionen, Unterrichte an anderen Orten etc.)
- Gibt es eine »Lost-Regel« für den Fall, dass eine einzelne Einsatzfunktion nicht am Fahrzeug erscheint? (Hier könnten in Abhängigkeit von der Funktion besondere Regelungen getroffen werden. Fährt z. B. ein HLF beim Stichwort »Menschenleben in Gefahr« bei Zeitverzug losgelöst vom Löschzug allein »vor« und fährt somit nicht im Zugverband?)
- Sind Führungsdienste in Rufbereitschaft schnell genug alarmierbar oder ist das System ggf. auf eine 24 h-Präsenz an der Feuerwache zu wechseln?

Bei Erstellung und Fortschreibung einer Alarm- und Ausrückeordnung sollte auch die Leistungsfähigkeit der Feuerwehren der benachbarten Städte einfließen. Bei kreisangehörigen Städten, die in einem Landkreis über eine gemeinsame Kreisleitstelle verfügen, ist es notwendig, die einzelnen Alarm- und Ausrückeordnungen der Feuerwehren nach einer einheitlichen Systematik und harmonisierten Stichworten zu entwickeln, um aus Sicht eines Leitstellendisponenten die Komplexität zu reduzieren und einheitliche Begriffe zu verwenden. Auf keinen Fall dürfen Widersprüche enthalten sein, die im Alarmfall zu Fehlern in der Alarmierung führen könnten. Weiterhin sind Vorgaben aus ggf. vorhandenen Landeskonzepten (z. B. Behandlungsplatz »BHP 50« in NRW) in der AAO umzusetzen. Entsprechende Erlasse und Richtlinien sind zu beachten. Einheitliche Begriffe sind zu verwenden.

In der Alarm- und Ausrückeordnung ist auch die Alarmierung der Führungsdienste zu regeln. In diesem Dokument können tiefergehend weitere Regelungen festgelegt werden, wie zum Beispiel:

- Ausfall und Kompensation von Führungsfunktionen inkl. Vertreterregelungen,
- Rahmenbedingungen für Rufbereitschaftsfunktionen (redundante Erreichbarkeit und »Hilfsfrist«),
- erstes Vorgehen bei Presseanfragen,
- Entscheidungsbefugnisse eines Lagedienstführers,
- Entscheidungsbefugnisse der Führungsfunktionen,
- Vorgehen bei Hilfeersuchen an benachbarte Feuerwehren/Rettungsdienste (z. B.: »ÜMANV-S« in NRW),
- Vorgehen und Ablauf einer RTH-Anforderung,
- besondere Einsatzszenarien (z. B. Einsatz eines Löschbootes).

3.1.4 Standard-Einsatzregeln (SER)

Standard-Einsatzregeln haben ihren Ursprung in den »Standard Operating Procedures« (SOP). Diese Regeln kommen zum einen aus Bereichen, in denen nur durch eine detaillierte Prozessbeschreibung gesetzliche Vorgaben eingehalten werden können. Beispielhaft sei die Einführung neuer pharmazeutischer Produkte in den Bereichen der klinischen Entwicklung und der Produktion genannt. Müssen sehr hohe Sicherheitsstandards erreicht werden, indem viele kleine Prozessschritte in der richtigen Reihenfolge zu absolvieren sind, kommen Standard Operating Procedures ebenfalls zum Einsatz. Beispielhaft sei hier die Luftfahrt genannt. Dabei unterscheiden die Piloten zwischen Standard-Checklisten, die im Ablauf jederzeit sicher beherrscht werden müssen und so genannten »Read-and-do-Checklisten«, die in seltenen Extremsituationen eingesetzt werden. In diesen Fällen wird der »flying-pilot« vom »non-flying-pilot« anhand einer Checkliste unterstützt, die dann gemeinsam schrittweise befolgt wird. Die Umsetzung sämtlicher Checklisten wird im Simulator wiederkehrend trainiert und überprüft. In den dynamischen Einsatzsituationen der Feuerwehren wäre die Umsetzung von »Read-and-do-Checklisten«

natürlich nicht vorstellbar. Daher müssen Standard-Einsatzregeln leicht zu erlernen und einprägsam ausgeführt werden.

Während Feuerwehrdienstvorschriften mit dem Ziel aufgestellt und fortgeschrieben werden, wesentliche Dinge deutschlandweit einheitlich und verbindlich zu regeln, bieten Standard-Einsatzregeln die Möglichkeit, tiefergehende Detailregelungen vor Ort aufzustellen. Standard-Einsatzregeln richten sich an alle Einsatzkräfte. Sie müssen einfach und logisch abgrenzbar sein. Selbsterklärende Bilder, Skizzen oder Grafiken erhöhen die Lesbarkeit sowie Einprägung und können im Einzelfall die Komplexität reduzieren. Da SER ein verändertes Handeln jeder einzelnen Einsatzkraft unter Umständen sogar in Extremsituationen fordern, müssen sie im Vorfeld intensiv etabliert werden. SER sind von der Leitung der Feuerwehr verbindlich vorgegeben; die Umsetzung der Regeln muss zur Routine werden. Die Vorteile durch die Umsetzung der SER müssen so gravierend sein, dass sie die Qualität des Einsatzes erheblich steigern und somit im Vorfeld für große Akzeptanz sorgen. Im Idealfall erkennt der Anwender für sich selbst einen Vorteil in der Befolgung einer SER. (Dieser kann auch darin liegen, professionell wirken zu wollen bzw. durch die Befolgung im Team Anerkennung zu erhalten. Im Gegensatz dazu könnte ein Einzelner bei Nichtbefolgen unprofessionell wirken.) Bei der Erstellung sollten alle betroffenen Ebenen der Feuerwehr beteiligt werden, um einen hohen Basisbezug zu erreichen und um möglichst viele Perspektiven zu berücksichtigen. Der Inhalt könnte beispielsweise in einem »Workshop« gemeinsam erarbeitet werden. Dies schafft Akzeptanz und steigert die inhaltliche Qualität.

Auswahl und Priorisierung von SER

Bei dieser Methode bekommt jeder Teilnehmer die gleiche Anzahl an Klebepunkten, die beliebig vergeben werden können. Die Kriterien für die Priorisierung der SER sollten vor Vergabe der Klebepunkte vorab besprochen werden. Folgende Kriterien könnten dabei relevant sein:

- Verbesserung vorhandener Schwachstellen in der Einsatzbearbeitung (festgestellt im Einsatz oder bei Einsatzübungen),
- Steigerung der Sicherheit,
- Steigerung der Schnelligkeit,
- Einführung einer neuen Einsatzfähigkeit (z. B. erstmalige Indienststellung eines »AB-Trinkwasser«),
- einheitliche Zusammenarbeit mit anderen Feuerwehren, Rettungsdiensten oder Hilfsorganisationen.

Standard-Einsatzregeln müssen im Vorfeld durch Übungen auf ihre Praxistauglichkeit überprüft werden und intensiv in der Aus- und Fortbildung umgesetzt werden. Idealerweise werden SER bereits in der Grundausbildung neuer Feuerwehreinsatzkräfte vermittelt.

Aufgrund sehr unterschiedlicher Situationen einzelner Feuerwehren in Bezug auf die Personalstärke, die vorhandene Technik und das jeweilige Einsatzgebiet können SER zwar grundsätzlich von anderen Feuerwehren übernommen werden. Sie sind aber dennoch, wie oben beschrieben, unter Beteiligung der Einsatzkräfte auf Eignung im eigenen Bereich zu prüfen und ggf. lokal anzupassen. Ferner haben Flughafenfeuerwehren, Werkfeuerwehren und Bundeswehrfeuerwehren aufgrund unterschiedlicher Schwerpunkte besondere Anforderungen an SER.

Bild 20: ***Auswahl und Priorisierung von SER***

Themenabhängig sind folgende Gliederungen einer SER möglich:

- Zweck/Ziel,
- Geltungsbereich,
- Durchführung,
- Dokumentation,
- Verteiler.

Alternative Gliederung:

- Thema,
- Kommunikation,
- erforderliche Einsatzmittel/Materialien/Geräte,
- Einsatzgrundsätze,
- Aufgaben der Einsatzkräfte (unterteilt nach Einsatzfunktionen z. B.: StFü, ATr, WTr, STr, Ma, etc.),
- Verteiler.

Beispielhafte Auswahl möglicher Themen für SER:

- Einsatz mit Bereitstellung TH-Einsatz VU,
- Einsatz mit Bereitstellung CSA,
- Einsatz mit Bereitstellung Gefahrguteinsatz,
- Einsatz mit Bereitstellung DLK,
- Einsatz mit Bereitstellung TH-Einsatz Maschinenunfall,
- Einsatz mit Bereitstellung Gefahrguteinsatz Umpumpen u. Kesselwagen,
- Massenanfall von Verletzten (MANV),
- Ausrüstung u. Vorgehen Auslösung BMA,
- Ausrüstung Sicherheitstrupp/Atemschutznotfall,
- Brandeinsatz Zimmerbrand,
- Brandeinsatz Photovoltaikanlage,
- Brandeinsatz Schornstein,
- Brandeinsatz taktische Ventilation Rauchgase,
- Brandeinsatz Theater,
- Einsatz von Löschgeräten,
- Ausrüstung u. Vorgehen bei Nass- o. Trockensteigleitungen,
- Hygiene im Feuerwehreinsatz,
- Aufbau eines Dekontaminationsplatzes,
- Atemschutzüberwachung,
- Atemschutznotfall,
- Einsatz auf (Binnen-)Schiffen,
- Einsatz auf Autobahnen (BAB),
- Einsatz an Windkraftanlagen,
- Rettung »Person im Kessel«,
- Rettung »Person im Gewässer«,
- Rettung »Person aus Höhen oder Tiefen«,
- Einheiten im Bereitstellungsraum (Ordnung des Raumes, Abläufe, …),

- Einheiten am Rettungsmittelhalteplatz (Ordnung des Raumes, Abläufe, ...).

Am Beispiel »SER Einsatz mit Bereitstellung CSA« kann ein erheblicher zeitlicher Vorteil erzielt werden (▶ Bild 21 und 22). Oftmals muss der Einsatz eines Angriffstrupps unter einem CSA im Vorfeld umfangreich erkundet werden. In diesem Zeitraum kann parallel eine Bereitstellung erfolgen. Dabei ist die Möglichkeit einer Dekontamination mit dem Einsatzbeginn unter CSA gemäß FwDV 500 weiterhin sicherzustellen. Sollte die Führungskraft sich nach der Erkundung dennoch gegen einen Einsatz unter CSA entscheiden, so kann die Maßnahme problemlos zurückgenommen werden. Die Atemschutzgeräte können weiterhin verwendet werden, da diese nicht angeschlossen wurden. Lediglich die Atemschutzmasken und der CSA sind im Anschluss zu überprüfen.

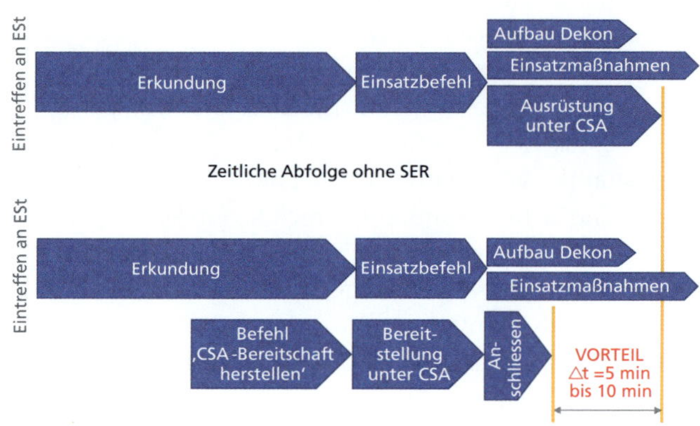

Bild 21: ***Zeitvorteil SER – Einsatz mit Bereitstellung und CSA***

Feuerwehr XY	**Standard – Einsatz – Regel 04** **- CSA-Bereitschaft herstellen -**

Kommunikation

Gemäß Standard ‚Einsatzstellen-Orga & Funk‘

Benötigte Materialien

- CSA Typ XY mit Zweitanschluss
- Stiefelsocken (wenn greifbar)
- Dekonplane
- Pressluftatmer, Atemanschluss
- HRT mit Drückergarnitur

Einsatzgrundsätze

- SER wird nur auf Befehl durch den EL umgesetzt
- ‚SER-Dekonplatz‘ wird separat befohlen. In jedem Fall wird eine Sofort-Dekon vom Maschinisten (Schnellangriff im Bereich der Dekonplane) vorbereitet
- Betreuung 1:1 (je ein Helfer pro CSA-Träger)
- Ankleidepunkt ist mit Dekonplane abzudecken
- Festlegung des Aufenthaltsort des bereitstehenden CSA-Trupps durch EL

Vorbereitung zum Anlegen

Helfer

1. CSA dem Fahrzeug entnehmen
2. Reißverschluss gewaltfrei und vollständig öffnen
3. CSA-Beine verdrehungsfrei ausrichten
4. CSA-Stiefel parallel aufrecht hinstellen
5. CSA-Beine über Stiefel stülpen
6. CSA-Hosenträger ausrichten

CSA-Träger

1. PA, HRT, Atemanschluss und Helm mit Sprechgarnitur anlegen
2. Einsatzkurzprüfung durchführen
3. In DMO-Rufgruppe **309_F*** wechseln
4. Lautstärke und Verständlichkeit prüfen

Einsteigen in den CSA

Träger	▪ Schlüpft mit Stiefelsocken in die CSA-Stiefel
Helfer	▪ Legt die Hosenträger über PA und Schultern ▪ Hebt den CSA-Rucksack über den PA ▪ Schließt den CSA-Beckengurt ▪ Stellt die Verbindung zwischen dem Zweitanschluss des PA und CSA her
Träger	▪ Schlüpft mit linker und rechter Hand in CSA-Ärmel
Helfer	▪ Unterstützt durch Halten der Handschuheinbindung ▪ Einstecken der Angel Light
Träger	▪ Öffnen der Atemluftflasche des Pressluftatmers ▪ Anmeldung bei der Atemschutzüberwachung über Funk mit Namen, Druck des PA und CSA-Nummer ▪ Fertigmeldung: „CSA-Bereitschaft hergestellt!“ an EL

Bild 22: *Beispiel Standard-Einsatz-Regel »CSA-Bereitschaft herstellen«*

3.1.5 Taktikstandards

Neben den bereits beschriebenen Standard-Einsatzregeln (SER) gibt es in vielen Feuerwehren sogenannte Taktikstandards. Oftmals werden die Begriffe unterschiedlich verwendet oder vertauscht. Aus Sicht des Autors sind Taktikstandards Abläufe, die sich in den Feuerwehren etablieren, ohne dass diese bewusst als Regel entwickelt oder festgeschrieben werden. Vielmals werden diese Vorgehensweisen von anderer Stelle übernommen. Taktikstandards werden in der Ausbildung (oft unbewusst) vermittelt. Es wird die übliche Vorgehensweise der eigenen Feuerwehr vermittelt. Oftmals wird an gleicher Stelle der Begriff Einsatzstandard verwendet. Beispiel: Die Durchführung eines Fensterimpulses bei bereits geborstenen Fenstern von außen durch den Wassertrupp des ersten HLF.

Die HAUS-Regel im Drehleitereinsatz

von Jan Ole Unger

Nils Beneke (Berufsfeuerwehr Hannover) und Jan Ole Unger (Berufsfeuerwehr Hamburg) haben sich Anfang der 2000er-Jahre lange mit der Ausbildung an Hubrettungsfahrzeugen, Drehleitern und Hubarbeitsbühnen beschäftigt und dabei festgestellt, dass viele Inhalte und Lehrsätze keine einheitliche Struktur hatten und teilweise sogar gefährlich waren. Anfang 2005 wurde durch Beneke und Unger ein Leitsatz entwickelt, der heute als der taktische Standard im Einsatz mit Hubrettungsfahrzeugen gilt. Der Leitsatz wurde auf das Wichtigste bei einem Einsatz mit der Drehleiter oder der Hubarbeitsbühne reduziert, um ihn so einfach wie möglich zu machen: **H**indernisse, **A**bstände, **U**ntergrund und **S**icherheit. Die HAUS-Regel war am 15. März 2005 in der Welt.

Die HAUS-Regel wurde zu einem Leitfaden für den Ausbildungs- und Einsatzdienst weiterentwickelt und fasst alle wichtigen Handlungen zur schnellen und richtigen Positionierung des Hubrettungsfahrzeugs als logische Abfolge zusammen. Sie trägt dazu bei, die Stressbelastung der Besatzung im Einsatz zu reduzieren. Sie wird bei Menschenrettung, Anleiterbereitschaft, Brandbekämpfung sowie bei der Technischen Hilfeleistung angewendet. Die HAUS-Regel gilt für alle Hubrettungsfahrzeuge von Feuerwehren, wobei Typ, Hersteller und Baujahr unbedeutend sind. Feuerwehren, die ein System mit Standard-Einsatz-Regeln (SER) verwenden, können die HAUS-Regel dort problemlos integrieren.

Die HAUS-Regel:

Die Abkürzung »HAUS«, die jede Feuerwehreinsatzkraft gedanklich leicht mit einem Einsatz mit Hubrettungsfahrzeugen in Verbindung bringen kann, steht für:

- **H** – Hindernisse
- **A** – Abstände
- **U** – Untergrund
- **S** – Sicherheit

Die HAUS-Regel kann (in der immer aktuellen Fassung) kostenlos als PDF-Datei auf dem Portal www.drehleiter.info heruntergeladen werden.

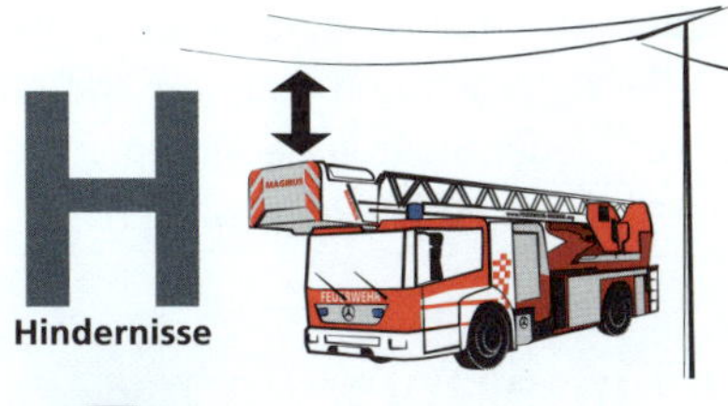

Bild 23: ***Taktikstandard HAUS-Regel (Quelle: Drehleiter.info)***

Die HAUS-Regel hat sich als Einsatzstandard durchgesetzt und wird heute bei vielen Freiwilligen Feuerwehren, Berufs- und Werkfeuerwehren im deutschsprachigen Raum im Ausbildungs- und Einsatzdienst erfolgreich eingesetzt. Die speziellen Einsatzgrundsätze für Hubrettungsfahrzeuge (HAUS-Regel) sind zudem fester Bestandteil des Musterausbildungsplans für die Aus- und Fortbildung an Hubrettungsfahrzeugen der Projektgruppe Feuerwehr-Dienstvorschriften sowie der Empfehlung für die Aus- und Fortbildung an Hubrettungsfahrzeugen der Arbeitsgemeinschaft der Leiter der Berufsfeuerwehren in der Bundesrepublik Deutschland, AGBF Bund.

Die HAUS-Regel funktioniert zudem auch international. Sie wurde unter anderem ins Französische als »Règle ODYSSÉE« und ins Italienische als »Regla ODISSEA« übersetzt. Sie ist zudem auch in den europäischen Standards von EUROFFAD zu finden. In diesem, von der Europäischen Kommission geförderten Projekt, wurden vier Module für die Ausbildung von Besatzungen und Führungskräften, die Hubrettungsfahrzeuge einsetzen, entwickelt. Jeder Staat in der europäischen Gemeinschaft kann diese Module und somit auch die HAUS-Regel nutzen.

3.2 Einsatzunterlagen der Einsatzplanung

Neben der Auswahl und der Bereitstellung der richtigen Informationen für die Einsatzkräfte ist auch der Weg der Übertragung festzulegen. Grundsätzlich unterscheiden diese sich in Pläne (z. B. Hydrantenpläne), Nachschlagewerke, Checklisten (z. B. Stabsarbeit) und Arbeitsmittel (z. B. vorbereitete Funkskizzen). Für jede bereitgestellte Information ist eine Festlegung eines Aktualisierungszeitraumes bzw. einer Überarbeitung festzulegen. Abläufe, die von den Einsatz- oder Führungskräften routiniert beherrscht werden, weil sie zum Beispiel oftmals vorkommen, sind weniger zu betrachten, wie Abläufe, die selten, aber dennoch erfolgskritisch sind. Am Beispiel der BF Bremerhaven (▶ Bild 24) ist der Ablauf bei einem Gefahrguteinsatz als Orientierungshilfe dargestellt.

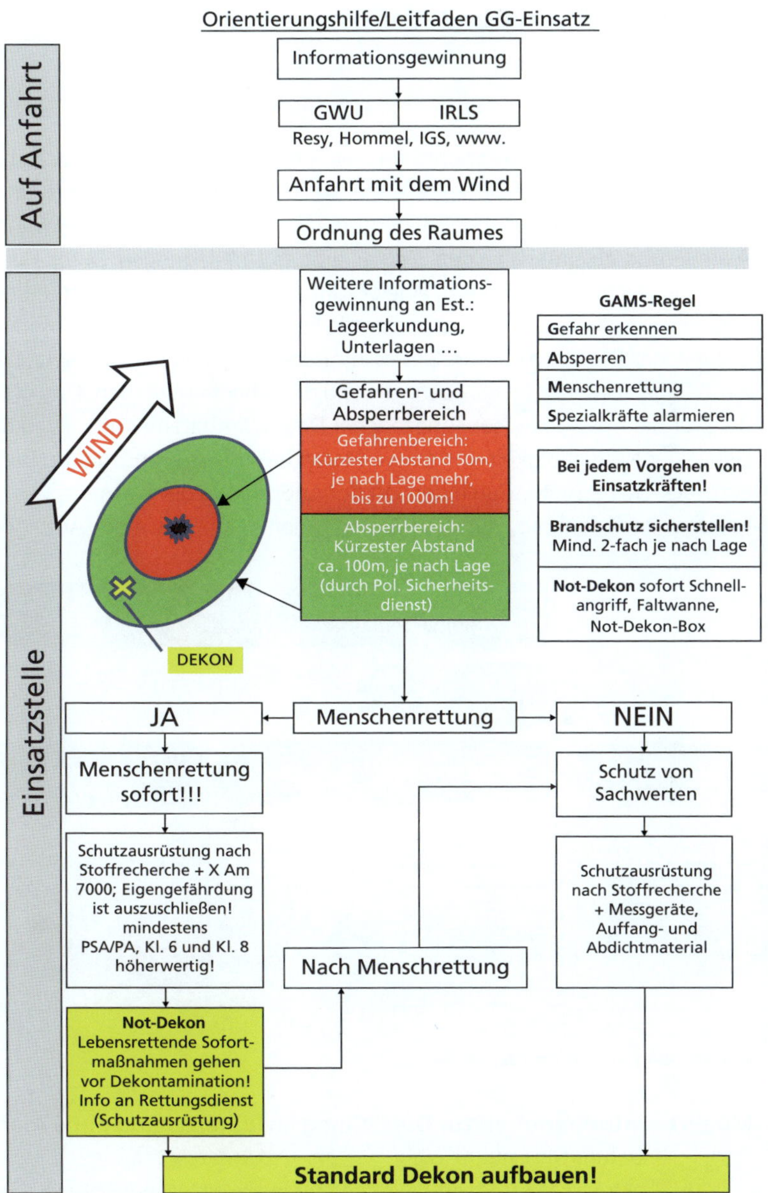

Bild 24: ***Orientierungshilfe Gefahrguteinsatz (Quelle: BF Bremerhaven)***

3.2.1 Alarmdisplays und Alarmdepeschen

Alarmdisplays

Alarmdisplays (oder Alarmmonitore) bieten in Feuerwachen und Gerätehäusern die Möglichkeit, aktuelle Informationen zur Anzeige zu bringen. Dabei ist grundsätzlich zwischen einer Darstellung im Ruhezustand und einer Anzeige während einer Alarmierung zu unterscheiden. Ferner gibt es Überlegungen erster Hersteller, bei hauptberuflichen Feuerwehren eine besondere Ansicht für den Zeitpunkt des Wachwechsel zu entwickeln, um die personelle Besetzung festgelegter Einsatzfunktionen abzubilden. Die Anzeige von Einsatzinformationen sollte vor Umsetzung mit dem zuständigen Datenschützer überprüft und dokumentiert werden. Dies gilt insbesondere für die Anzeige personenbezogener Daten. Im Datenschutz gilt zum einen das Gebot der Notwendigkeit und zum anderen das Minimierungsgebot. Dies lässt sich ein Stück weit steuern, durch den Ort der Anbringung der Alarmdisplays verbunden mit dem Personenkreis, der diese Daten sehen kann, sowie der Anzeigedauer.

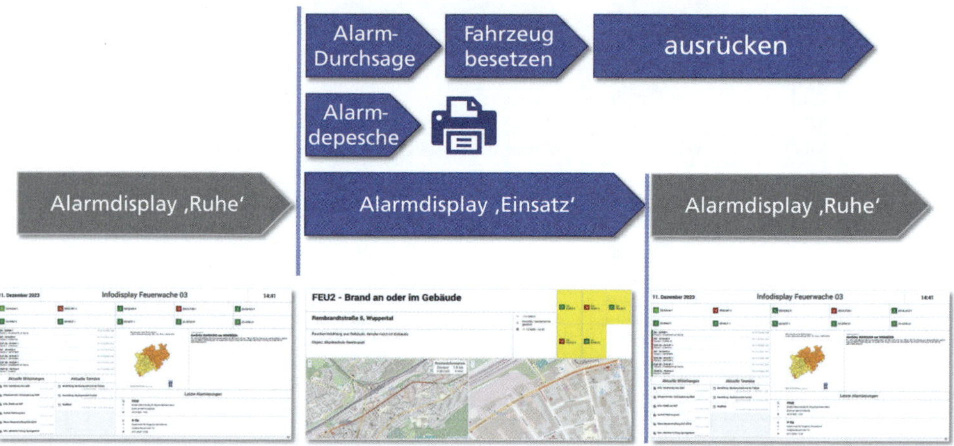

Bild 25: ***Alarmdisplay und Alarmdepesche***

Mögliche Informationen zur Darstellung im Ruhezustand ohne Alarmierung:

- Datum/Uhrzeit,
- aktuelle Wetterlage (Windgeschwindigkeit, Windrichtung, Temperatur, Wetterlage, Niederschläge, Schneefall, Schneehöhe, Glatteis, Hochwasserpegel etc.),

- Einsatzverfügbarkeit/Außer-Dienst von Einsatzfahrzeugen und Einsatzmitteln,
- Verfügbarkeit der Einsatz- und Führungskräfte,
- im Dienst befindliche Ersatzkomponenten (z. B. Reserve-GTLF),
- besondere Einträge zum Tagesablauf/Kalender,
- erhebliche Straßensperrungen/Verkehrsbeeinträchtigungen,
- besondere Veranstaltungen im Ausrückebereich (Kirmes, Messen, Großveranstaltungen wie z. B. Marathon oder Fußball-Länderspiel),
- Übersicht der aktuell laufenden Einsätze im Ausrückebereich (Ausblendung aller abgeschlossener Einsätze).

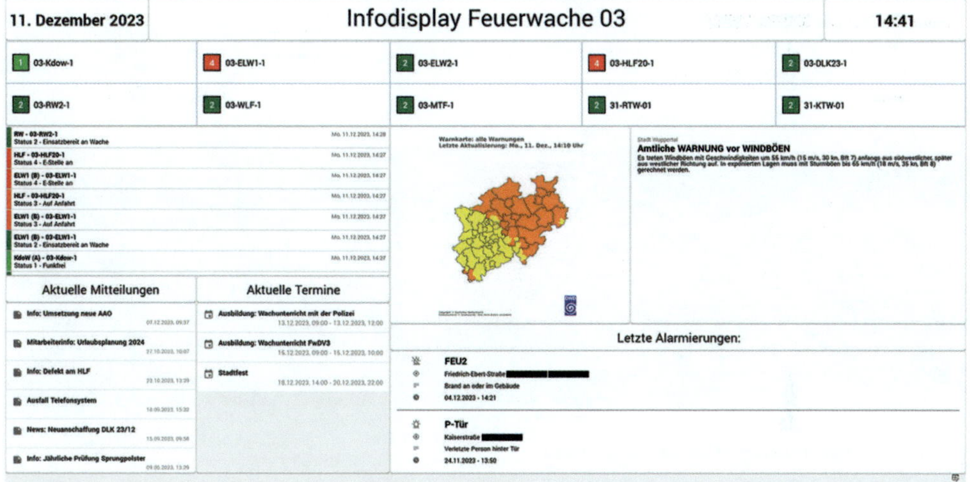

Bild 26: ***Infodisplay (Quelle: Fa. Divera)***

Mögliche Informationen zur Darstellung der Alarmierung:

- Datum/Uhrzeit Alarmeingang,
- aktuelle Wetterlage (Windgeschwindigkeit, Windrichtung, Temperatur, Wetterlage, Niederschläge, Schneefall, Schneehöhe, Glatteis, Hochwasserpegel etc.),
- Alarmstufe und/oder Einsatzstichwort,
- Einsatzort,
- Einsatznummer,
- alarmierte Fahrzeuge und Einheiten,
- Besonderheiten (z. B. »Menschenleben in Gefahr« oder »Viele Notrufe«),

- Anfahrtsweg (grob) ggf. mit Visualisierung auf einer Karte/Satellitenansicht,
- Counter in [min:sec] (Starpunkt Hilfsfrist) aufwärts,
- Hinweis über Alarmierung der Polizei und externen Rettungsdienst,
- besondere Hinweise der Leitstelle (z. B. »Feuerwehrplan XY vorhanden!« oder »Anrufer Hr. Meyer bleibt vor Ort«),
- Countdown bis FMS-Quittierung im Fahrzeug,
- Status »3« = Einsatz übernommen/Ausrücken zur Einsatzstelle.

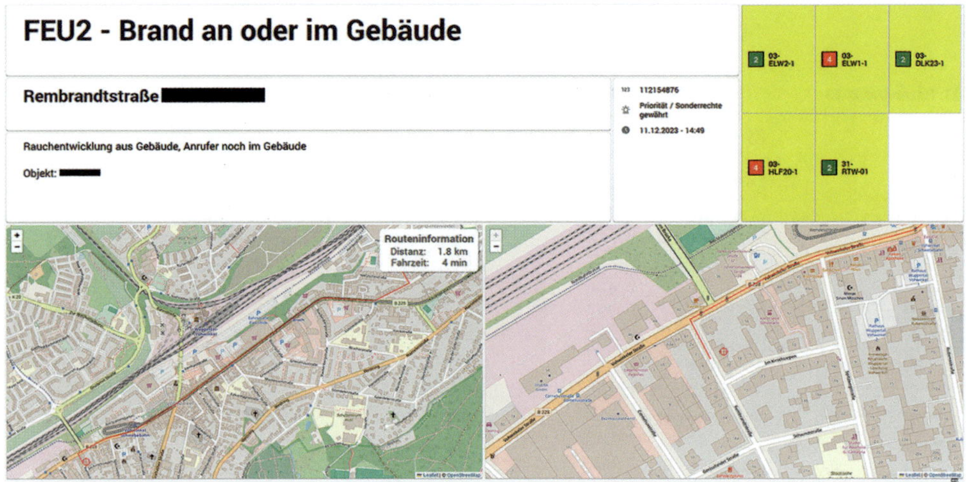

Bild 27: ***Alarmdisplay (Quelle: Fa. Divera)***

Die Vielzahl der oben genannten Möglichkeiten ist hier allerdings Chance und Risiko zugleich. Es ist bei der Festlegung der Datenfelder darauf zu achten, dass die Menge den Betrachter nicht überfordert, weil nur eine begrenzte Anzahl an Fakten bei einer dynamischen Alarmierungssituation aufgenommen bzw. zur Kenntnis genommen werden kann. Sie sollen einen ersten Eindruck über den neuanstehenden Einsatz geben und insbesondere das Auffinden der Einsatzstelle durch Visualisierung einer Straßenkarte verbessern. Durch sinnvolle Verknüpfung mit einer parallelen Ausgabe einer Alarmdepesche kann sichergestellt werden, dass alle Informationen auch während der Anfahrt zur Verfügung stehen. Ferner geben die Informationen auf den Alarmdisplays die Möglichkeit, auf der Wache verbleibenden Kräften einen Einblick in einen beginnenden Einsatz zu geben, zu dem sie bei Eskalation unter Umständen nachalarmiert werden könnten. Bei der Festlegung des Zeitfensters der

Anzeige ist grundsätzlich zwischen hauptberuflichen und Freiwilligen Feuerwehren zu unterscheiden. In Freiwilligen Feuerwehren ist das zeitliche Anfahren der Einsatzkräfte zum Gerätehaus zu berücksichtigen. In den Fällen, in denen Alarmdisplays auf Augenhöhe angebracht sind, besteht die Möglichkeit eines Ansichtswechsels zwischen Ruhezustand und Alarmansicht. Idealerweise können einzelne Einsätze ausgewählt werden. In Zukunft wären auch Drohnenbilder oder Webcam-Ansichten durch die Einbindung von iFrames[1] betroffener Stadteile oder Straßen grundsätzlich denkbar.

Alarmdepeschen

Während früher der Begriff »Alarmfax« gebräuchlich war, hat sich seit geraumer Zeit der Begriff »Alarmdepesche« durchgesetzt. »Eine Depesche bezeichnet eine schriftliche Nachricht, die in der Regel schnell und direkt an eine bestimmte Person oder Institution übermittelt wird. Es handelt sich dabei um eine besonders eilige oder wichtige Form der Nachrichtenübermittlung, die meist mit einem bestimmten Ziel verbunden ist« (fremdwort.de 2023). Betrachtet man diese Definition aus dem Internet, so ist dieser Begriff sehr treffend für die Alarmierung herangezogen worden.

Mögliche Informationen zur Darstellung auf einer Alarmdepesche

- Datum/Uhrzeit Alarmeingang,
- aktuelle Wetterlage (Windgeschwindigkeit, Windrichtung, Temperatur, Wetterlage, Niederschläge, Schneefall, Schneehöhe, Glatteis, Hochwasserpegel etc.),
- Alarmstufe und/oder Einsatzstichwort,
- Einsatzort (bei Eingang einer BMA: zusätzlich »Linie« und »Melder«),
- Informationen für die Anfahrt (»In welche Richtung soll von der Feuerwache aus gefahren werden?« – Dies ist für den ersten Zeitraum sinnvoll, da eventuell ein Navigationsgerät eine gewisse Zeit für den Datenempfang der Leistelle benötigt bzw. zuerst eine Ausrichtung am GPS erforderlich ist, die ebenfalls eine gewisse Zeit benötigt),
- Einsatznummer,
- Name des Meldenden ggf. mit Erreichbarkeit (Handy-Nr.),
- Nutzung von Sondersignal (JA/NEIN),

1 iFrames = »Inline Frames«, einfache Möglichkeit, dynamische Websiten darzustellen

- alarmierte Fahrzeuge/Einheiten,
- Name des Einsatzleiters inkl. Erreichbarkeit über Handy o. ä. (dies ist insbesondere für ausrückende Kräfte von verschiedenen Feuerwehrgerätehäusern oder Feuerwachen im Rendezvous-System sinnvoll),
- Rufgruppen nach »Fleetmapping«, die zu nutzen sind (Hier kann es bei besonderen Stichworten oder Einsatzlagen sinnvoll sein, auch besondere Rufgruppenkonzepte im Vorfeld zu hinterlegen),
- frei verfügbare Rufgruppen,
- Einsatzstärke in taktischer Schreibweise (z. B. 1/3/16/20 bedeutet 1 Zugführer/3 Gruppen- oder Staffelführer/16 Einsatzkräfte = Summe 20),
- Anfahrtplan grafisch ggf. mit Hinweisen am Einsatzort (Hydranten/vorgeplante Bereitstellungsräume im Umfeld),
- Alarmierung weiterer Einsatzkräfte (Polizei, Notfallmanager DB, ...) ggf. mit Erreichbarkeit (Digitalfunk Rufgruppe oder Handy-Nr.),
- Anzeige von parallelen Einsätzen in Listenform (Dies muss in untergeordneter Darstellung erfolgen, um keine Verwechselung zu erzeugen),
- im Anhang ggf. Objektinformationen (Feuerwehrplan o. ä.),
- hinterlegte Einsatzkonzepte (z. B. Tunnelbrand o. ä.) mit besonderen, zur Verfügung stehenden Einsatzmitteln (z. B. Orte und Einsatzschwerpunkt der Rettungszüge der Deutschen Bahn AG – ► Kapitel 9.1 »Informationsquellen«).

Beispielhaft sind hier verschiedene Alarmdepeschen abgebildet (► Bild 28 und 29). Die Lesbarkeit kann sich dabei durch folgende Rahmenbedingungen erheblich verbessern:

- übersichtliche Struktur,
- Verwendung etablierter Abkürzungen,
- Verwendung unterschiedlicher Schriftgrößen,
- Verwendung Fettschrift zum Hervorheben wichtiger Informationen,
- Verwendung roter Schriftfarbe, wenn farbiges Drucken möglich ist oder Alarmdepeschen an einen Tablet-PC versendet werden (z. B. MIG – Menschleben in Gefahr),
- inhaltliche Begrenzung auf notwendige Informationen,
- Verweise auf vorhandene weiterführende Informationen (z. B. Objektinformationen, Feuerwehrpläne etc.).

Alarmdruck 1220124520 / Feuer

Beteiligte Einsatzmittel

FB 01-11-01, FB 01-48-01, FB 01-48-02, FB 01-30-01, FB 01-83-04

Einsatzanlass	
Bemerkung	**PKW brennt neben einer Zapfsäule** **Mit Sondersignal** FB 01-11-01, FB 01-48-01, FB 01-48-02, FB 01-30-01, FB 01-83-04
Stichwort	**F 02 Mittelbrand a**
Meldender	**Frau**
Meldeweg	Notruf
Einsatzort	
Objekt	**Tankstelle**
Ort	**Bremerhaven [27572]**
Ortsteil	**Dreibergen**
Straße	
Informationen	
Bemerkung	
EinsatzNrn	F1220006896, R1220074156
Einsatzstatus	**Zeit**
eröffnet	23.11.2022 05:58:46
alarmiert	23.11.2022 06:00:17
Eskalationsstufe	
Objektinfos	
Allgm. Infos	[Tankstelle
Schlüsselkasten	[Tankstelle

Hydranten	**Hinweis**	**Nennw.**	**Überfl.**
keine			

Bild 28: *Alarmdepesche (Quelle: BF Bremerhaven)*

Alarmdepesche Feuerwehr Musterstadt

- Feuerwache 1 -

Einsatz-Nr. 2024 - 146758

Alarmzeit : 12.02.2024
09:55:30
Wind aus SW
3m/s trocken

F2 Wohnung MiG

Einsatzstelle
Straße: Theodor - Heuss - Allee 45
Ortsteil: Musterstadt
Ansprechpartner Hr. Mustermann vor Ort

sonstige Angaben:
Drei Person in der Brandwohnung 1.OG vermisst.

Alarmiert Feuerwehr	Alarmierte Kräfte Rettungsdienst
MUS 1 - ELW 1 - 01	MUS_1-RTW-4
MUS 1 - KdoW - 10 (C-Dienst)	MUS_1-RTW-5
MUS 1 - HLF 20 - 1	MUS_2-RTW-8
MUS 1 - HLF 20 - 2	MUS_2-NEF-2
MUS 1 - DLK 23 - 1	
MUS 2 - HLF 20 - 2	
MUS 2 - HLF 20 - 2	
MUS 2 - DLK 23 - 2	

Rufgruppen (TMO)		Rufgruppen (DMO)	
MUS_FW		307_F (307)	603_R (603)

frei verfügbar (TMO)		(DMO)	
MUS_10 (4710)	OV_1 (381)	308_F (308)	604_R (604
MUS_20 (4720)		309_F (309)	605_R (605)

Wasserversogung
UFH Albert-Einstein-Str. / Ecke Wilhelmstraße
ÜF Wilhelmstr. In Höhe Hsnr 120
ÜF Wilhelmstr. In Höhe Hsnr 46

Bild 29: ***Muster-Alarmdepesche***

Versendung von Alarmdepeschen per Mail an einen Tablet-PC

Viele Feuerwehren verfügen bereits über Tablet-PC, die entweder personengebunden oder funktionsgebunden zur Verfügung gestellt werden. Neben der Nutzung vieler sinnvoller Apps, der eingebauten Fotokamera und der Möglichkeit, über Google Maps oder ähnliche Programme die Einsatzstelle und das Umfeld per Luftbild zu betrachten, können von der Leitstelle Informationen in größerer Menge an die Führungskräfte gesendet werden. Dies kann im Einzelfall gezielt oder auch automatisch von einem Leitstellenrechner in Form einer Alarmdepesche erfolgen.

Rettungskarten:

Beispielhaft für eine gezielte Informationsunterstützung sind die passenden Rettungskarten (► Kapitel 3.4.6) für ein verunfalltes Kraftfahrzeug zu nennen, die eine Leitstelle nach Notrufabfrage mit Kenntnis des amtlichen Kfz-Kennzeichens in einer Datenbank per Kennzeichenabfrage ermittelt hat und dem Einsatzleiter gezielt an seinen Tablet-PC schickt.

Grundsätzlich kann die gleiche Alarmdepesche, die in der Fahrzeughalle schnell über einen Drucker ausgegeben wird, auch als pdf-Dokument an die Führungskräfte per Mail gesendet werden. Während die Alarmdepesche für den Drucker eingeschränkt bleiben muss, weil z. B. nur eine begrenzte Anzahl ausgedruckter Blätter sinnvoll und das DIN A4-Format in Bezug auf die Größe begrenzt ist, liegen bei einem Tablet-PC genau hier die deutlichen Vorteile. Zum einen können auch nachgeordnete Informationen gesendet werden, wie z. B. im Vorfeld bereitgestellte Feuerwehrpläne oder Etagenpläne eines Objektes. Zum anderen besteht bei einem softwareangebundenen Tablet-PC grundsätzlich auch die Möglichkeit der Dateneingabe (z. B. in ein Lagedarstellungssystem). Verschiedene Firmen bieten hier umfangreiche Lösungen für den Einsatz einer Einsatzführungssoftware. Dieses Thema würde allein schon ein eigenes Fachbuch füllen und wird daher hier nicht tiefergehend betrachtet.

Mit Blick auf den Einsatz eines Tablet-PCs für den Empfang von Alarmdepeschen ergeben sich folgende Vor- und Nachteile:

Vorteile

- Zum Zeitpunkt der Datenübertragung liegt das Tablet i. d. R. im Fahrzeug oder in der Feuerwache. Eine Datenversorgung über WLAN o. ä. kann daher i. d. R. sichergestellt werden.
- Im Gegensatz zur Alarmdepesche für einen Drucker können deutlich mehr Informationen an die Führungskräfte übertragen werden.
- Eine Priorisierung verschiedener Daten ist möglich.
- Ein Ausdruck einzelner Daten im ELW an der Einsatzstelle ist möglich, wenn im Vorfeld die technischen Möglichkeiten geschaffen werden. Diese können dann zum Beispiel in Papierform genutzt werden. Beispiel: Ein Vorgehender Angriffstrupp nimmt einen Etagenplan in ausgedruckter Form zur Orientierung in einem großen Objekt mit.

Nachteile

- Es ist sicherzustellen, dass Führungskräfte auch die Zeit haben, die bereitgestellten Informationen zu verarbeiten. Zu viele Daten könnten einzelne Führungskräfte überfordern.
- Es besteht eine Unfallgefahr durch Ablenkung, wenn Führungskräfte (z. B. einzelne nachgeforderte Verbandsführer) eine Alarmfahrt selbst durchführen und dabei Informationen auf ihren Tablet-PC übertragen bekommen.
- Bei fehlender Netzanbindung darf man nicht auf die jeweilige Information angewiesen sein.
- Hohe Kosten bei einer »schnelllebigen Technik«.
- Aufwand und Kosten für Update und Schulung.

Insgesamt liegen in dem Einsatz geeigneter Tablet-PCs für die Feuerwehren in der Zukunft noch sehr viele Chancen. Denkbar ist zum Beispiel der Einsatz autonomer Drohnen, die voraus fliegen und dem Einsatzleiter bereits vor seinem Eintreffen hochwertige Bilder liefern könnten – idealerweise verbunden mit ersten Messwerten, die über eine künstliche Intelligenz ausgewertet werden.

3.2.2 Pläne für besondere Einsatzlagen (ortsunabhängig)

Feuerwehren benötigen szenarienbasierte Einsatzpläne, um in besonderen und in der Regel seltenen Einsatzlagen strukturiert, effizient und handlungssicher agieren zu können. In diesem Kapitel werden folgende Beispiele vorgestellt:

- Landeskonzepte für die Gefahrenabwehr und den Rettungsdienst in NRW,
- Einsatzkonzept für eine RTH-Landung,
- Mitwirkung der Feuerwehr im Pandemieplan der Kommune,
- vorbereitende Planungen für den Fall eines Blackout,
- Einsätze im Bereich der Deutsche Bahn AG.

Landeskonzepte für die Gefahrenabwehr und den Rettungsdienst in NRW

In Nordrhein-Westfalen gibt es beispielhaft verschiedene Landeskonzepte für die Gefahrenabwehr und den Rettungsdienst. Diese wurden teilweise vom Innenministerium NRW per Erlass eingeführt:

- Schnelleinsatzgruppe Sanität (SEG-San),
- Schnelleinsatzgruppe Betreuung (SEG-Bt),
- Behandlungsplatz-Bereitschaft 50 (BHP 50),
- Betreuungsplatz-Bereitschaft 500 NRW (BTP 500),
- Patiententransport-Zug (PT-Z 10 NRW),
- Psychosoziale Notfallversorgung für Einsatzkräfte (ÜPSNV-E),
- Wasserrettungszug (WR-Z),
- Logistikzug (Log-Z),
- Mobile Führungsunterstützung von Stäben (MoFüSt) in Stufen,
- ABC-Schutz Konzept (ABC-Zug und ABC-Bereitschaft),
    - Personal-Dekontaminationsplatz,
    - Verletzten-Dekontaminationsplatz,
    - Geräte-Dekontaminationsplatz,
    - Messzug,
    - Analytische Task Force (vgl. Konzepte des BBK).

In diesen Konzepten werden Festlegungen getroffen zu:

- Funktionsstärke,
- Leistungsfähigkeit,
- Anzahl der Einsatzfahrzeuge und deren Zusammensetzung,
- Vorlaufzeit (Abmarschbereit in [min] nach Alarmierung),
- Alarmierungsweg.

Diese Konzepte müssen auf Ebene der kreisfreien Städte und in den Landkreisen umgesetzt werden. In der Alarm- und Ausrückeordnung sollte jede Feuerwehr ihre Einheiten, die in diesen Konzepten mitwirken, aufnehmen.

Einsatzkonzept für eine RTH-Landung

Eine RTH-Landung im öffentlichen Verkehrsraum birgt besondere Gefahren. Ein Einsatzplan kann im Vorfeld mit dem Betreiber des lokalen RTH erstellt und abgestimmt werden. Folgende Inhalte sollte dieser enthalten:

- Übersicht über vorhandene RTH im Umfeld (mind. drei Stück.),
- prognostizierte Anflugzeit,
- Anforderung/Alarmierungsweg inkl. notwendiger Informationen (Ablauf in Leitstelle und Nachforderung von der Einsatzstelle aus),
- Kommunikation (Fleetmapping) mit Festlegung einer Funkrufgruppe,

- Landeplatz,
    - Anforderungen an einen Landeplatz (benötigte Fläche, Umfeld, Hindernisse, Untergrund etc.),
- bei Nachtflug: Besonderheiten,
- vorgeplante Landeplätze mit Ortsangaben für den Anflug,
- Aufstellung von Einsatzfahrzeugen,
- Ausleuchtung,
- Einweisung,
- Verhalten während Landung/Abflug,
- Sicherheitshinweise (Gefahrenbereich etc.),
- Auflistung geeigneter Zielkrankenhäuser mit Landeplatz im Umfeld (diese Informationen liegen in jedem RTH vor).

Mitwirkung der Feuerwehr im Pandemieplan der Kommune

Die Corona-Pandemie hat auch erhebliche Folgen für Feuerwehr und Rettungsdienst mit sich gebracht. Viele Kommunen haben im Vorfeld keinen Pandemieplan aufgestellt und waren somit schlecht oder gar nicht vorbereitet. Es ist Aufgabe der Kommunen (bzw. deren Gesundheitsämter), Pandemiepläne aufzustellen und fortzuschreiben. Feuerwehren und Rettungsdienst spielen spätestens bei der Umsetzung operativer Maßnahmen eine erhebliche Rolle. Ferner müssen sie eigene vorbereitende Maßnahmen treffen, um bei Eigenbetroffenheit durch Krankheitsausfälle die Gefahrenabwehr dennoch sicherzustellen. Da in den letzten Jahren hierzu sehr viele Ausarbeitungen erstellt wurden, soll in diesem Buch nicht tiefer darauf eingegangen werden.

Vorbereitende Planungen für den Fall eines Blackouts

Nicht nur der Angriffskrieg auf die Ukraine hat gezeigt, welche erheblichen Auswirkungen im Blackout-Fall entstehen bzw. wie abhängig unsere Gesellschaft von einer sicheren Energieversorgung ist. Neben dem Ausfall von Gas kann auch die Stromversorgung für längere Zeiträume ausfallen. Zwischen beiden Energieträgern stehen erhebliche Wechselwirkungen. Kommunen müssen zusammen mit der Feuerwehr hierfür besondere Vorplanungen betreiben. In Nordrhein-Westfalen gibt es beispielhaft dazu einen Erlass des Innenministeriums.

Einsätze im Bereich der Deutschen Bahn AG

Einsätze auf dem Gelände der Deutschen Bahn stellen besondere Anforderungen. Neben den Gefahren durch Bahnverkehr und Elektrizität der Oberleitung stellt auch die Zugänglichkeit oft eine Schwierigkeit für die Einsatzkräfte dar, da detaillierte Kenntnisse über den Aufbau von Zugängen in den Feuerwehren nur selten vorhanden sind. Abläufe zum Abschalten der Oberleitung, die Einbindung des Notfallmanagers der Deutschen Bahn AG und Pläne für Anfahrten sollen im Vorfeld in einem Einsatzplan festgeschrieben werden. Bei der Erstellung sollten die Notfallmanager beteiligt werden. Die Deutsche Bahn hat daher, analog zu den Rettungskarten der PKW, sogenannte Eisenbahnmerkblätter erstellt. Diese werden regelmäßig fortgeschrieben, können im Internet in aktueller Form heruntergeladen werden und sollen dem Einsatzleiter vor Ort unterstützend zur Verfügung stehen.

Merkblätter der Deutsche Bahn AG

finden Sie zum Download unter nachfolgendem Link bzw. QR-Code:
https://www.deutschebahn.com/de/hidden_notfallmanagement/notfall management/einsatzmerkblaetter_notfallmanagement-6898160

3.2.3 Lagedarstellungssysteme

Der Ursprung für die Führung von Lagekarten liegt vermutlich zeitlich sehr weit zurück und ist im militärischen Bereich zu verorten. Dort wird grundsätzlich auch heute noch zwischen der »eigenen Lage« und der »Feindlage« unterschieden. Aus der Zeit der beiden Weltkriege ist bekannt, dass Führungsstäbe über riesige, meist meterhohe Lagewände verfügten, um sehr große Gebiete darzustellen. Die Lagekartenführer mussten dann auf langen Leitern an einer Lagewand arbeiten. Der Überblick über die Schlachtfelder brachte große strategische Vorteile. Neben der Lage selbst wurden auch dort die entschiedenen Maßnahmen eingetragen und deren Umsetzung nachverfolgt und kontrolliert. Auch für die Feuerwehren und Rettungsdienste ist eine Lagedarstellung in der Gefahrenabwehr von erheblicher Bedeutung, um die Übersicht über die eingesetzten Kräfte und deren Aufträge visuell zu veranschaulichen. Dabei geht es nicht nur um die Position der Einsatzkräfte, sondern vielmehr um die Gefahren, die Aufträge und die Ordnung des Raumes in Einsatzabschnitte inklusive der aktuellen Darstellung der Führungsorganisation. Ferner geht es um die Nachverfolgung von Maßnahmen im Rahmen der Kontrolle des Führungs-

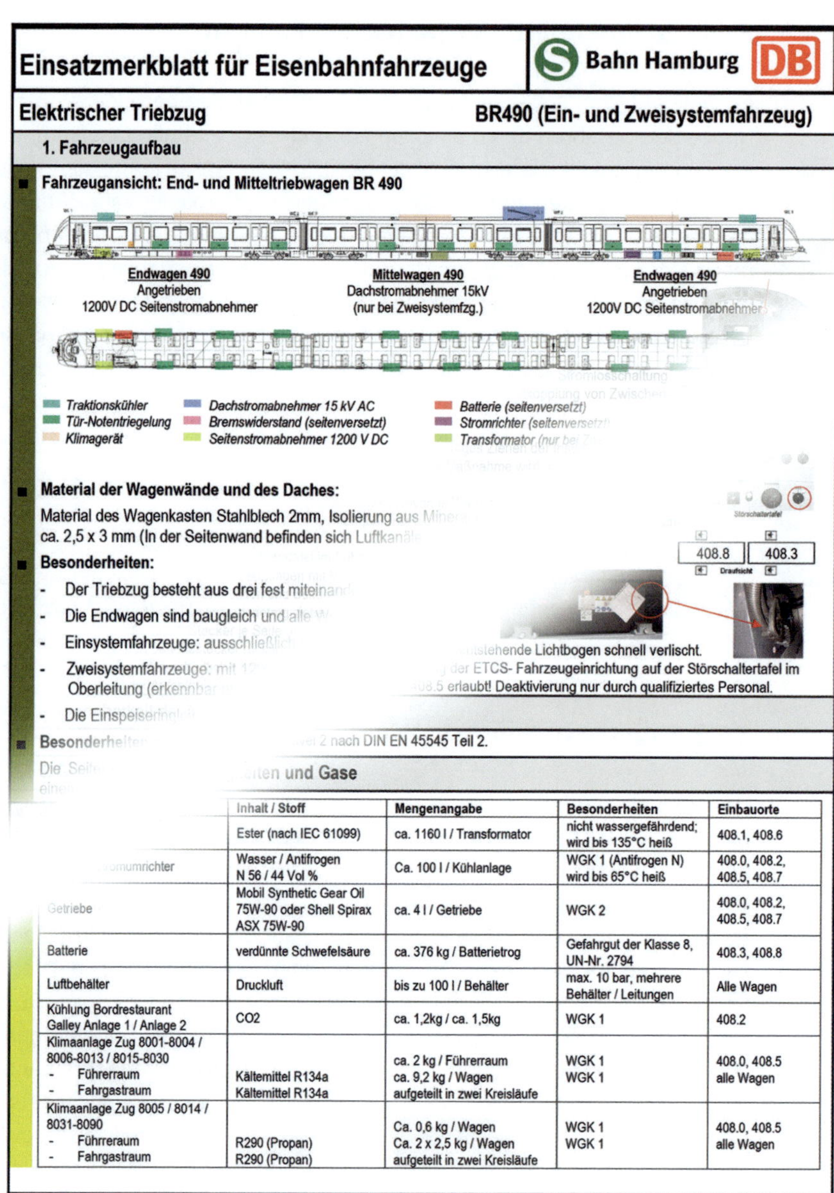

Einsatzmerkblatt für Eisenbahnfahrzeuge — S-Bahn Hamburg DB

Elektrischer Triebzug — **BR490 (Ein- und Zweisystemfahrzeug)**

1. Fahrzeugaufbau

- **Fahrzeugansicht: End- und Mitteltriebwagen BR 490**

- **Material der Wagenwände und des Daches:**

Material des Wagenkasten Stahlblech 2mm, Isolierung aus Mine
ca. 2,5 x 3 mm (In der Seitenwand befinden sich Luftkanäle

- **Besonderheiten:**
  - Der Triebzug besteht aus drei fest miteinand
  - Die Endwagen sind baugleich und alle W
  - Einsystemfahrzeuge: ausschließlich ... entstehende Lichtbogen schnell verlischt.
  - Zweisystemfahrzeuge: mit ... der ETCS- Fahrzeugeinrichtung auf der Störschaltertafel im Oberleitung (erkennbar ... 408.5 erlaubt! Deaktivierung nur durch qualifiziertes Personal.
  - Die Einspeisering
- Besonderheiten ... 2 nach DIN EN 45545 Teil 2.

Die Seit... eine...

... und Gase

	Inhalt / Stoff	Mengenangabe	Besonderheiten	Einbauorte
	Ester (nach IEC 61099)	ca. 1160 l / Transformator	nicht wassergefährdend; wird bis 135°C heiß	408.1, 408.6
...omumrichter	Wasser / Antifrogen N 56 / 44 Vol %	Ca. 100 l / Kühlanlage	WGK 1 (Antifrogen N) wird bis 65°C heiß	408.0, 408.2, 408.5, 408.7
Getriebe	Mobil Synthetic Gear Oil 75W-90 oder Shell Spirax ASX 75W-90	ca. 4 l / Getriebe	WGK 2	408.0, 408.2, 408.5, 408.7
Batterie	verdünnte Schwefelsäure	ca. 376 kg / Batterietrog	Gefahrgut der Klasse 8, UN-Nr. 2794	408.3, 408.8
Luftbehälter	Druckluft	bis zu 100 l / Behälter	max. 10 bar, mehrere Behälter / Leitungen	Alle Wagen
Kühlung Bordrestaurant Galley Anlage 1 / Anlage 2	CO2	ca. 1,2kg / ca. 1,5kg	WGK 1	408.2
Klimaanlage Zug 8001-8004 / 8006-8013 / 8015-8030 - Führerraum - Fahrgastraum	Kältemittel R134a Kältemittel R134a	ca. 2 kg / Führerraum ca. 9,2 kg / Wagen aufgeteilt in zwei Kreisläufe	WGK 1 WGK 1	408.0, 408.5 alle Wagen
Klimaanlage Zug 8005 / 8014 / 8031-8090 - Führerraum - Fahrgastraum	R290 (Propan) R290 (Propan)	Ca. 0,6 kg / Wagen Ca. 2 x 2,5 kg / Wagen aufgeteilt in zwei Kreisläufe	WGK 1 WGK 1	408.0, 408.5 alle Wagen

Bild 30: ***Beispiel Eisenbahnmerkblatt Triebzug HH und ICE, Vorder- und Rückseite (Quelle: Deutsche Bahn AG)***

vorganges. Da auch das Thema Lagedarstellung allein schon vom Umfang her ein eigenes Buch füllen würde (und diese bereits am Markt erhältlich sind), wird das Thema hier insgesamt nicht detailliert betrachtet.

In diesem Kapitel werden zunächst die vorbereitenden Maßnahmen für die Aufstellung eines Lagedarstellungssystems betrachtet. Hierfür gibt es neben der manuellen Darstellung inzwischen elektronische Systeme, die in einem Netzwerk verschiedener Stellen die Lage einheitlich führen bzw. lesen können. Viele dieser Systeme sind technisch so konzipiert, auch im »offline«-Modus (ohne Internetverbindung) zu arbeiten. Insbesondere bei der manuellen Darstellung variieren die vorbereitenden Maßnahmen der Lagedarstellung abhängig von der Führungsstufe (A-D), in der sie angewendet werden sollen. Während bei den Stufen A-C mobile Systeme i. d. R. an der Einsatzstelle in Form von taktischen Arbeitsblättern oder Tafeln genutzt werden, ist die Lage in einem Führungsstab grundsätzlich an einer Lagewand darzustellen. Vereinfacht könnte man sagen, dass mit zunehmender Führungsstufe mehr Platz benötigt wird. Bei der elektronischen Lagedarstellung ist dies einheitlich in einem gemeinsamen System umzusetzen, nur so können die Vorteile genutzt werden.

In der FwDV 100 werden folgende Inhalte zur Lagedarstellung konkret gefordert:

- die örtlichen Verhältnisse,
- das Schadengebiet und/oder der Gefahrenbereich,
- die Gefahren,
- die Einsatzkräfte und Einsatzmittel,
- Einsatzabschnitte und Einsatzschwerpunkte,
- Bereitstellungsräume und Sammelstellen.

Anforderungen und Rahmenbedingungen für manuelle Lagedarstellungen:

- leicht bedienbar (intuitiv),
- schnell umsetzbar,
- Skizze oder Plan in geeignetem Ausschnitt,
- Möglichkeit der Nutzung vorgefertigter Pläne, um den Aufwand effektiv zu halten. Diese sollten nur aus schwarz-weiß bzw. Grautönen bestehen, um die eigentliche Lage hervorzuheben. So können die wesentlichen Dinge farblich hervorgehoben werden und die Darstellung ist insgesamt farblich nicht »überfrachtet«,
- Nutzung vorgefertigter Skizzen für Funkkonzepte (z. B. MANV mit vorgeplanten EA im Vorfeld),

- Verwendung vorgefertigter taktischer Zeichen (Magnete oder selbsthaltende Adhäsionsfolien) der eigenen Einsatzmittel im Ausrückebereich,
- Möglichkeit für handschriftliche Einträge (ausreichend freie Schreibflächen),
- System sollte unabhängig von der Position eines ELW sein (tragbar),
- wetterunabhängig (auch bei Regen nutzbar),
- Einsatz mehrerer Systeme (für jeden EA),
- grobe Übersicht über die notwendige Ausstattung für eine manuelle Lagedarstellung,
- Taktisches Arbeitsblatt für die Führungsstufen A und B ausgedruckt und laminiert, alternativ auf bedruckter Folie,
- Taktische Arbeitstafel für die Führungsstufen B + C (z. B.: auf bedruckter Adhäsionsfolie im ELW oder in einem rückwärtigen Führungsraum an geeigneter Stelle angebracht),
- Pläne für den Ausrückebereich (idealerweise in schwarz-weiß),
- besondere Objektpläne (idealerweise in schwarz-weiß),
- Uhr, die beim Abfotografieren den Zeitpunkt dokumentiert,
- Auswahl geeigneter Taktischer Zeichen und Hilfsmittel für den eigenen Ausrückebereich nach FwDV/DV 102 (die Größe der Taktischen Zeichen ist zu beachten. In einem Stabsraum müssen diese aus der Entfernung erkennbar sein, während in einem ELW diese aus der Nähe lesbar sind und folglich kleiner sein müssen),
- eigene Einheiten und Einsatzmittel,
- »Nachbar«-Einheiten und Einsatzmittel,
- neutrale Einheiten und Einsatzmittel,
- Führungsdienste,
- Einsatzabschnitte,
- Einrichtungen (z. B. RTH-Landeplatz),
- Lageinformationen,
- Wetterdaten,
- Gefahren,
- Schäden,
- Maßnahmen,
- Führungsorganisation,
- Schadenskonten (z. B. als Magnetplatten, ► Bild 31),
- Verletztenübersicht (Liste auf Magnetplatte), MANV-Konzept berücksichtigen,
- Zeitstrahle (magnetisch in unterschiedlicher Skalierung),

- Maßstabslineal (auf Pläne abgestimmt),
- Schnüre, um Informationen am Rand zu platzieren und eine inhaltliche Verbindung darzustellen (▶ Bild 32). Die Schnüre bieten die Möglichkeit, Schadenskonten oder andere Informationen am Rand zu positionieren, um wesentliche Teile der Lagekarten nicht abzudecken und so eine möglichst hohe Übersichtlichkeit zu erlangen.

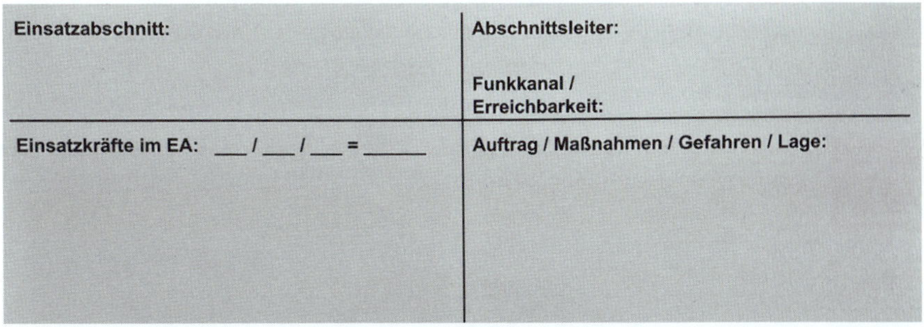

Einsatzabschnitt:	**Abschnittsleiter:** **Funkkanal / Erreichbarkeit:**
Einsatzkräfte im EA: ___ / ___ / ___ = _____	**Auftrag / Maßnahmen / Gefahren / Lage:**

Bild 31: ***Schadenskonto auf einer Magnetplatte***

Bild 32: ***Magnete mit auseinanderziehbaren Schnüren***

Für die Lagedarstellung müssen geeignete Stifte in großer Anzahl zur Verfügung gestellt werden. Sie müssen rückstandsfrei abwischbar sein und sollten in verschiedenen Strichstärken und Farben zur Verfügung stehen. Die Lesbarkeit sollte in ausreichendem Abstand und die rückstandsfreie Abwischbarkeit im Vorfeld praktisch getestet werden. Dazu können Sprühflaschen (mit Wasser/Spülmittelgemisch) und geeignete Geschirrhandtücher hilfreich sein.

Für die Darstellung von Messergebnissen (bzw. Messpunkten) sind folgende farbliche Festlegungen sinnvoll (Magnete für Messpunkte – farbig unterschiedlich mit Konvention gemäß Messkonzept aufsteigend nummeriert in jeder Farbe).

- ○ Vorgeplanter Messpunkt (Messauftrag ist/wird erteilt),
- ● Messung durchgeführt (negativ – kein Geruch wahrnehmbar),
- ● Messung durchgeführt (negativ – Geruch wahrnehmbar),
- ● Messung durchgeführt (positiv – unterhalb des Beurteilungswertes),
- ● Messung durchgeführt (positiv – oberhalb des Beurteilungswertes/ggf. Gefahr).

Diese Festlegung sollte als »Legende« sichtbar vorgehalten werden. Ferner ist der jeweilige Beurteilungswert in der Lagedarstellung anzugeben, z. B.: »In Bezug auf den AEGL-2 Wert bezogen auf 2 Std. (= 30 ppm)«.

Vor Inbetriebnahme sollte ein Lagedarstellungssystem im Rahmen einer Übung umfassend ausprobiert werden!

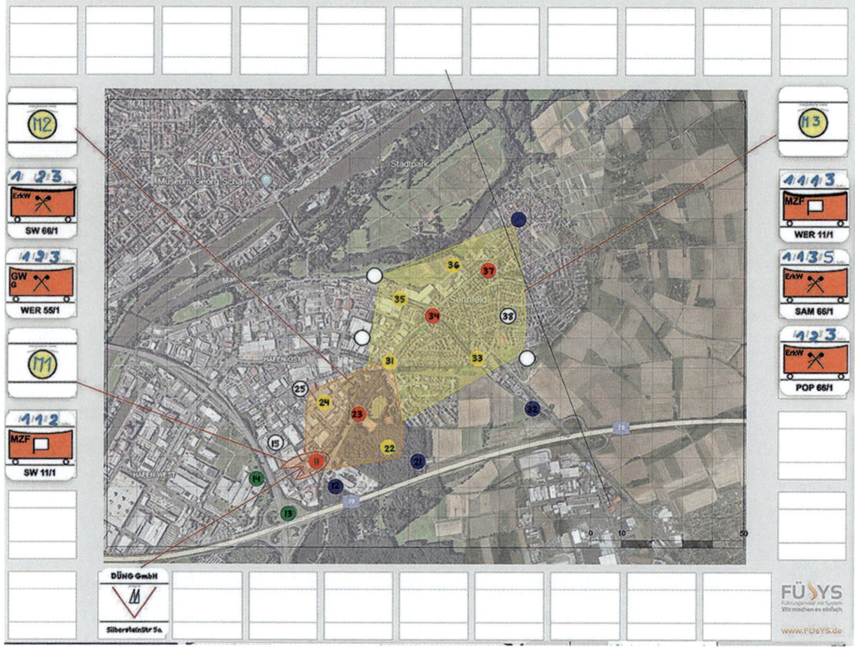

Bild 33: ***Beispielhafte Darstellung der bewerteten Messergebnisse in einer Lagekarte (Quelle: Fa. Kobra)***

In Nordrhein-Westfalen wurde bereits 2015 auf der damaligen Interschutz in Hannover das erste einheitliche Lagedarstellungssystem vorgestellt (▶ Bild 34 und 35).

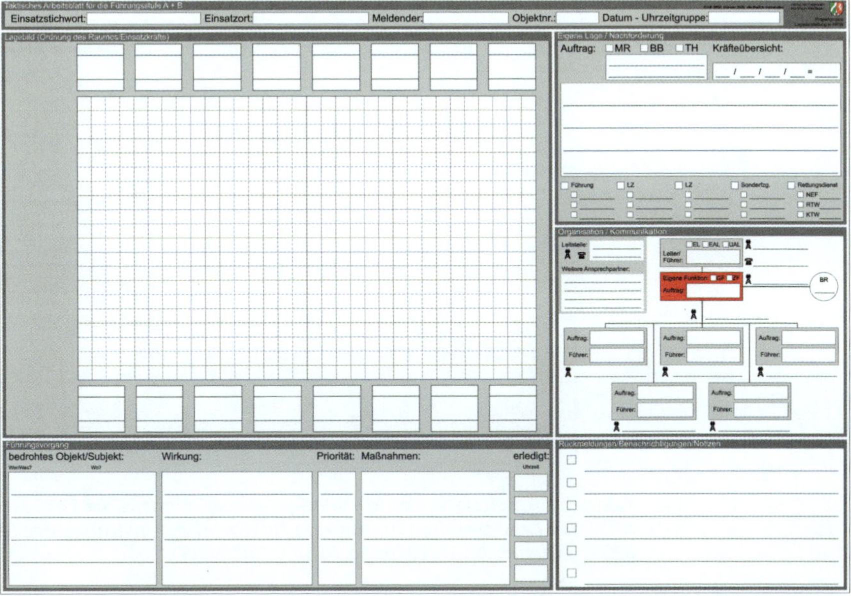
Taktisches Arbeitsblatt für die Führungsstufe A + B

Einsatzstichwort: Einsatzort: Meldender: Objektnr.: Datum - Uhrzeitgruppe:

Lagebild (Ordnung des Raumes/Einsatzkräfte)

Eigene Lage / Nachforderung

Auftrag: ☐ MR ☐ BB ☐ TH Kräfteübersicht:

___ / ___ / ___ / ___ = ___

☐ Führung ☐ LZ ☐ LZ ☐ Sonderfzg. ☐ Rettungsdienst

☐ NEF ☐ RTW ☐ KTW

Organisation / Kommunikation

Leitstelle:

Weitere Ansprechpartner:

☐ EL ☐ EAL ☐ UAL

Leiter/ Führer:

Eigene Funktion: ☐ GF ☐ ZF

Auftrag:

BR

Auftrag: Führer:

Auftrag: Führer:

Auftrag: Führer:

Auftrag: Führer:

Auftrag: Führer:

Führungsvorgang

bedrohtes Objekt/Subjekt: Wer/Was? Wo?	Wirkung:	Priorität:	Maßnahmen:	erledigt: Uhrzeit

Rückmeldungen/Benachrichtigungen/Notizen

☐

☐

☐

☐

☐

☐

Bild 34: ***Taktisches Arbeitsblatt des IdF »Projektgruppe einheitliche Lagedarstellung in NRW des Arbeitskreises Ausbildung NRW und des Institutes der Feuerwehr NRW« (Quelle: AK Ausbildung NRW u. IdF NRW)***

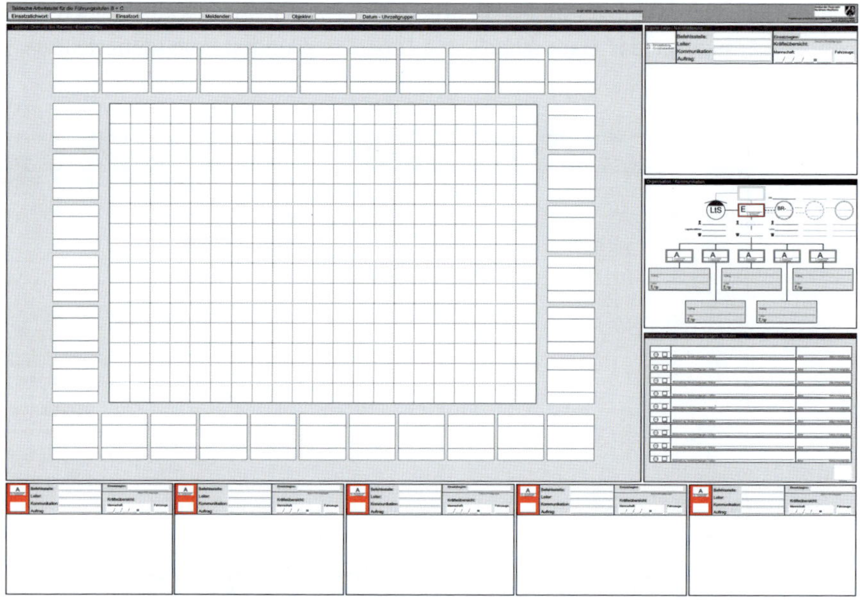

Bild 35: ***Taktische Arbeitstafel des IdF »Projektgruppe einheitliche Lagedarstellung in NRW des Arbeitskreises Ausbildung NRW und des Institutes der Feuerwehr NRW« (Quelle: AK Ausbildung NRW u. IdF NRW)***

Möglichkeiten einer digitalen Lagedarstellung:

- Wechsel zwischen Luftbild und Karte,
- Ein- und Ausblenden verschiedener Informationsebenen,
- Vernetzung vieler Einheiten (z. B. verschiedene Löschzüge) zur gemeinsamen Lagedarstellung,
- Stärke- und Einsatzkräfteübersichten inkl. GPS-Tracking der aktuellen Position durch vorher angelegte taktische Zeichen,
- Bereitstellungsräume,
- Anbindung der Leitstelle, damit z. B. ein Lagedienstführer mitlesen kann. Dies entbindet die Führungskräfte dann nicht von der Pflicht, wiederkehrende Lage- und Rückmeldungen über Sprechfunk abzusetzen – insbesondere zur Dokumentation in der Sprachaufzeichnung,
- Verletztenübersicht auch bei größerer Anzahl Verletzter inkl. Einbindung in ein Ticketsystem. Nutzung im »EA medizinische Rettung«,
- Funktion Einsatztagebuch,

- im Vorfeld bereitgestellte hinterlegte Pläne bzw. Informationen (Hydranten, Löschbrunnen, Löschteiche etc.) auf gesondertem »Layer« zur zeitweisen Ansicht,
- Tools zur Darstellung in der Lagekarte (z. B.: Entfernungsmessung, Schraffieren von Flächen, Einfügen von Texten, externen Grafiken oder Fotos),
- Datenablage von Einsatzunterlagen am jw. lokalen Objekt (Feuerwehrplan, Einsatzpläne, besondere Gefahrenhinweise, objektbezogene Rettungskonzepte etc.),
- Lageberichte zur Weitergabe an Dritte.

Die Ausstattung eines Führungsstabes der Einsatzleitung für die Lagedarstellung kann ebenfalls zu den Aufgaben der Einsatzplanung gehören. Beispielhaft ist nachfolgend ein System dargestellt. In dieser Darstellung wird die Kräfteübersicht in den Schadenskonten geführt. Bereits alarmierte Kräfte, die sich auf der Anfahrt befinden, werden in diesem Beispiel auf einer neutralen weißen Tafel (ähnlich einem Schadenskonto) dargestellt. In ▶ Kapitel 5 wird dieses Thema tiefergehend anhand praktischer Beispiele betrachtet.

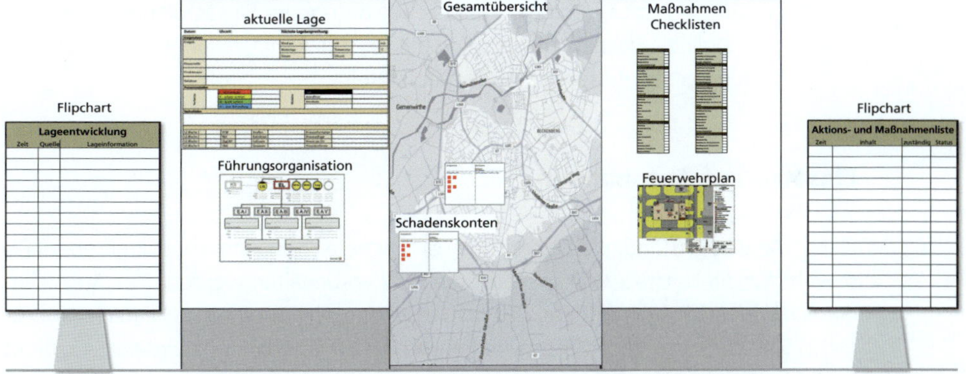

Bild 36: ***Beispielhaftes Lagedarstellungssystem eines Einsatzleiterstabes***

3.2.4 Sonstige Einsatzunterlagen der Einsatzplanung

Einsätze auf dem Bahngelände

Pläne, die den Zuständigkeitsbereich (Ausrückebereich) darstellen, sollten sowohl für die Leitstelle wie auch für die ELW vorgehalten werden. Der Ausrückebereich wird (je nach Landesrecht) von der zuständigen Bezirksregierung der Feuerwehr zugewiesen. Dabei kommt es oftmals dazu, dass nicht nach einer Stadtgrenze, sondern nach Zufahrtmöglichkeit und Erreichen der Einsatzstelle entschieden wird.

Einsatzpläne für Bahngelände sollten folgende Informationen enthalten:

- Streckenkilometer,
- Bahnhöfe, Bahnsteige,
- Zugänge, Zufahrten, Notzugänge etc.,
- Bahnüberwege (mit Schranke/unbeschrankt),
- zuständige Fahrdienstleitung (Betriebszentrale) mit Sitz und Erreichbarkeit,
- Prozessablauf Gleissperrung,
- Prozessablauf Stromabschaltung der Oberleitung inkl. Bahnerdung,
- Notfallmanager: Erreichbarkeit du prognostizierte Eintreffzeit,
- Bundespolizei (Bahnpolizei) mit Erreichbarkeit und Alarmierungsablauf,
- Besonderheiten (Rangierbahnhof mit freier Ablauframpe etc.),
- Sprechstellen,
- Tunnel mit Länge (ggf. Verweis auf besondere Einsatzpläne),
- mögliche Flächen mit Größenangabe für Bereitstellungsraum, Behandlungsplatz, Rettungsmittelhalteplatz etc.

Einsätze auf Autobahnen

Pläne, die den Zuständigkeitsbereich (Ausrückebereich) darstellen, sollten ebenfalls sowohl für die Leitstelle wie auch für die ELW vorgehalten werden. Der Ausrückebereich wird auch hier (mittlere Verwaltungsebene, Namen variieren je nach Landesrecht) von der zuständigen Bezirksregierung der Feuerwehr zugewiesen. Es kommt auch hier bei der Zuweisung dazu, dass nicht nach einer Stadtgrenze, sondern nach Zufahrtmöglichkeit und Erreichen der Einsatzstelle entschieden wird.

Einsatzpläne für Autobahnen sollten folgende Informationen enthalten:

- Autobahnkilometer (Streckenkilometer),
- Auf- und Abfahrten,
- Brücken,
- Straßenbaulastträger (bei Bundesautobahnen: Bund im Gegensatz zu Stadtautobahnen),

- Landesbehörde für Straßenbau und Verkehr als Ansprechpartner für Baustellen etc.,
- Autobahnpolizei mit Erreichbarkeit und Alarmierungsablauf,
- Rastplätze, Parkplätze etc. (idealerweise mit Größenangabe, wenn diese gleichzeitig auch als Bereitstellungsraum geplant werden),
- Tunnel mit Länge (ggf. Verweis auf besondere Einsatzpläne),
- Besonderheiten (Lärmschutzwände, Türen etc.),
- mögliche Flächen mit Größenangabe für Bereitstellungsraum, Behandlungsplatz, Rettungsmittelhalteplatz etc.

Einsätze auf Flüssen, Kanälen, Seen oder ausgedehnten Waldgebieten

Einsatzpläne für diese Bereiche dienen oftmals in erster Linie zum Sicherstellen des Auffindens der lokalen Einsatzstelle in großer Fläche. Dafür werden in vielen Städten Schilder mit dem Namen eines Rettungs- oder Anfahrtspunktes aufgestellt, damit bei Absetzen eines Notrufes dieser Punkt mitgenannt wird. Dies wird oftmals auch in ausgedehnten Waldgebieten umgesetzt.

Einsatzpläne für Flüsse, Kanäle und Seen sollten folgende Informationen enthalten:

- Fließendes oder stehendes Gewässer ggf. mit Angabe der Fließrichtung,
- Nutzung (z. B.: privater Angelteich durch Verein XY betrieben),
- Zugänglichkeit (öffentlich oder privater Besitz),
- Einfriedung vorhanden? (Wenn ja, welche?)
- Wassertiefe,
- Wasserbauwerke (Schleusen, Wehre, Kaianlagen etc.),
- Einsetzstellen für Boote oder Ölsperren,
- Hindernisse,
- Rettungsgeräte vor Ort (Wasserrettung, Eisrettung, Rettungsring, Rettungsstange, Rettungsbrett etc.),
- Übergabestellen an den Rettungsdienst (wenn im Vorfeld festgelegt),
- Erreichbarkeit von Personen (z. B. Angelverein),
- wenn größere Menschenmengen an Seen oder Flüssen sind (z. B. Regattarennen, Badesee o. ä.): mögliche Flächen mit Größenangabe für Bereitstellungsraum, Behandlungsplatz, Rettungsmittelhalteplatz etc.

Einige Feuerwehren verfügen über Einsatzpläne oder Ablaufpläne für Gewässerverunreinigungen in Seen, Flüssen oder Kanälen (▶ Bild 37). Diese sollten bei der Aufstellung in Zusammenarbeit mit der zuständigen Behörde (z. B. Untere Wasserschutzbehörde) erstellt werden.

Taschenkarte GVU Stadt Bremerhaven

Hafengruppe Bremerhaven
Fahrwasser/ Weser
Stadtbremisches Überseehafengebiet
Geeste bis Sturmflutsperrwerk
Fischereihafen

Verfahrensweise siehe Rückseite!!!

Meldung über eine
Gewässer-/Straßenverunreinigung (GVU)

Ortspolizeibehörde/ Wasserschutzpolizei

Wasserbehörde informieren
Umweltschutzamt Bremerhaven (USA)

Außerhalb der Geschäftszeiten USA:
Aufgabenvertretung durch Feuerwehr Bremerhaven

reinigungsfähig!

nicht reinigungsfähig!
keine Maßnahmen
Meldung an USA!!!

Straße	Oberirdisches Gewässer	Alter/Neuer Hafen	Kanalnetz
Info an Amt für Straßen- und Brückenbau	Öffentliches Gewässer betroffen oder GVU - Gewässerverunreinigung aus öffentlichen Regenwasserkanal	Benachrichtigung: BEAN/BIS außerhalb Geschäftszeit: Schaltwarte FBG Lloyd Marina (Im Jaich)?	Einleitung v. Grundstücken: Benachrichtigung Entsorgungsbetriebe EBB
Benachrichtigung Färber Flächenreinigung		Benachrichtigung Fa. Sunkimat	Benachrichtung BEG 24h Bereitschaft
Bei Eintritt in öffentliches Kanalnetz		GVU aus öffentlichen Regenwasserkanal?	
oder: **BAB betroffen?**	*oder:* **Geestevorhafen:** *HBH*	Benachrichtigung Entsorgungsbetriebe EBB	
Benachrichtung Autobahnmeisterei Debstedt	*oder:* ***Private Gewässer:*** *Grundstückseigentümer*	Benachrichtigung BEG 24h Bereitschaft	
oder: ***Landkreis betroffen?***	*oder:* ***Grauwallkanal:*** *Kreisverband der Wasser- und Bodenverbände im Altkreis Wesermünde*	**Nach Abschluss der Gefahrenabwehr** Meldung der GVU an das USA Bhv. durch den BD *siehe Formular!!!*	
Benachrichtigung Cux Umweltamt LK Cux 24 h Bereitschaft	*oder:* ***Landkreis betroffen?*** *z. B. Umweltamt Cux*		

Ansprechpartner/Telefonnummern siehe "Einsatzmappe WGS" oder IRLS

Meldung per E-Mail an das U-Amt!!!

Vorlagen: Onform, Ordner Einsatzleitdienst und PC ELW

Bild 37: ***Taschenkarte Gewässerverunreinigung (Quelle: BF Bremerhaven)***

3.3 Einsatzkonzepte

3.3.1 Messkonzept

Bei vielen Einsätzen werden Schadstoffe in der Luft oder in der Umwelt (Boden, Straße, in offenen Gewässern oder in Kanälen) freigesetzt. Davon können angefangen bei belästigenden Gerüchen bis hin zu hohen toxischen Gefahren für die Bevölkerung und die Einsatzkräfte entstehen. Ursache für die Emission von Schadstoffen in die Luft sind in erster Linie freigesetzte Gase oder Flüssigkeiten mit einem hohen Dampfdruck. Ferner können Chemikalien miteinander reagieren und Zwischen- oder Endprodukte in die Luft freisetzen. Neben Einsätzen im Bereich des Gefahrgutes auf einer Straße, auf der Schiene oder einem Schiff sind auch Einsätze in Produktionsanlagen mit chemischen, biologischen oder radioaktiven Stoffen vorstellbar, die für die Feuerwehr zu einem Messeinsatz führen können. Außerdem werden bei Bränden, neben dem Brandrauch, in Abhängigkeit vom brennbaren Stoff selbst und den Rahmenbedingungen der Verbrennung, weitere Schadstoffe in die Luft emittiert.

Im Einsatz der Feuerwehr versteht man unter »Messen« eine konkrete Konzentrationsbestimmung eines Stoffes. Da die Konzentrationsbestimmung immer in einem zeitlichen und räumlichen Verlauf sehr stark variiert, ist der Begriff »Messen« im eigentlichen Sinne per Definition falsch. Geeigneter wäre an dieser Stelle der Begriff »Nachweisen« oder, wie im Militärischen Bereich oft verwendet »Spüren«. Da in der Feuerwehrwelt aber dennoch der Begriff »Messen« umgangssprachlich üblich ist, wird dieser auch in diesem Fachbuch verwendet. Um die entstehenden Gefahren im Einsatz angemessen beurteilen zu können und um darauf basierend zielführend reagieren zu können, ist die Durchführung von Messungen in der Gefahrenabwehr erforderlich. Im Führungsvorgang der FwDV 100 sind Messungen der »Lageerkundung« und im weiteren Verlauf der »Kontrolle« zuzuordnen. Bei der Auswahl einer geeigneten Messmethodik bleibt zu beachten, dass es auch gefährliche Stoffe gibt, die weder durch ein Messgerät noch durch eine Reaktion in einem Prüfröhrchen nachweisbar sind.

Um für Einsatzfälle gut und ausreichend vorbereitet zu sein, muss ein Messkonzept erstellt, geschult und die Umsetzung praktisch geübt werden. In einigen Gebieten gibt es bereits verbindlich eingeführte übergreifende Messkonzepte. Dies kann auf Landesebene (z. B. Hessen, Katastrophenschutz-Dienstvorschrift 510 HE – Gefahrstoffnachweis und Notfallprobenahme im Katastrophenschutz des Landes Hessen) oder auf Ebene eines Regierungsbezirkes oder Landkreises der Fall sein. Bei der Aufstellung eines Messkonzeptes sollten ggf. vor Ort angesiedelte Chemieunternehmen mit deren Werkfeuerwehren beteiligt bzw. in das Konzept integriert werden. Dies gilt auch für den Bereich des Strahlenschutzes im Bereich kerntechnischer Anlagen oder Forschungseinrichtungen.

Messkonzepte gehen über die Anforderungen der FwDV 500 hinaus und legen für den Zuständigkeitsbereich einer Feuerwehr tiefergehend fest:

- wer messen soll,
- welche Stoffe gemessen werden können,
- welche Ausrüstung (Fahrzeuge, Messgeräte etc.) erforderlich sind,
- welche technischen Grenzen bei Messgeräten bestehen,
- wo gemessen werden soll (Festlegung von Messpunkten),
- welcher Eigenschutz ggf. zu beachten ist,
- womit gemessen werden soll,
- welche Beurteilungswerte und Richtwerte heranzuziehen sind,
- wie die Führungsorganisation festgelegt werden kann,
- welche Festlegungen ggf. in einer AAO zu hinterlegen sind,
- wie Messwerte und weitere notwendige Daten dokumentiert werden sollen,
- wie die Zusammenarbeit mit anderen Feuerwehren, Behörden, Fachberatern etc. laufen soll und
- wie das Messkonzept in der Praxis umgesetzt werden soll (Aus- und Fortbildungskonzept).

Bei der Aufstellung eines Messkonzeptes kann folgende Unterteilung genutzt werden:

- Technikkonzept Messtechnik/Messmethodik,
  - Geräteauswahl,
  - Beschaffung,
  - Ladung und Ladeerhaltung der Geräte,
  - Gerätetests, Wartung, Eichung und Kalibrierung,
  - Messgerätewerkstatt (inkl. Personal),
- Aus- und Fortbildungskonzept,
  - Personalauswahl,
  - Qualifikation (intern/extern, zum Beispiel an Landesfeuerwehrschulen),
  - Ausbildungskonzept,
  - Fortbildungs- und Übungskonzept,

- Einsatzkonzept (einsatztaktische Aspekte),
  - Zielsetzung,
  - Einsatztaktik,
  - Abläufe im Einsatz,
  - Messprotokoll und Dokumentation,
  - Beurteilung der Ergebnisse und Ableitung von Maßnahmen,
  - Beurteilungswerte,
  - Bildung eines Einsatzabschnittes »Messen«,
  - Lagedarstellung (ggf. im Einsatzleiterstab),
  - Zusammenspiel mit dem Einsatzabschnitt »Warnen«,
  - Zusammenarbeit mit benachbarten Feuerwehren,
  - Zusammenspiel mit einer Analytische Task Force (ATF) und/oder TUIS.

In diesem Kapitel werden nur die einsatztaktischen Aspekte bei der Aufstellung eines Messkonzeptes betrachtet. Die fachliche Auseinandersetzung mit der am Markt verfügbaren Messtechnik und Messmethodik bilden eine von vielen Voraussetzungen bei der Aufstellung des Konzeptes – insbesondere, wenn es um die generelle Messbarkeit von Stoffen geht. Da dieses Fachwissen aber an vielen anderen Stellen bereits gut aufbereitet vorhanden ist, wird an dieser Stelle darauf verzichtet. Ein Einsatzkonzept ist die Basis für die Erstellung eines Aus- und Fortbildungskonzeptes. Dies wird in diesem Buch ebenfalls nicht tiefergehend betrachtet.

Wissensquellen können hier sein:

- **Fachbücher zum Thema Messgeräte/Messtechnik,**
- **Unterlagen der Gerätehersteller der Messgeräte,**
- **Schulungsunterlagen der Landesfeuerwehrschulen.**

Messkonzepte werden erstellt, um im Einsatzfall von fachlich gut ausgebildeten Einsatzkräften, an der richtigen Stelle, mit dem richtigen Messgerät, Stoffe nachzuweisen und deren Konzentration oder Dosis angemessen zu dokumentieren. Bei der Aufstellung eines Messkonzeptes sollten Fachberater und fachkundige Personen (Chemie, Bio, Strahlenschutz) der Feuerwehr beteiligt werden.

Bei der Durchführung von Messungen kann bezüglich der Auswahl der Messpunkte unterschieden werden in:

- Messungen an der Einsatzstelle innerhalb des Gefahrenbereiches (Ex-Messung, Nachweis eines Stoffes etc.),
- Messungen zum Schutz der Bevölkerung in geeignetem Abstand zur Einsatzstelle,
- das Zusammenspiel von Messungen in einem eigens geführten Einsatzabschnitt,
- den Einsatz im Zusammenspiel mit einem übergreifenden Messkonzept (z. B. inkl. Einsatz der Analytischen Task Force (ATF) und/oder TUIS).

Bei der Erteilung eines Einsatzbefehls für eine Messung sind folgende Informationen relevant. Diese sollten ebenfalls in einem Messkonzept aufgenommen werden:

- Austritts- oder Entstehungsort,
- Freigesetzter oder betroffener Stoff (bei einem Brand wird der brennbare Stoff genannt),
- Austrittsgeschwindigkeit oder bereits ausgetretene Menge,
- Austrittsbedingungen (z. B.: Leckage ins Erdreich oder auf befestigter Fläche),
- Windrichtung, Wetterlage, Windgeschwindigkeit und Temperatur an der Austrittstelle.

Der Einheitsführer »Messen« hat dann neben der Durchführung der Messung selbst in der Regel ebenfalls die Aufgaben der Bewertung und der Erstellung einer Ausbreitungsprognose.

Durch die Verwendung von Ablaufschemata kann das Vorgehen beim Messen vereinfacht dargestellt werden. Darin sollten konkrete vor Ort befindliche Messgeräte eingefügt werden.

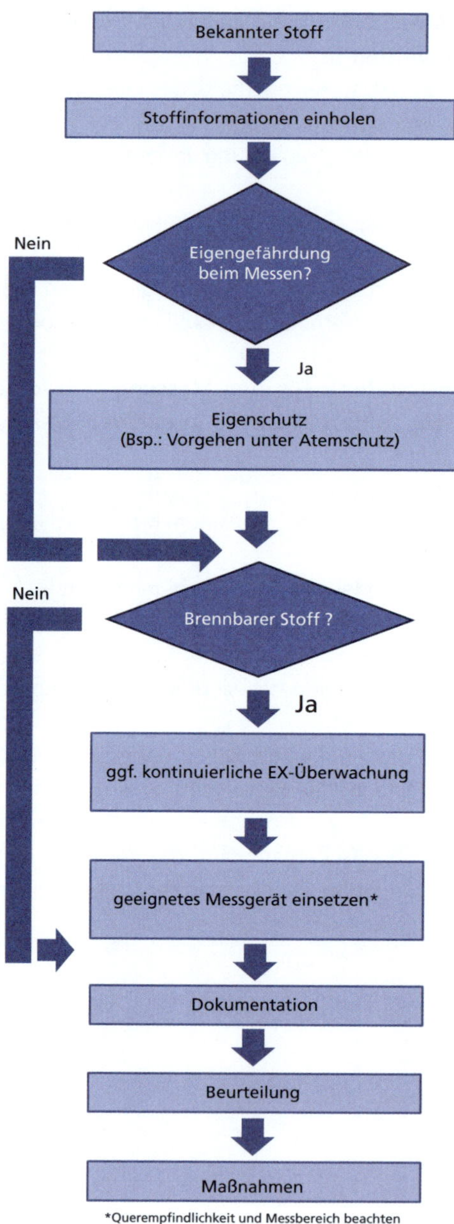

Bild 38: ***Messung eines bekannten Stoffes***

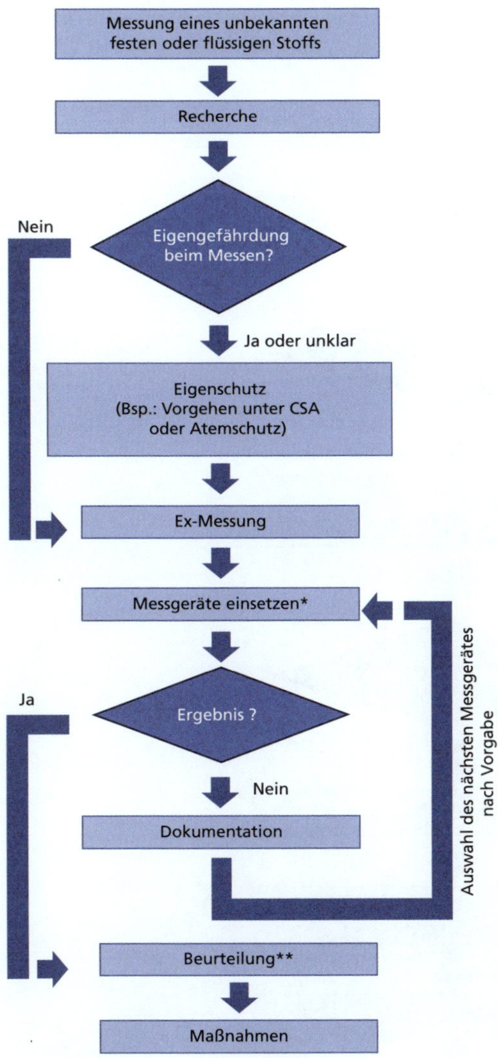

Bild 39: ***Messung eines unbekannten Stoffes***

Wenn keine der Messungen zu einem Ergebnis führt, so kann durch Probennahme und Auswertung in einem geeigneten Labor im Einzelfall eine Klärung herbeigefügt werden. Alternativ können Analytische Task Force (ATF) oder eine Werkfeuerwehr über TUIS beratend oder für die Durchführung von Messungen hinzugezogen werden. Der DIN 14555-12 (Gerätewagen Gefahrgut) können Anforderungen an die erforderliche Ausrüstung zur Probenahme entnommen werden.

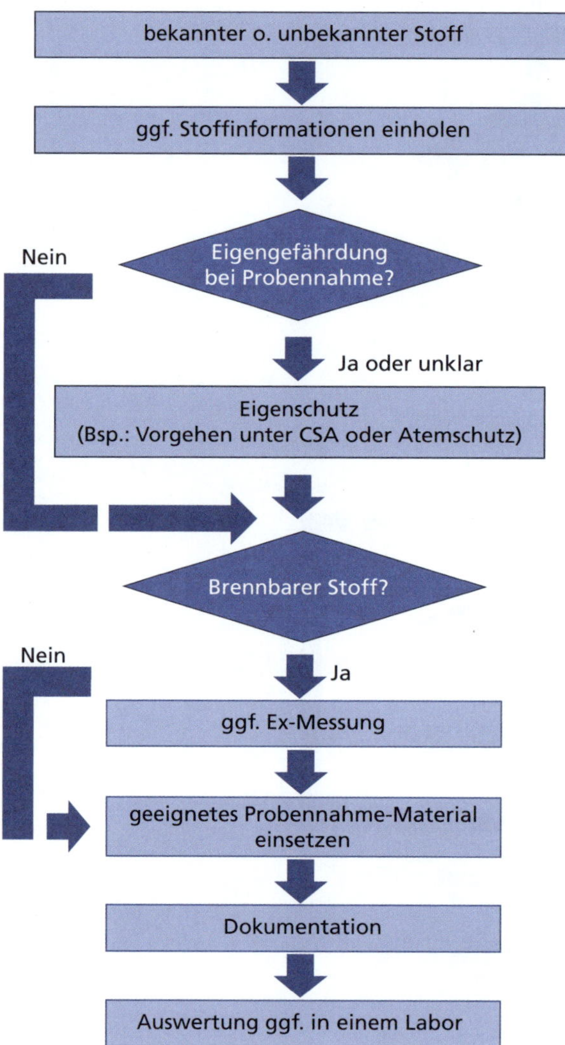

Bild 40: ***Vorgehen bei einer Probennahme***

Proben können im Einzelfall auch an der Einsatzstelle direkt ausgewertet werden. Wenn beispielhaft ein Raman-Spektrometer zur Verfügung steht, kann eine Stoffidentifikation direkt erfolgen. Nach Auswertung der Messergebnisse bzw. bei Vorliegen eines Ergebnisses aus der Probennahme werden die Ergebnisse der Beurteilungswerte idealerweise in einer Lagekarte »Messen« zusammengeführt. Moderne Lagedarstellungssysteme bieten hier verschiedene Lösungen (vgl. ▶ Kapitel 3.2.3).

Auf Basis der Messungen kann eine Einsatzleitung eine Beurteilung über mögliche Gefährdungen durchführen und geeignete Maßnahmen ergreifen. Dies können sein:

- Anpassungen des Gefahrenbereiches,
- Räumen gefährdeter Bereiche,
- Warnung gefährdeter Bereiche ggf. mit konkreten Verhaltenshinweisen (Beispiel: »Lassen Sie Fenster und Türen verschlossen und halten Sie sich nach Möglichkeit in einem geschlossenen Gebäude auf«),
- Auswahl geeigneter Schutzausrüstung, Geräte und Löschmittel,
- Einrichtung der Dekontamination,
- Hinzuziehen von Fachberatern und Firmen,
- Hinzuziehen von Fachbehörden,
- Information betroffener Bereiche,
- Rücknahme von Einsatzmaßnahmen.

Ferner können Messergebnisse erheblichen Einfluss auf die Einsatztaktik bei der Bekämpfung der Ursache selbst haben. Wird beispielhaft an der Einsatzstelle in einem Gefahrguteinsatz davon ausgegangen, dass eine Abdichtmaßnahme ausreichend ist, so können Messergebnisse zu notwendigen Korrekturen einer Abdichtung führen. So kann die Wirksamkeit getroffener Maßnahmen gezielt überprüft werden.

Neben Einsätzen der Brandbekämpfung und vereinzelt Technischer Hilfeleistungen sind vor allem ABC-Einsätze die Ursache für die Durchführung von Messungen in der Gefahrenabwehr. In der FwDV 500 gibt es aber keine tiefergehenden Festlegungen zur Messtaktik selbst. In Kapitel 1.5.4 gibt es eine Empfehlung zur Bildung der Einsatzabschnitte »Messen« und »Warnen« in einer beispielhaften Einsatzstellenorganisation.

Analytische Task Force (ATF)

Im Jahr 2002 wurde in Deutschland vom Bundesamt für Bevölkerungsschutz und Katastrophenhilfe in Zusammenarbeit mit den Bundesländern im Nachgang zu den Terroranschlägen vom 11. September die Analytische Task Force (ATF) ins Leben gerufen. Flächendeckend wurden in Deutschland inzwischen ATF-Einheiten in Berlin, Hamburg, Dortmund (mit Schwerpunkt »Biogefahren«), Köln, Frankfurt am Main,

Mannheim, Stuttgart und München bei den jeweiligen Berufsfeuerwehren angesiedelt.

Die ATF haben folgende strategische Ziele:

- Schutz der Bevölkerung vor chemischen, biologischen, radiologischen und nuklearen Gefahren (CBRN – im Gegensatz zur FwDV 500 ist hier entgegen »ABC« diese Definition gebräuchlich),
- schnelle Identifikation gefährlicher Stoffe inkl. Beurteilung und Empfehlung von Maßnahmen an die Einsatzleitung durch Vor-Ort-Analytik,
- Weiterentwicklung auf nationaler und internationaler Ebene.

Beurteilungswerte

A-Einsatz

Die Referenzwerte für die Dosisleistung, die Dosis und weitere Beurteilungswerte können der FwDV 500 entnommen werden. Dennoch ist es sinnvoll, diese in ein Messkonzept oder einen Feuerwehreinsatzplan »Strahlenschutz« zu übernehmen, weil diese Art der Einsätze sehr selten vorkommen und Erfahrungswerte und Routine kaum entwickelbar sind.

B-Einsatz

Da für den B-Einsatz keinerlei Beurteilungswerte existieren, kann durch Probennahme unter Eigenschutz und Auswertung in einem geeigneten Labor im Einzelfall eine Klärung herbeigeführt werden. Alternativ können die Analytische Task Force (ATF-Bio) in Dortmund, Experten des Robert Koch-Instituts (RKI) oder andere fachkundige Stellen (z. B. Bio-Laborbetreiber) beratend unterstützen. Hier ist es sinnvoll, dass die Einsatzplanung vorhandene Experten im Umfeld identifiziert und die Erreichbarkeiten in der Leitstelle oder in Einsatzplänen hinterlegt. Die Beteiligung an Einsatzübungen bietet die Chance der persönlichen Vernetzung und eines Erwartungsausgleiches.

C-Einsatz

Bei diesen Beurteilungswerten ist grundlegend zwischen Richt- und Grenzwerten, die aus der Arbeitswelt kommen (Arbeitsplatzgrenzwerte) und Störfallbeurteilungswerten zu unterscheiden. Arbeitsplatzgrenzwerte (Nachfolger der MAK-Werte) haben das Ziel, Arbeitsplätze so sicher wie möglich zu gestalten. Sie werden vom Ausschuss für Gefahrstoffe (AGS) aufgestellt und vom Bundesarbeitsministerium in der TRGS 900 bekannt gegeben und aktualisiert. Die Zahlenwerte haben sich im Verlauf der letzten Jahre für viele Stoffe »nach unten« entwickelt. Es handelt sich hierbei um keine toxikologischen Werte. Dennoch können diese Werte für eine Beurteilung im Einsatz herangezogen werden. Befindet sich die gemessene Konzentration unterhalb des Arbeitsplatzgrenzwertes, kann eine Gefährdung ausgeschlossen werden. Eine Geruchsbelästigung wäre dennoch bei einzelnen Stoffen möglich.

Störfallbeurteilungswerte
Störfallbeurteilungswerte werden aufgestellt, um oberhalb der Arbeitsplatzgrenzwerte eine Aussage über mögliche Gefährdungen treffen zu können.

ETW (Einsatztoleranzwert – vfdb-Richtlinie 10-01)
Einsatztoleranzwerte (bezogen auf vier Stunden oder eine Stunde). In Bereichen, die unterhalb des ETW liegen, können Einsatzkräfte für die oben genannte Dauer ohne Atemschutz arbeiten, ohne dass sie stärker körperlich beeinträchtigt werden.

AEGL (Acute Exposure Guideline Levels)
Werte für die sicherheitstechnische Dimensionierung von störfallrelevanten verfahrenstechnischen Anlagen der Störfall-Verordnung des Bundes-Immissionsschutzgesetzes. (Herausgeber ist das National Advisory Committee in den USA.) Die AEGL-Werte sind toxikologisch begründete maximale Massenkonzentrationen für unterschiedliche Expositionszeiträume (10 min, 30 min, 1 h, 4 h, 8 h).

Es werden drei sogenannte Schweregrade unterschieden:

- AEGL-1 spürbares Unwohlsein,
- AEGL-2 schwerwiegende, lang andauernde oder fluchtbehindernde Wirkung,
- AEGL-3 tödliche Wirkung.

ERPG (Emergency Response Planning Guidelines) werden immer bezogen auf eine Stunde:

- ERPG-1 Wert: unterhalb leichte, vorübergehende Gesundheitseffekte und ggf. Geruchsbelästigungen.
- ERPG-2 Wert: unterhalb keine irreversible oder andere gravierende Gesundheitseffekte, die die Fähigkeit beeinträchtigen können, Schutzmaßnahmen zu ergreifen.
- ERPG-3 Wert: unterhalb keine lebensbedrohende Gesundheitseffekte.

TEEL (Temporary Emergency Exposure Limits, Herausgeber ist das Department of Energy in den USA):

- TEEL-1: Spürbares Unwohlsein oder Reizungen, aber keine Behinderung der Fähigkeit, selbst zu flüchten.
- TEEL-2: Irreversible oder lang andauernde gesundheitliche Auswirkungen oder fluchtbehindernde Wirkung.
- TEEL-3: Lebensbedrohliche oder tödliche Auswirkungen.

PAC (Protective Action Criteria, Herausgeber ist ebenfalls das Department of Energy in den USA): Sie sind eine Zusammenführung der Beurteilungswerte AEGL-2 und ERPG-2 jeweils bezogen auf eine Stunde.

Dokumentation der Messwerte

In einem Messkonzept muss die Dokumentation der Messergebnisse und der damit verbundene Informationsfluss in Richtung Einsatzabschnittsleitung oder Einsatzleitung geregelt werden. Viele Bundesländer haben inzwischen ein einheitliches Messprotokoll verbindlich per Erlass eingeführt. Diese Vorgaben sind bei der Aufstellung eines Messkonzeptes umzusetzen. Bei einem Einsatz einer Softwarelösung ist dies ebenfalls zu berücksichtigen. Viele Programme verfügen bereits über diese inzwischen etablierten Messprotokolle. Dabei werden vereinzelt Kodierungs- bzw. Dekodierungstabellen genutzt, um die einzelne Information selbst effizienter kommunizieren zu können. Beispielhaft ist im nachfolgenden ▶ Bild 41 das Messprotokoll NRW dargestellt.

Version: 2.0 Datum: 04.03.2025	**Messprotokoll** für Messungen bei Bränden und Schadstofffreisetzungen		Datum: **EAL-Messen** Gesendet: ____:____ Uhr Empfangen: ____:____ Uhr	Datum: **Messfahrzeug/-trupp** Empfangen: ____:____ Uhr Gesendet: ____:____ Uhr

Allgemeine Angaben zum Messpunkt

$A_{(nton)}$	$B_{(erta)}$	$C_{(äsar)}$	$D_{(ora)}$	$E_{(mil)}$	$F_{(riedrich)}$	$G_{(ustav)}$
Messauftrags-nummer	**Messeinheit**	**Messort/-punkt:** **Messstrecke:** ☐ Grenzwertmessung: Meldung wenn Grenzwert erreicht!	**Eigenschutz** 0: Keiner 1: Filter 2: PA 3: Form 2 4: Gebläsefilteranzug 5: CSA 6: Dosimetrie	**Probenahme** 0: Keine 1: Luft 2: Boden 3: Wasser 4: Wisch 5: Vegetation 6: Stoffprobe	**Geruch** 0: Nein 1: Schwach 2: Stark	**Niederschlag Gefahrstoff** 0: Nein 1: Rauch 2: Ruß 3: Feststoff/Partikel
			...	...	...	...

Messergebnisse

$H_{(einrich)}$	$I_{(da)}$	$J_{(ulius)}$	$K_{(aufmann)}$	$L_{(udwig)}$	$M_{(artha)}$	$N_{(ordpol)}$
Laufende Messung (Reihenfolge)	**Messgerät/ Schlüsselnummer** (siehe Kodiertabelle)	**Messgeräteeinsatz** 0: Abgesetzt 1: vom Messfahrzeug aus	**Uhrzeit** Eine Uhrzeit für alle Messungen in diesem Auftrag	**Messbereich** 0:innerhalb 1kleiner/unterhalb 2:größer/oberhalb	**Messwert** oder **Gerät defekt**	**Einheit** 0: nSv(/h) (nano) 1: µSv(/h) (mikro) 2: mSv(/h) (milli) 3: IPS 4: ppm 5: ppb 6: Vol.-% 7: SKT 8: µg/m³ 9: ...
1		...		...		...
2		...		...		...
3		...		...		...
4		...		...		...

Zusatzinformationen / Infomation aus der Bevölkerun g / Zusätzliche Beobachtun gen:

Speichern

Drucken

Bild 41: ***Messprotokoll NRW (Quelle: IdF NRW)***

3.3.2 MANV-Konzept

Unter einem Massenanfall von Verletzten oder Erkrankten (MANV) versteht man einen Notfall mit einer größeren Anzahl von Personen, die vom Rettungsdienst versorgt, behandelt und transportiert werden müssen. MANV-Lagen führen initial zu einer Überforderung der Gefahrenabwehr. Eine individual-medizinische Notfallversorgung kann seitens des Rettungsdienstes nicht sichergestellt werden. Vielmehr geht es um eine schnelle Priorisierung und Durchführung möglicher Maßnahmen. Dafür ist eine Triage in Form einer Ärztlichen Sichtung der Verletzten oder Erkrankten erforderlich.

Die ersten Vorläufer der heutigen Sichtung kamen aus dem militärischen Bereich. Mit der Gründung der NATO im Jahre 1949 wurden die ersten einheitlichen Konzepte der heutigen Sichtungskategorien erstellt. Die Bundesvereinigung der Arbeitsgemeinschaft der Notärzte Deutschland (BAND) hat vor vielen Jahren ein System der Sichtungskategorien für den Rettungsdienst aufgestellt, welches zuletzt in der Konsensuskonferenz im Jahr 2002 aktualisiert und eingeführt wurde. Die Sichtungskategorien werden in weiten Teilen Europas einheitlich angewendet. Spätestens seit der Pandemie ist die Sichtungskategorie 4 (ohne Überlebenschance, sterbend) mit der »abwartenden Behandlung« bzw. der lediglich palliativen Versorgung in Diskussion gekommen.

Sichtungskategorie	Farbe	Beschreibung	Behandlung	Beispiele
SK 1	rot	vital bedroht	sofort	lebensbedrohliche Blutung, Kreislaufstillstand, Bewusstlosigkeit, polytraumatisierte Patienten
SK 2	gelb	schwer verletzt/erkrankt	dringend	Schädel-Hirn-Trauma, Bauchtrauma, offene Fraktur, Intoxikation (ansprechbar)
SK 3	grün	leicht verletzt/erkrankt	nicht dringend	geschlossene Fraktur, geringe Weichteilverletzung
SK 4	blau	ohne Überlebenschance, sterbend	palliative Versorgung	nicht mit dem Leben vereinbare Schäden, Ganzkörper- Verbrennungen, …
tot	schwarz	tot	-	-

Betroffene, unverletzte Personen: ohne Sichtungskategorie!

Bild 42: ***Sichtungskategorien (Vereinfacht könnte man das Ziel einer Sichtung so ausdrücken: »Finde ›die Roten!‹«)***

Viele Feuerwehren und Rettungsdienste nutzen die Farben der Sichtungskategorien niederschwellig bereits nach einer Vorsichtung umgangssprachlich, um in der Schwere der Verletzung der Patienten zu unterscheiden. Für die Durchführung der Triage gibt es verschiedene Algorithmen für die »Ärztliche Sichtung«. Neben der Sichtung nach »PRIOR« (Primäres Ranking zur Initialen Orientierung im Rettungsdienst) oder »STaRT« (Simple Triage and Rapid Treatment = Einfache Triage und

Versorgung) ist vor allem »mSTaRT« weit verbreitet. Dies ist die konzeptionelle Weiterentwicklung des Systems und ist insgesamt umfassender. Das »m« steht hier für »modified«. Ziel ist das Auffinden der Verletzten/Erkrankten, die sich in unmittelbarer Lebensgefahr befinden (Sichtungskategorie I, rot) und bei denen eine medizinische Behandlung die Chancen zur Rettung erhöht.

Grundsätzlich kann man bei Einsätzen mit vielen Verletzten oder Erkrankten zwei verschiedene Szenarien unterscheiden:

- Einsätze, bei denen bei erster Erkundung eine hohe Anzahl Verletzer oder Erkrankten offensichtlich ist,
- Einsätze, bei denen im Verlauf entgegen der ersten Erkundungsbeurteilung die Anzahl der Verletzen- oder Erkrankten (widererwartend) kontinuierlich ansteigt.

Im ersten Fall muss der Einsatzleiter die Verletztenzahl in der ersten Rückmeldung direkt angeben. Da zu diesem Zeitpunkt eine Differenzierung in Sichtungskategorien in der Regel mit zunehmender Anzahl immer schwieriger wird, können zunächst Planungsregeln zur ersten Abschätzung angewendet werden. Allseits bekannt ist die Planungsgröße der 40 %/20 %/40 % Regel. Diese besagt, dass mit 40 % Kategorie I (rot), mit 20 % Kategorie II (gelb) und mit 40 % Kategorie III (grün) Patienten zu rechnen ist. Davon wird in vielen MANV-Konzepten zunehmend Abstand genommen, da es in der Praxis und nach wissenschaftlichen Erkenntnissen eher Einsätze mit weniger »roten«, mehr »gelben« und vor allem mehr »grünen« Patienten an Einsatzstellen gibt. Die Konsensus-Konferenz empfiehlt daher die Planung nach 20 %/30 %/50 % Verteilung: 20 % Kat. I (rot), 30 % Kat. II (gelb) und 50 % Kat. III (grün). In beiden Planungsansätzen ist die Kategorie IV (blau) nicht aufgeführt. Sie sind planerisch in der Kategorie I (rot) enthalten.

Der zweite Fall (Einsätze, bei denen im Verlauf entgegen der ersten Erkundungsbeurteilung die Anzahl der Verletzen- oder Erkrankten (widererwartend) kontinuierlich ansteigt), ist in der Überschreitung der MANV-Schwelle viel schwieriger zu beurteilen, weil die Leitstellen lange in der Annahme bleiben, der Regelrettungsdienst würde ausreichen. Der Wechsel in anderen Strukturen kann in diesen Fällen für alle Beteiligten Kräfte herausfordernd sein. Insbesondere zentrale Komponenten, wie zum Beispiel ein AB-MANV ist davon betroffen.

In vielen Einsatzlagen müssen die Verletzten im Vorfeld von der Feuerwehr gerettet und an den Rettungsdienst übergeben werden. Vorstellbar wären hier zum Beispiel Einsätze mit Personenzügen, Verkehrsunfällen im Straßenverkehr, Brände in Gebäuden oder Großschadenslagen oder Katastrophen oder Veranstaltungen mit einer großen Anzahl an Personen. Die Schnittstelle der Einsatzabschnitte ist dann insbesondere in Bezug auf die Zusammenarbeit und die Übergabe der Verletzten von der übergeordneten Führungskraft besonders zu berücksichtigen.

Träger des Rettungsdienstes sind nach den jeweiligen Landesgesetzen in der Regel die Landkreise oder kreisfreien Städte. Sie haben die Aufgabe, besondere planerische Vorkehrungen im Vorfeld dafür durchzuführen und den Rettungsdienst insgesamt für derartige Ereignisse vorzubereiten. Die Schwelle zu einer MANV-Lage hängt neben der eigentlichen Patientenanzahl auch von der Leistungsfähigkeit des Regelrettungsdienstes ab. Eine Großstadt mit vielen Einwohner verfügt über einen größeren Rettungsdienst – mit einer größeren Anzahl an alarmierbaren RTW und NEF. Die Schwelle zu einer MANV-Lage wird in diesen Städten daher höher liegen als zum Beispiel in einer Stadt mit beispielsweise vier im Dienst befindlichen RTW und einem NEF. Neben der Leistungsfähigkeit aus der Vorhaltung ist aber auch die momentane Verfügbarkeit ausschlaggebend für diese Schwelle. Hochsommertage mit sehr hohen Temperaturen bedeuten für den Rettungsdienst oftmals ein hohes Einsatzaufkommen, welches im Einzelfall zu einem früheren Überschreiten der MANV-Schwelle führen kann.

MANV-Lagen fordern den Führungskräften einen hohen Koordinierungsaufwand und ein sicheres Beherrschen der Abläufe ab. Dies kommt in der täglichen Praxis kaum vor, ist aber in einer realen MANV-Lage erfolgskritisch. Einige Feuerwehren und Rettungsdienste senken die Schwelle für den Einsatz der Führungskräfte zunehmend ab, um zum Beispiel bereits ab fünf Patienten in diesen Strukturen zu arbeiten. Dies erzeugt Routine im Ablauf und unterstützt die RTW Besatzungen bei der Auswahl und Koordination der Zielkrankenhäuser. In diesen Fällen ist die individual-medizinische Notfallversorgung in der Regel sichergestellt. Der Notfallsanitäter des NEF wird entlastet, da er in der direkten Unterstützung des Notarztes benötigt wird.

Für MANV-Lagen ist die Vorhaltung einer besonderen Ausstattung sinnvoll. Ein Abrollbehälter »MANV« oder Ausrüstungen für den Patiententransport oder einen Behandlungsplatz seien hier beispielsweise genannt. Viele dieser Ausrüstungskomponenten werden bei Großveranstaltungen wie zum Beispiel einer Fußballweltmeisterschaft vorbereitend vor Ort aufgebaut und in Betrieb genommen.

Für die Abarbeitung von MANV-Lagen hat sich die sog. »PEST-Strategie« bewährt:

- **Priorisieren,**
- **Erstversorgen,**
- **Soforttransporte,**
- **Transportorganisation.**

Die Einsatzplanung der Feuerwehr muss ebenfalls Vorplanungen für MANV-Lagen durchführen, da sie oftmals in den MANV-Konzepten mitwirken oder vereinzelt sogar in der Federführung sind, wie es in Großstädten mit Berufsfeuerwehren oft der Fall ist.

Bei der Erstellung eines MANV-Konzeptes ergeben sich folgende Fragestellungen:

- Wer ist bei der Erstellung des Konzeptes zu beteiligen?
- Welche MANV-Stufen sollen festgelegt werden?
- Wie ist das Zusammenwirken mit den »Nachbarn« in der Gefahrenabwehr bzw. im Rettungsdienst?
- Gibt es bereits MANV-Konzepte oder weitere Konzepte auf Landesebene?
- Gibt es Vorgaben – z. B. aus dem jeweiligen »Rettungsgesetz« des Bundeslandes oder per Erlass?
- Soll der Name der MANV-Stufen an der Anzahl der Patienten festgelegt werden?
- Welche Ausstattung ist vorhanden bzw. erforderlich?
- Welche Verletztenanhängekarten sollen genutzt werden? (Müssen diese im Vorfeld aufsteigend nummeriert werden?)
- Wie ist die Disposition und Krankenhauszuweisung?
- Gibt es ein Ticketsystem? (Software oder in vorgefertigten Listen?)
- Ist ein Einsatz von Barcode-Aufklebern sinnvoll?
- Wie soll die Transportorganisation generell vorgeplant werden?
- Welche Einsatzkonzepte sind für den Ablauf und die Zusammenarbeit mit dem Rettungsdienst inkl. der Bildung von Einsatzabschnitten erforderlich?
- Welche Auswirkungen ergeben sich auf die Alarm- und Ausrückeordnung?
- Wer stellt das Überschreiten einer MANV-Schwelle fest und löst die Alarmierung entsprechender Einheiten aus?
- Wie ist die Führungsorganisation? (Oftmals übernehmen Zugführer der Feuerwehr die Einsatzabschnittsleitung »medizinische Rettung« als »Organisatorischer Leiter Rettungsdienst«, wie z. B. in NRW. Dafür gibt es am IdF in Münster seit 1999 einen eigenen Lehrgang. Ein OrgL RD führt den Einsatzabschnitt gemeinsam mit dem Leitenden Notarzt (LNA). Während der LNA die medizinische Verantwortung in dem Einsatzabschnitt übernimmt, kümmert sich der OrgL RD vorwiegend um die Organisation und die Abläufe in diesem Abschnitt.)
- Welche Funkkonzepte sind zu erstellen (auf Basis des Fleetmappings und ggf. weiterer Vorgaben)?

- Erstellung eines Schulungskonzeptes.
- Erstellung eines Übungskonzeptes inkl. Auswertungen.

	unterhalb MANV	MANV-Schwelle	%	MANV10	MANV15	MANV20	MANV25	MANV30	MANV40	MANV50
	> 6		%	10	15	20	25	30	40	50
				prognostizierte Verteilung						
rot	1		20	2	3	4	5	6	8	10
gelb	2		30	3	5	6	8	9	12	15
grün	3		50	5	7	10	12	15	20	25
Erstversorgung		NEF		1	2	2	3	3	4	5
		RTW		2	2	3	4	5	7	9
Transport		NEF		1	2	3	4	5	6	7
		RTW		3	5	7	6	10	13	16
		KTW		3	4	5	7	7	10	13
Alarmierung	1	NEF		2	4	5	7	8	10	12
	2	RTW		5	7	10	10	15	20	25
	3	KTW		3	4	5	7	7	10	13
		RTH		lageabhängig auf Anforderung						
	-	AB-ManV		X	X	X	X	X	X	X
	X	B-Dienst		X	X	X	X	X	X	X
		A-Dienst		X	X	X	X	X	X	X
	X	LNA		X	X	X	X	X	X	X
	X	OrgL RD		X	X	X	X	X	X	X

Bild 43: *Beispielumsetzung für eine AAO*

An der Einsatzstelle sind üblicherweise im Einsatzabschnitt »medizinische Rettung« folgende Untereinsatzabschnitte zu bilden:

- Erstversorgung (mit der Bildung von einer oder mehreren Patientenablagen),
- Behandlung (mit der Bildung von einem oder mehreren Behandlungsplätzen),
- Transportorganisation.

Für einen Einsatzabschnitt »Betreuung« sind in der Regel folgende Untereinsatzabschnitte zu bilden:

- Erstbetreuung (mit der Bildung von einer oder mehrereren Anlaufstellen),
- Transportorganisation.

Es ist sicherzustellen, dass betroffene Personen von den Verletzten (insbesondere den Schwerverletzten) räumlich bzw. durch »Sichtschutz« getrennt werden.

In beiden Einsatzabschnitten ist die Dokumentation der Betroffenen bzw. Verletzten von besonderer Bedeutung. In der Dokumentation ist neben der Kategorie auch das jeweilige Zielkrankenhaus aufzuführen.

Die prognostizierten Eintreffzeiten überörtlicher Rettungskräfte sind ebenfalls zu berücksichtigen. In einigen Bundesländern gibt es Konzepte, die bei Überschreitung der Leistungsfähigkeit direkte Anwendung treffen, wie zum Beispiel »ÜMANV-S« in NRW (i. d. R. 1 NEF, 2 RTW, 1 KTW oder 1 weiterer RTW). Diese werden aus dem Regelrettungsdienst der Nachbarkommune zur Unterstützung direkt alarmiert. Dies ist die Umsetzung der im Rettungsgesetz NRW geforderten nachbarlichen Hilfe (§ 8 Abs. 2 RettG NRW). Die Arbeitsgemeinschaft der Leiter der Berufsfeuerwehren hat im Jahr 2013 über deren Arbeitskreis Rettungsdienst ein bundesweites Thesenpapier zu den Anforderungen an MANV-Konzepte herausgegeben. Dort sind konkrete Hinweise enthalten, die bei der Erstellung eines MANV-Konzeptes unterstützend genutzt werden können.

Nachfolgend ist beispielhaft ein taktisches Arbeitsblatt der Berufsfeuerwehr Krefeld abgebildet, welches im Einsatzabschnitt »medizinische Rettung« genutzt werden kann (▶ Bild 44). Es ermöglicht dem Einsatzabschnittsleiter, die im Vorfeld ausgearbeiteten Festlegungen aus dem Konzept umzusetzen. Neben der Führungsorganisation wird das Kommunikationskonzept der Feuerwehr als Arbeitsmittel direkt und effizient zur Verfügung gestellt.

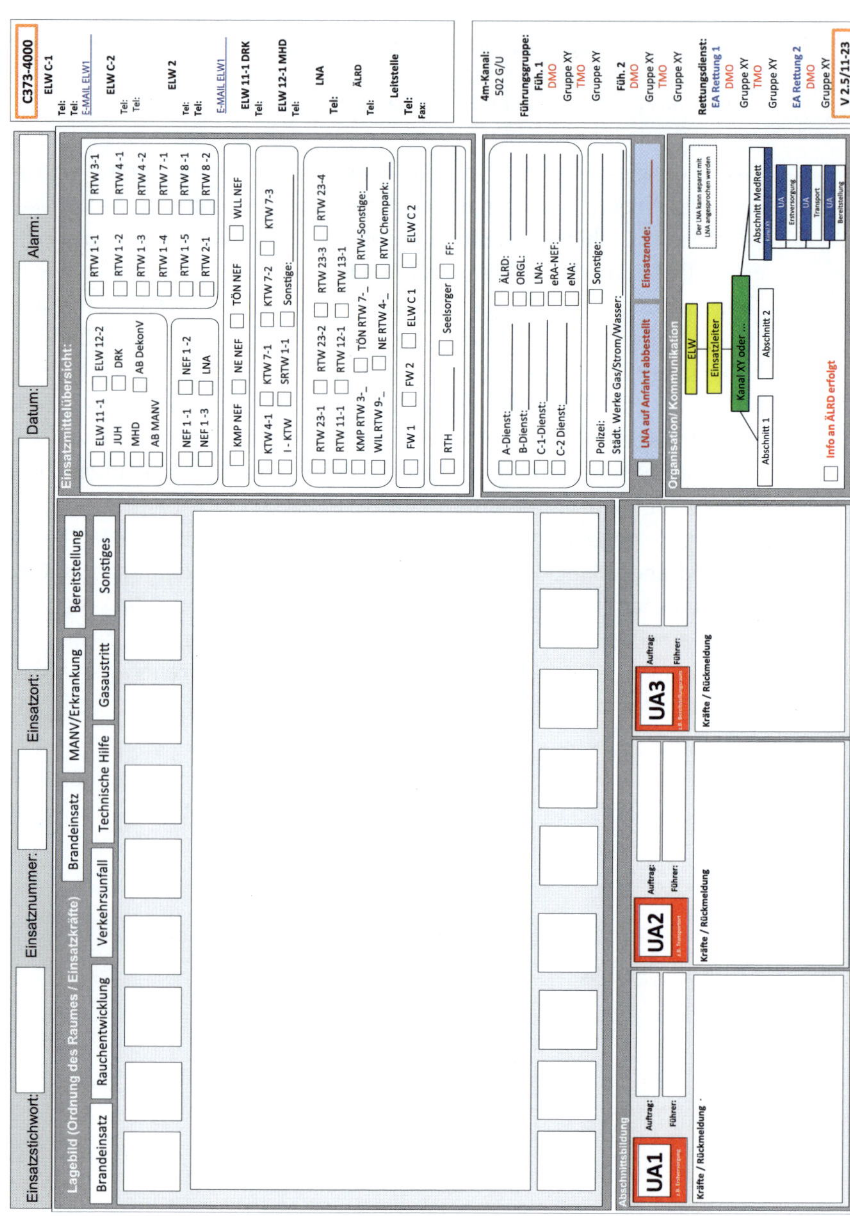
Einsatzstichwort: Einsatznummer: Einsatzort: Datum: Alarm:

Lageblid (Ordnung des Raumes / Einsatzkräfte)

Brandeinsatz | Brandeinsatz | MANV/Erkrankung | Bereitstellung
Rauchentwicklung | Verkehrsunfall | Technische Hilfe | Gasaustritt | Sonstiges

Einsatzmittelübersicht:
ELW 11-1 | ELW 12-2 | JUH | DRK | MHD | AB DekonV | AB MANV
NEF 1-1 | NEF 1-2 | NEF 1-3 | LNA
RTW 1-1 | RTW 3-1 | RTW 1-2 | RTW 4-1 | RTW 1-3 | RTW 4-2 | RTW 1-4 | RTW 7-1 | RTW 1-5 | RTW 8-1 | RTW 2-1 | RTW 8-2
KMP NEF | NE NEF | TÖN NEF | WLL NEF
KTW 4-1 | KTW 7-1 | KTW 7-2 | KTW 7-3 | I-KTW | SRTW 1-1 | Sonstige:
RTW 23-1 | RTW 23-2 | RTW 23-3 | RTW 23-4 | RTW 11-1 | RTW 12-1 | RTW 13-1
KMP RTW 3-_ | TÖN RTW 7-_ | RTW-Sonstige:
WIL RTW 9-_ | NE RTW 4-_ | RTW Chempark:
FW 1 | FW 2 | ELW C 1 | ELW C 2
RTH | Seelsorger | FF:

A-Dienst: | ÄLRD:
B-Dienst: | ORGL:
C-1-Dienst: | LNA:
C-2 Dienst: | eRA-NEF:
eNA:
Polizei: | Sonstige:
Städt. Werke Gas/Strom/Wasser:
LNA auf Anfahrt abbestellt | Einsatzende:

Organisation/ Kommunikation
ELW
Einsatzleiter
Kanal XY oder ...
Abschnitt 1 | Abschnitt 2 | Abschnitt MedRett
UA Erstversorgung | UA Transport | UA Bereitstellung
Der LNA kann separat mit LNA angesprochen werden
Info an ÄLRD erfolgt

Abschnittsbildung
UA1 z.B. Erstversorgung | Auftrag: | Führer: | Kräfte / Rückmeldung
UA2 z.B. Transport | Auftrag: | Führer: | Kräfte / Rückmeldung
UA3 z.B. Bereitstellungsraum | Auftrag: | Führer: | Kräfte / Rückmeldung

C373-4000
ELW C-1
Tel:
Tel:
E-MAIL ELW1
ELW C-2
Tel:
Tel:
ELW 2
Tel:
Tel:
E-MAIL ELW1
ELW 11-1 DRK
Tel:
ELW 12-1 MHD
Tel:
LNA
Tel:
ÄLRD
Tel:
Leitstelle
Tel:
Fax:

4m-Kanal:
502 G/U
Führungsgruppe:
Füh. 1
DMO
Gruppe XY
TMO
Gruppe XY
Füh. 2
DMO
Gruppe XY
TMO
Gruppe XY
Rettungsdienst:
EA Rettung 1
DMO
Gruppe XY
TMO
Gruppe XY
EA Rettung 2
DMO
Gruppe XY
V 2.5/11-23

Bild 44: *Taktisches Arbeitsblatt EA MedRett BF Seite 1 (Quelle: Stadt Krefeld)*

Auf der zweiten Seite (▶ Bild 45) ist die strukturierte Vorgehensweise in diesem Einsatzabschnitt dargestellt. Sie kann als Checkliste und Führungsmittel zur Lagedarstellung zugleich genutzt werden. Insbesondere bei diesen sehr selten vorkommenden Einsatzlagen dienen solche Vorbereitungen als sinnvolle Unterstützung. Die Anwendung dieser Tools muss von den Einsatz- und Führungskräften nach erfolgter Ersteinweisung wiederkehrend geübt werden, auch wenn sie intuitiv bedienbar sind.

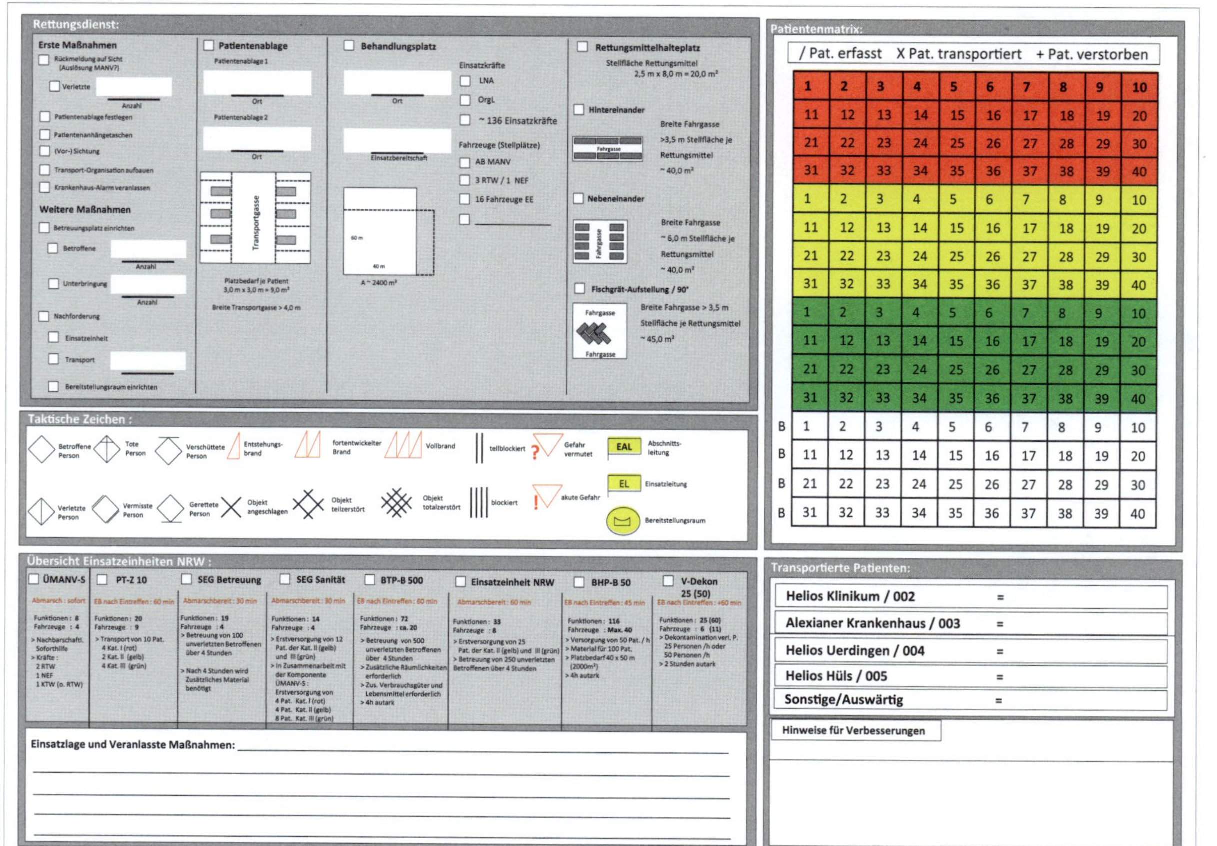

Rettungsdienst:

Erste Maßnahmen

- ☐ Rückmeldung auf Sicht (Auslösung MANV?)
  - ☐ Verletzte ______ Anzahl
- ☐ Patientenablage festlegen
- ☐ Patientenanhängetaschen
- ☐ (Vor-) Sichtung
- ☐ Transport-Organisation aufbauen
- ☐ Krankenhaus-Alarm veranlassen

Weitere Maßnahmen

- ☐ Betreuungsplatz einrichten
  - ☐ Betroffene ______ Anzahl
  - ☐ Unterbringung ______ Anzahl
- ☐ Nachforderung
  - ☐ Einsatzeinheit
  - ☐ Transport ______
  - ☐ Bereitstellungsraum einrichten

☐ **Patientenablage**

Patientenablage 1 ______ Ort

Patientenablage 2 ______ Ort

Transportgasse

Platzbedarf je Patient 3,0 m x 3,0 m = 9,0 m²

Breite Transportgasse > 4,0 m

☐ **Behandlungsplatz**

______ Ort

______ Einsatzbereitschaft

60 m

40 m

A ~ 2400 m²

Einsatzkräfte

- ☐ LNA
- ☐ OrgL
- ☐ ~ 136 Einsatzkräfte

Fahrzeuge (Stellplätze)

- ☐ AB MANV
- ☐ 3 RTW / 1 NEF
- ☐ 16 Fahrzeuge EE
- ☐ ______

☐ **Rettungsmittelhalteplatz**

Stellfläche Rettungsmittel 2,5 m x 8,0 m = 20,0 m²

☐ **Hintereinander**

Fahrgasse

Breite Fahrgasse >3,5 m Stellfläche je Rettungsmittel ~ 40,0 m²

☐ **Nebeneinander**

Fahrgasse

Breite Fahrgasse ~ 6,0 m Stellfläche je Rettungsmittel ~ 40,0 m²

☐ **Fischgrät-Aufstellung / 90°**

Fahrgasse

Breite Fahrgasse > 3,5 m Stellfläche je Rettungsmittel ~ 45,0 m²

Taktische Zeichen :

Übersicht Einsatzeinheiten NRW :

☐ ÜMANV-S	☐ PT-Z 10	☐ SEG Betreuung	☐ SEG Sanität	☐ BTP-B 500	☐ Einsatzeinheit NRW	☐ BHP-B 50	☐ V-Dekon 25 (50)
Abmarsch : sofort	EB nach Eintreffen : 60 min	Abmarschbereit : 30 min	Abmarschbereit : 30 min	EB nach Eintreffen : 60 min	Abmarschbereit : 60 min	EB nach Eintreffen : 45 min	EB nach Eintreffen : +60 min
Funktionen : 8 Fahrzeuge : 4 > Nachbarschaftl. Soforthilfe > Kräfte : 2 RTW 1 NEF 1 KTW (o. RTW)	Funktionen : 20 Fahrzeuge : 9 > Transport von 10 Pat. 4 Kat. I (rot) 2 Kat. II (gelb) 4 Kat. III (grün)	Funktionen : 19 Fahrzeuge : 4 > Betreuung von 100 unverletzten Betroffenen über 4 Stunden > Nach 4 Stunden wird Zusätzliches Material benötigt	Funktionen : 14 Fahrzeuge : 4 > Erstversorgung von 12 Pat. der Kat. II (gelb) und III (grün) > In Zusammenarbeit mit der Komponente ÜMANV-S : Erstversorgung von 4 Pat. Kat. I (rot) 4 Pat. Kat. II (gelb) 8 Pat. Kat. III (grün)	Funktionen : 72 Fahrzeuge : ca. 20 > Betreuung von 500 unverletzten Betroffenen über 4 Stunden > Zusätzliche Räumlichkeiten erforderlich > Zus. Verbrauchsgüter und Lebensmittel erforderlich > 4h autark	Funktionen : 33 Fahrzeuge : 8 > Erstversorgung von 25 Pat. der Kat. II (gelb) und III (grün) > Betreuung von 250 unverletzten Betroffenen über 4 Stunden	Funktionen : 116 Fahrzeuge : Max. 40 > Versorgung von 50 Pat. / h > Material für 100 Pat. > Platzbedarf 40 x 50 m (2000m²) > 4h autark	Funktionen : 25 (60) Fahrzeuge : 6 (11) > Dekontamination verl. P. 25 Personen /h oder 50 Personen /h > 2 Stunden autark

Einsatzlage und Veranlasste Maßnahmen: ______

Patientenmatrix:

/ Pat. erfasst X Pat. transportiert + Pat. verstorben

	1	2	3	4	5	6	7	8	9	10
	11	12	13	14	15	16	17	18	19	20
	21	22	23	24	25	26	27	28	29	30
	31	32	33	34	35	36	37	38	39	40
	1	2	3	4	5	6	7	8	9	10
	11	12	13	14	15	16	17	18	19	20
	21	22	23	24	25	26	27	28	29	30
	31	32	33	34	35	36	37	38	39	40
	1	2	3	4	5	6	7	8	9	10
	11	12	13	14	15	16	17	18	19	20
	21	22	23	24	25	26	27	28	29	30
	31	32	33	34	35	36	37	38	39	40
B	1	2	3	4	5	6	7	8	9	10
B	11	12	13	14	15	16	17	18	19	20
B	21	22	23	24	25	26	27	28	29	30
B	31	32	33	34	35	36	37	38	39	40

Transportierte Patienten:

Helios Klinikum / 002	=
Alexianer Krankenhaus / 003	=
Helios Uerdingen / 004	=
Helios Hüls / 005	=
Sonstige/Auswärtig	=

Hinweise für Verbesserungen

Bild 45: ***Taktisches Arbeitsblatt EA MedRett BF Seite 2 (Quelle: Stadt Krefeld)***

3.3.3 Einsatzkonzept für Bereitstellungsräume

Bereitstellungsräume dienen in einem Einsatz oder bei einer Großveranstaltung als Sammelpunkt für Einsatzmittel inklusive des Rettungsdienstes und ggf. Spezialkräften. Sie verhindern ein »Zufahren« der Einsatzstelle und ermöglichen so eine strukturierte Ordnung des Raumes an der Einsatzstelle selbst. Bereitstellungsräume sind mit einer Führungskomponente auszustatten und analog zu einem Einsatzabschnitt der Einsatzleitung zu unterstellen. Zunehmend mit der Größe eines Bereitstellungsraumes sind auch die Führungsmittel (z. B. ELW 2) anzupassen.

Anrückende Einsatzkräfte melden sich bei dem »Einsatzabschnittsleiter Bereitstellungsraum« an und erhalten über diesen gegebenenfalls ihren Einsatzbefehl – ausgehend vom Einsatzleiter. In einigen Einsätzen gibt es gesonderte Rettungsmittelhalteplätze (Definition aus der FwDV 100: »Der Bereitstellungsraum ist die Sammelbezeichnung für Orte, an denen Einsatzkräfte und Einsatzmittel für den unmittelbaren Einsatz oder vorsorglich gesammelt, gegliedert und bereitgestellt oder in Reserve gehalten werden«).

Grundsätzlich muss zwischen folgenden verschiedenen Plätzen unterschieden werden:

- Bereitstellungsraum: Ort, an dem die Einsatzkräfte und die Einsatzmittel gesammelt, gegliedert und bereitgestellt oder in Reserve gehalten werden.
- Sammelraum: Ort, an dem sich Einsatzkräfte und Einsatzmittel sammeln, um von dort zum Einsatz oder zu einem Bereitstellungsraum geführt zu werden.
- Rettungsmittelhalteplatz: Ort, an dem Rettungsmittel gesammelt werden, um von dort aus zum Transport von Patienten vom Behandlungsplatz oder direkt abgerufen zu werden.

In Bereitstellungsräumen können besondere Einsatzmittel in der Nähe des Einsatzortes vorgehalten werden, obwohl der konkrete Einsatz dieser Einsatzmittel bei der Alarmierung im Einzelfall noch gar nicht feststeht. So kann zum Beispiel vorsorglich ein Feuerwehrkran im Bereitstellungsraum alarmiert werden, um ihn als taktische Reserve gegebenenfalls zeitnah einsetzen zu können. Bei lang andauernden Einsätzen dienen Bereitstellungsräume einer geordneten Ablösung der Einsatzkräfte. Teilweise sind vor allem bei regionalen Planungen Anfahrtswege, Lotsenstellen und Bereitstellungsräume vorzuplanen und einzurichten.

Um die Verfügbarkeit überörtlicher Einheiten im Schadensgebiet zu gewährleisten, ist es bei der Heranführung dieser Einsatzkräfte zunächst notwendig, sie in Bereitstellungsräumen zu versammeln. Auf ▶ Bild 46 werden die taktischen Zeichen für Bereitstellungsräume aufgeführt.

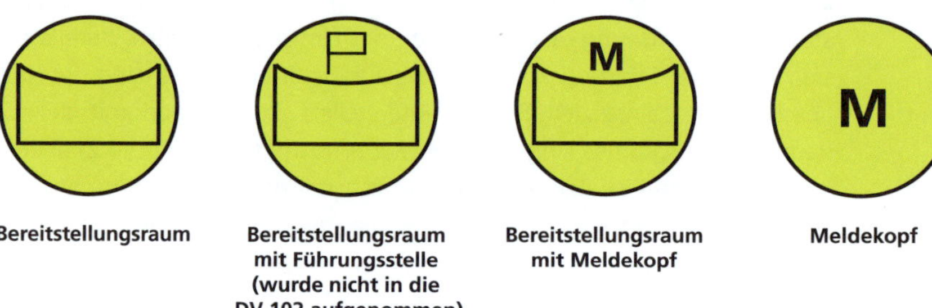

Bild 46: ***Taktische Zeichen für Bereitstellungsräume***

Neben der Verwendung des Begriffes »Haltepunkt« wird vereinzelt auch zwischen einem primären und sekundären Bereitstellungsraum unterschieden:

- Primärer Bereitstellungsraum: Bei unklaren Lagen oder beengten räumlichen Verhältnissen bietet sich die Einrichtung eines (primären) Bereitstellungsraumes an. Hier werden kurz vor der Einsatzstelle z. B. die DLK und ein 2. HLF und der RTW aufgestellt, während der ELW 1 und ein 1. HLF direkt zum Objekt vorfahren.
- Sekundärer Bereitstellungsraum: Rücken mehr als zwei Züge oder zusätzlich mehrere Sonderfahrzeuge zur Einsatzstelle aus, so ist ein (sekundärer) Bereitstellungsraum festzulegen. Hierzu eignen sich breite Straßen oder offene Plätze. Die Einsatzstelle soll vom Bereitstellungsraum aus gut zu erreichen sein. Fahrzeuge müssen dort aneinander vorbeifahren können, so dass sie auch einzeln abrufbar sind.

Ziele bei der Einrichtung von Bereitstellungsräumen:

- als (taktische) Reserve,
- Vorhaltung von Spezialkräften bzw. Spezialgerät in Einsatznähe,
- Verhinderung »Zufahren der Einsatzstelle«/(Ordnung des Raumes),
- gezieltes Einsetzen von Einsatzkräften zum richtigen Zeitpunkt,
- vorteilhaft für Ortsunkundige (externe) Einsatzkräfte (BR sollen leicht auffindbar sein),
- Vorbereitung einer geordneten Ablösung von Einsatzkräften,

- Unterbindung des unkoordinierten Tätigwerdens eingetroffener Einsatzkräfte ohne Einsatzauftrag,
- Sicherstellung Grundschutz von der Einsatzstelle aus, wenn die Einsatzlage dies zulässt,
- Führen von Kräfteübersichten,
- Bereitstellungsräume können als zentraler Versorgungspunkt aller Einsatzkräfte dienen.

Die Einsatzplanung muss im Vorfeld mehrere geeignete Orte auswählen, die die nachfolgend aufgeführten Anforderungen erfüllen und die sich zudem an verschiedenen Stellen im Ausrückebereich befinden. So kann bei einem großen Brandeinsatz oder einem Gefahrstoffaustritt sichergestellt werden, dass keine Auswirkungen vom Schadensereignis auf diese Plätze bestehen, da verschiedene Bereitstellungsräume zur Auswahl stehen.

Anforderungen und Eigenschaften bei der Vorplanung von Bereitstellungsräumen:

- ausreichend Platz (50 Fahrzeuge benötigen ca. 1 500 bis 2 000 m^2),
- keine behindernden Barrieren,
- leicht auffindbar,
- gute Verkehrsanbindung,
- An- und Abfahren möglich (idealerweise an zwei unterschiedlichen Stellen als Ein- und Ausgang),
- idealerweise stehen sanitäre Einrichtungen bereits zur Verfügung (z. B. Autobahnraststätte oder Parkplatz eines Fußballstadions),
- Vorhandensein einer Internetverbindung (bzw. deren Zugangsmöglichkeit),
- ggf. vorhandene Telekommunikation (z. B. Pförtnerhäuschen) aufnehmen,
- ggf. vorhandene Stromversorgung aufnehmen (inkl. Leistung und Absicherung),
- ggf. Möglichkeit der Kraftstoffbetankung aufnehmen (z. B. Autobahnraststätte, inkl. Abwicklung einer möglichen Bezahlung der Kraftstoffkosten),
- Ansprechpartner des Eigentümers (bei privaten Grundstücken/bei öffentlich rechtlichen Grundstücken der zuständige Fachbereich inkl. Erreichbarkeit),
- Nutzung ggf. bereits vorhandener Objektpläne,

- Besonderheiten, wie zum Beispiel von der Feuerwehr öffenbare Schranken etc.),
- ggf. Vorgabe der Aufstellung der Fahrzeuge (siehe nachfolgende Möglichkeiten).

Linienparkposition

Die Aufstellung in Linienparkposition hat folgende Eigenschaften:

- Aufstellen ohne Rückwärtsfahren,
- Züge geschlossen aufstellbar,
- leicht kommunizierbar,
- leicht umsetzbar,
- effektive Platznutzung,
- Erreichbarkeit einzelner Fahrzeuge nur eingeschränkt,
- Ausrücken in vorgegebener Reihenfolge.

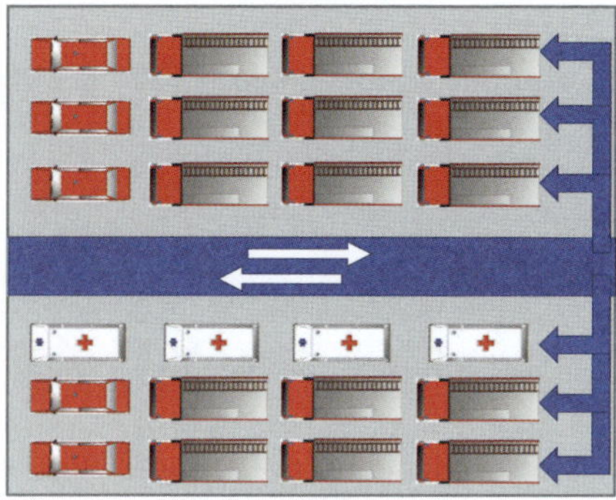

Bild 47: ***Aufstellung in Linienparkposition***

Fischgrätenparkposition

Die Aufstellung in Fischgrätenparkposition hat folgende Eigenschaften:

- Aufstellen ohne Rückwärtsfahren,
- Züge stehen »verteilt«,
- schwerer kommunizierbar,
- schwerer umsetzbar,
- effektive Platznutzung nur bei genauer Ausrichtung,
- Erreichbarkeit von Fahrzeugen etwas eingeschränkt,
- Ausrücken einzelner Fahrzeuge möglich (je nach Position).

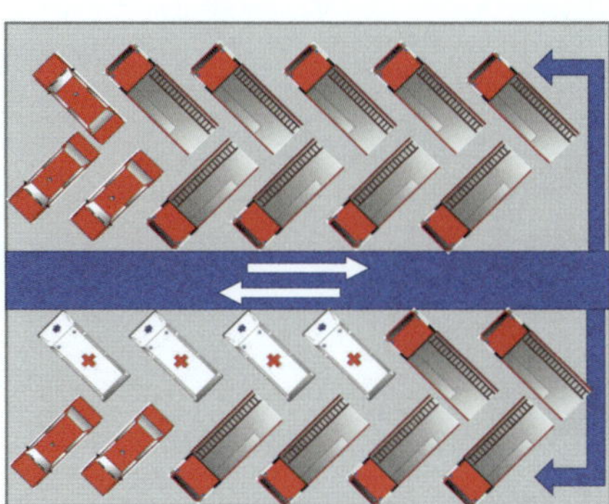

Bild 48: ***Aufstellung in Fischgrätenparkposition***

Einzelaufstellung

Die Einzelaufstellung hat folgende Eigenschaften:

- Aufstellen ohne Rückwärtsfahren,
- jedes Fahrzeug einzeln ausrückbar,
- leicht kommunizierbar/teilweise ohne Führung bzw. Einweisung möglich,
- leicht umsetzbar,
- keine effektive Platznutzung,
- gute Möglichkeit, wenn Platz keine Rolle spielt,
- schnellste Art der Aufstellung.

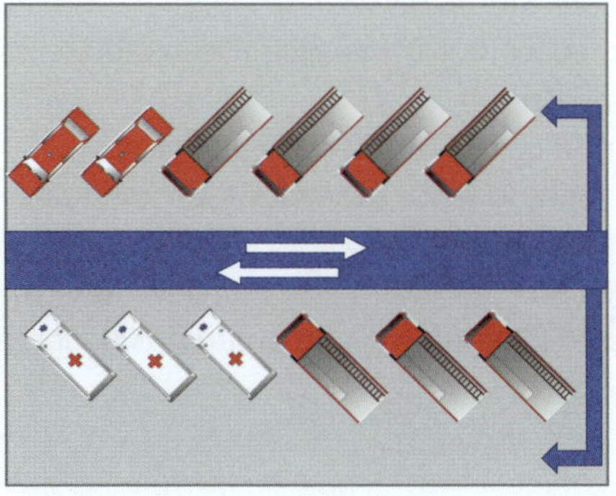

Bild 49: ***Aufstellung in Einzelparkposition***

Aufstellung im Mischsystem

Die Aufstellung im Mischsystem hat folgende Eigenschaften:

- Aufstellen ohne Rückwärtsfahren,
- Züge teilweise geschlossen,
- nur die erforderlichen Fahrzeuge sind einzeln ausrückbar,

- Aufwand für Zuordnung zu »Linie« oder »einzeln«,
- nicht die effektivste Platznutzung.

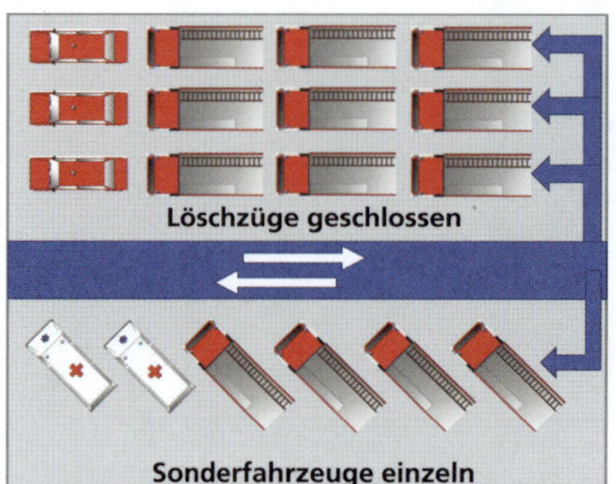

Bild 50: ***Mischsystem***

Nach Abschluss der Planung der Bereitstellungsräume sollten entsprechende Einsatzunterlagen in mehrfacher Ausführung erstellt werden mit folgendem möglichen Inhalt:

- Übersichtsplan Ausrückebereich mit allen beplanten Bereitstellungsräumen (BR) und ggf. überregionalen BR mit Angabe des Maßstabes,
- Detailplan jedes einzelnen BR mit Angabe des Maßstabes,
- Checkliste für den Führer des BR mit Aufgaben etc.,
- Liste für die Führung der Kräfteübersicht,
- Übersicht Funkrufnamen im Ausrückbereich (Fleetmapping) zur Erleichterung der Ansprechbarkeit,
- Liste Einsatzmittel für BR (z. B. AB-Aufenthalt, Zelte etc.),
- Möglichkeit der Lageführung (takt. Arbeitsblatt etc., ▶ Kapitel 3.2.3),
- Übersicht Führungsorganisation,
- Festlegung einzusetzender Führungsmittel (z. B. ELW-Reserve),
- bei Vorhandensein einer Internetverbindung deren Zugangsmöglichkeit,
- Maßstabslineal,
- Schreibutensilien.

Diese Unterlagen sollten geschlossen in einer Mappe zur Verfügung stehen, um sie bei Notwendigkeit schnell übergeben zu können.

3.3.4 Einsatzkonzept für Veranstaltungen

Konzept für Brandsicherheitswachdienste

Veranstaltungen, bei denen mit einer erhöhten Brandgefahr zu rechnen ist und bei Ausbruch eines Brandes ggf. eine größere Anzahl von Menschen gefährdet werden können, erfordern die Anwesenheit eines Brandsicherheitswachdienstes. Neben Theatern, Messen, Volksfesten, Sportveranstaltungen sind weitere Veranstaltungen mit einem Gefahrenpotential denkbar. Veranstalter sind verpflichtet, der Stadtverwaltung/Feuerwehr (oder Brandschutzdienststelle) derartige Veranstaltungen mitzuteilen. Über das Erfordernis einer Brandsicherheitswache wird ggf. im Einzelfall entschieden.

Grundsätzlich unterscheiden Theater sich von den »anderen Objekten« in zwei Punkten. Zum einen ist der anlagentechnische Brandschutz eines Theaters deutlicher umfangreicher als zum Beispiel in einer Sportstätte. Die Anforderungen an den Brandsicherheitswachdienst sind damit deutlich höher. Zum anderen finden in Theatern wiederkehrend Veranstaltungen bei ähnlichen Rahmenbedingungen statt. Es ist daher erforderlich, für Theater tiefergehendere Regelungen und Konzepte im Vorfeld zu erstellen, verglichen mit einmaligen Veranstaltungen. Die anlagentechnischen Brandschutzeinrichtungen werden vom Vorbeugenden Brandschutz (VB) gefordert. Bei der Konzepterstellung des Brandsicherheitswachdienstes sollte die Einsatzplanung daher intensiv mit dem VB zusammenarbeiten.

Folgende anlagentechnische Brandschutzeinrichtungen können in Theatern vorhanden sein:

- Eiserner Vorhang (Trennung zum Schutz des Zuschauerraumes gegenüber der Bühne),
- Rauch- Wärmeabzugsanlage (RWA),
- Brandmeldeanlage (BMA),
- Elektrische Lautsprecheranlage mit Sprechstelle,
- Sprinkleranlagen,
- Löscheinrichtungen.

Im weiteren Sinne sind auch Feuerlöscher und die Sicherstellung der Sprechfunkverbindung zur Leitstelle (beispielhaft durch eine Objektfunkanlage) in diesem Kontext zu nennen. In den Brandschutzgesetzen, Sonderbauordnungen und entsprechenden Erlassen, gibt es zu diesem Thema in den jeweiligen Bundesländern weitergehende Vorgaben und Hinweise, die zu berücksichtigen sind. In einzelnen

Bundesländern stehen Musterdienstanweisungen zur Verfügung, die als Grundlage genutzt werden können.

Der Brandsicherheitswachdienst wird oftmals durch die Feuerwehr gestellt. Ferner wären auch zertifizierte Brandschutzhelfer oder Brandschutzbeauftragte zur Durchführung qualifiziert, wenn die Regelungen im jeweiligen Bundesland dies zulassen. Das Konzept muss hier konkrete Anforderungen beinhalten. Die Brandsicherheitswache hat die Aufgabe, vor Beginn der Veranstaltung die Freihaltung von Rettungswegen und die Funktionsfähigkeit des anlagentechnischen Brandschutzes zu überprüfen. Bei Eintritt einer Gefahr sind unmittelbar erste Maßnahmen des abwehrenden Brandschutzes inkl. der Nachalarmierung durchzuführen und eine sichere Räumung des Gebäudes zu veranlassen. Aufbauend auf die baulichen Gegebenheiten eines Theaters und deren anlagentechnische Brandschutzausstattung sind individuelle Konzepte für den Brandsicherheitswachdienst erforderlich.

Einfließende Faktoren sind:

- bauliche Gegebenheiten (Größe des Theaters, Ort, Anfahrtsmöglichkeiten, Aufstellflächen für die Feuerwehr etc.),
- anlagentechnische Brandschutzausstattung (Eiserner Vorhang etc.),
- Anzahl der Gäste bzw. Besucherplätze,
- Rettungswegsituation (nach Bauordnung immer sichergestellt),
- Informationswege innerhalb des Theaters (Aufenthaltsort des Inspizienten, Möglichkeit für die Durchführung von Durchsagen über eine Lautsprecheranlage),
- Besonderheiten der Veranstaltungen (offenes Feuer/Pyrotechnik/Feuerwerk).

Der Inhalt des Konzeptes sollte folgende Punkte regeln:

- Stärke (in der Regel 0/1/1/2),
- Dienstkleidung,
- Ablauf der An- und Abmeldung,
- Aufenthaltsort während der Veranstaltung (zum Beispiel neben dem Inspizienten der Veranstaltung),
- Beginn und Ende des BSW,
- Ausrüstung,
- Aufgaben konkret (z. B. Festlegung eines dezidierten Kontrollganges, Absprache besonderer Gefahren der jeweiligen Veranstaltung mit dem Veranstalter),
- Checklisten zur Kontrolle oder zur Dokumentation (Nachweis),

- Pläne über Kontrollrouten,
- Feuerwehrplan des Objektes,
- Rettungspläne,
- besondere Einsatzpläne,
- Dokumentation (Einsatzbericht oder besonderer BSW-Bericht) inkl. Mängel und Kontrolle der Abstellung (zum Beispiel durch Weitergabe an das Sachgebiet Vorbeugender Brandschutz).

3.3.5 Sonstige Einsatzkonzepte

Folgende Einsatzkonzepte werden in diesem Kapitel nachfolgend betrachtet:

- Einsatzkonzept für besondere Wetterlagen,
- Hygienekonzept für Einsatzstellen,
- Konzept für die Durchführung von (Human-)Biomonitoring für Einsatzkräfte,
- Einsatzkonzept Museum, Laufkarten zur Bergung von Gemälden,
- Einsätze auf (Binnen-)Schiffen.

Einsatzkonzept für besondere Wetterlagen

Besondere Wetterlagen, wie zum Beispiel Starkregen, Gewitter, Sturm, Blitzeis o. ä. bedeuten auch für die Feuerwehr eine besondere Herausforderung. Oftmals entstehen dadurch sehr viele, zum Teil kleinere, Einsatzlagen in einer sog. »Flächenlage«. Neben der Vielzahl der Einsätze stellen diese Ereignisse oft in der Einsatzdauer eine besondere Herausforderung für die Feuerwehren dar. Betreiber von Störfallanlagen sind nach Bundesimmissionsschutzgesetz und Störfallverordnung verpflichtet, die nach den Technischen Regeln für Anlagensicherheit (TRAS 310) besonderen Vorkehrungen und Prüfungen für den Eintrittsfall von Hochwasser, Starkregen oder den massiven Anstieg des Grundwassers zu treffen. Darin werden neben der Umsetzung organisatorischer Maßnahmen auch technische Überprüfungen der Anlagen gefordert. Auch die Einsatzplanung der Feuerwehr sollte besondere Vorkehrungen für diese Ereignisse treffen und in der Leitstelle hinterlegen.

Einige Extremwetterlagen kündigen sich durch Wettervorhersagen an und können über eine gezielte Abfrage der Leitstelle beim Deutschen Wetterdienst tiefergehend prognostiziert werden. Viele Feuerwehren erstellen für diese Szenarien besondere

Einsatzpläne. Spätestens nach dem Starkregenereignis im Ahrtal im Juli 2021 mit verheerenden Folgen für die Menschen sind diese Pläne auch Beleg für strukturierte Vorplanungen. Feuerwehren mit Sitz am Rhein sind im Umgang mit Pegelwerten und dem systematischen schrittweisen »Hochfahren von Maßnahmen« vertraut.

Folgende Indikatoren können als Schwellenwerte für eine Informationsweitergabe oder Einleitung von Maßnahmen beispielhaft dienen:

- Warnstufe des DWD,
  - Stufe 1: Amtliche Warnungen (gelb),
  - Stufe 2: Amtliche Warnung vor markantem Wetter (orange),
  - Stufe 3: Amtliche Unwetterwarnung (rot),
  - Stufe 4: Amtliche Warnung vor extremem Unwetter (violett),
- Pegelstände, wie z. B. Rheinpegel,
- Außentemperaturen (»tiefst« oder »höchst«),
- sprunghafte Temperaturänderungen,
- Hagel mit direkten Schäden,
- Schneefallmenge in cm/Stunde,
- Starkregenmenge in l/m^2 pro Stunde,
- Windgeschwindigkeiten,
- Anzahl der bereits laufenden Feuerwehreinsätze,
- Warnmeldungen und Anordnungen übergeordneter Behörden.

Anhand dieser Schwellen können dann stufenweise Maßnahmen vorgeplant werden.

Die Maßnahmen hängen sehr stark vom Ereignis selbst ab und sollten in Korrelation gesetzt werden. Ferner sind bei der Festlegung von Maßnahmen verantwortliche Rollen zu benennen. Die Bewertung der Wetterlage könnte z. B. die Aufgabe eines Lagedienstführers sein. Dazu können beispielsweise gehören:

- Eigensicherung der Feuerwachen und Gerätehäuser,
  - Kontrolle der Regeneinläufe (Beseitigung von Unrat im Einlauf o. ä.),
  - Schließen von Fenstern,
  - Sicherung potenziell herumfliegender Teile,
  - Sicherung der Verkehrswege im Außenbereich (z. B. Streusalz o. ä.),
- Aufnahme besonderer Hinweise in Lagemeldungen,

- Abfrage dienstfreier Kräfte über deren Verfügbarkeit (ggf. auch in den Feuerwehren der Nachbarstädte),
- vorausschauende Erhöhung der Wachstärke (Rettungsdienst, Einsatzpersonal Feuerwehr und/oder Leitstelle),
- Besetzung zusätzlicher (besonderer) Fahrzeuge,
- Besetzung eines Gerätelagers für evtl. besondere Herausgaben,
- Organisation von Erkundern auf KdoW oder PKW,
- Voreinteilung der Ausrückebereiche in Einsatzabschnitte inkl. Zuständigkeiten,
- vorausschauende Planung eines Verpflegungseinsatzes der Einsatzkräfte,
- Erhöhung des Grundschutzes durch Alarmierung von Einheiten,
- Erhöhung der Anzahl der Führungsdienste in Präsenz an der Feuerwache (zum Beispiel inkl. Anbietung eines Homeoffice-Arbeitsplatzes),
- Abwurf des Tagesgeschäftes einer Leitstelle durch die Kommunikation mittels vorher festgelegter Sprachkonserven für bestimmte Rufnummern,
- Information anderer Fachbereiche innerhalb der Stadtverwaltung,
- Auffüllen oder Sondervorhaltung bestimmter Geräte, wie z. B. Motorkettensägen oder Tauchpumpen etc. über die Lieferanten,
- Einberufung des Einsatzleiterstabes (Führungsstufe D),
- Einberufung des Krisenstabes durch die zuständige Stelle.

Bei der Festlegung der jeweiligen Maßnahme sind Dauer und Vorlaufzeit zu berücksichtigen.

Hygienekonzept für Einsatzstellen

Ein Hygienekonzept sollte in erster Linie für den Brandeinsatz wie auch den Gefahrguteinsatz erstellt werden. Hygienekonzepte sind nachgelagert zu einer ggf. erforderlichen Dekontamination zu sehen. Nach der FwDV 500 ist eine Inkorporation auszuschließen. Eine Kontamination ist zu vermeiden bzw. so gering wie möglich zu halten. Beide Grundsätze finden Anwendung für Dekontamination und anschließende Hygiene und gelten nicht nur im ABC-Einsatz, sondern sollten auch für den Umgang mit Brandrauch und weiteren Expositionen selbstverständlich sein. Während sich die Dekontamination mit der systematischen Entfernung von gefährlichen Substanzen per Definition von Personen (Einsatzkräfte oder Verletzte bzw. Betroffene), Ausrüstungen und Geräten befasst, geht es bei der Hygiene um die Gesundheit der Einsatzkräfte, vom Entfernen von Krankheitserregern bis hin zur schlichten Umsetzung von Maßnahmen für die Körperhygiene (Duschen und Reinigen nach stark körperlich belastenden Einsätzen) und der nachfolgenden Sicherstellung der Bekleidung.

Das Thema Hygiene im Feuerwehreinsatz gewinnt zunehmend an Bedeutung. Viele Städte nehmen das Thema im Brandschutzbedarfsplan auf und legen verbindliche Maßnahmen für die Feuerwachen und Einsatzstellen im Rahmen eines Versorgungskonzeptes fest; die Initiative »FeuerKrebs« betreibt Lobbyarbeit zu diesem Thema auf verschiedenen Ebenen. Das Forschungsvorhaben »Humanbiomonitoring von Feuerwehreinsatzkräften bei Realbränden« der DGUV hat verschiedene Strategien und Verhaltensweisen entwickelt, um eine wirksame Expositionsvermeidung im Einsatz zu erreichen. Im Anschluss an das Forschungsvorhaben hat die vfdb im Jahr 2020 ein Merkblatt »Empfehlung für den Feuerwehreinsatz zur Einsatzhygiene bei Bränden herausgegeben«. Darin enthalten sind unter anderem Entscheidungshilfen für den Einsatzleiter zur Bewertung des Kontaminationsrisikos. Brandrauch enthält giftige und in der Regel auch krebserregende Substanzen. Die Inhaltsstoffe des Brandrauches hängen in erster Linie vom brennbaren Stoff selbst aber auch vom Ablauf des Verbrennungsvorganges ab. Diese können als Atemgifte oder durch Ruß bei direkter Kontamination auf der Haut schädigend wirken und langfristig das Risiko erhöhen, an einer Krebserkrankung zu erkranken. Gegen Atemgifte schützen sich vorgehende Trupps durch umluftunabhängigen Atemschutz. Die Einsatzkleidung schützt gegen Kontamination.

Eine Vielzahl an Gründen kann dennoch nicht ausschließen, dass eine Exposition der Einsatzkraft erfolgen kann:

- Aufenthalt ohne Atemschutz im Freien bei Exposition durch Brandrauch (drehender Wind, Versagen eines Filters etc.),
- Kontamination mit Ruß auf der ungeschützten Haut (ungeschützte Hautflächen z. B. Übergang zwischen Ärmel und Handschuh, Fehlerhaftes Vorgehen beim Entkleiden etc.),
- Änderungen der Windrichtung oder der Windgeschwindigkeit,
- fehlerhafte Einsatzstellenhygiene,
- Versagen oder Durchschlagen der Schutzkleidung.

Eine Fachempfehlung des DFV und der AGBF (Bund) enthält konkrete Hinweise und Handlungsempfehlungen (Technische und organisatorische Maßnahmen, Hinweise zur Ausrüstung und zum Vorgehen im Einsatz), die beim Aufstellen eines Hygienekonzeptes unterstützend herangezogen werden können.

Ziele/Anforderungen:

- First-Level Hygiene vom Händewaschen bis zur erweiterten Reinigung (Handwaschbecken mit Kalt- und Warmwasser, Seife, Desinfektionsmittel, Handschutzcreme, Papierhandtücher, Aufnahme des Waschwassers, Müllsäcke etc.),
- schnellstmögliches Entfernen von Rußpartikeln o. ä. von der Haut,
- Schwarz-Weiß Trennung vor Ort an der Einsatzstelle verbunden mit einer niederschwelligen Verhinderung einer Kontaminationsverschleppung,
- Aufnahme kontaminierter Einsatzkleidung in geschlossene Hygienesäcke zur weiteren Reinigung inkl. Dokumentation,
- Ermöglichung einer angemessenen Körperreinigung,
- Bereithaltung von Ersatzkleidung für die Einsatzkräfte (Unterwäsche, Socken, Trainingsanzüge oder Einsatzkleidung für erneuten Einsatz etc.).

Die Umsetzung sollte neben der Bereitstellung der Ausrüstung direkt im Löschzug (Hygieneboards) auch für große Einsatzstellen als Logistikunterstützung an zentraler Stelle erfolgen. Hier sind Rollwagen zum Beispiel für einen GW-Atemschutz oder AB-Atemschutz oder einen AB Aufenthalt denkbar. Alternativ könnte auch ein eigener AB-Hygiene vorgehalten werden. In einem Hygienekonzept sollte auch die Aufstellung an der Einsatzstelle (Ablauf, Ort etc.) festgelegt werden. Neben der Hygieneausrüstung ergeben sich bei lange andauernden Einsätzen auch Fragestellungen nach der Bereitstellung von Toiletten an der Einsatzstelle.

Konzept für die Durchführung von (Human-)Biomonitoring für Einsatzkräfte

Gefahrstoffexpositionen können für die Einsatzkräfte weder beim Brandeinsatz noch im ABC-Einsatz gänzlich ausgeschlossen werden. Dabei werden oftmals unbemerkt Stoffe in geringen Konzentrationen aufgenommen. Eine schädigende Wirkung im Körper ist nur sehr schwer zu beurteilen. Viele Stoffe bzw. Stoffwechselprodukte werden innerhalb von Stunden bis Tagen über die Niere ausgeschieden, andere Stoffe werden Monate bis Jahre im Körper gespeichert und können langfristig schädigend wirken.

Durch eine Vielzahl von Ursachen kann es zu einer Gefahrstoffexposition kommen:

- Menschenrettung unter Eigengefährdung,
- Exposition durch Brandrauch,

- Kontamination durch Ruß,
- Änderung der Windrichtung oder der Windgeschwindigkeit,
- fehlerhafte Einsatztaktik,
- fehlerhafte Hygiene,
- fehlerhafte Dekontamination,
- schlagartige Freisetzung (z. B.: Aufreißen eines Tanks, Explosion),
- Atemfilter können durchschlagen oder versagen,
- direkter Kontakt zu fluorhaltigem Schaummittel im Wachbetrieb oder an der Einsatzstelle,
- Ausbreitung und Kontamination mit Brandrauch/Ruß,
- Versagen oder Durchschlagen der Schutzkleidung.

Nach § 3 des Arbeitsschutzgesetzes sind Arbeitgeber generell verpflichtet, »eine Verbesserung von Sicherheit und Gesundheitsschutz der Beschäftigten anzustreben«. Feuerwehren gelten in diesem Gesetz als Arbeitgeber. Die FwDV 500 empfiehlt neuerdings die Durchführung eines geeigneten Biomonitorings für Einsatzkräfte, wenn es aufgrund einer möglichen Exposition zur Aufnahme von Gefahrstoffen in den Körper kommen könnte: »Biomonitoring ist eine regelmäßig oder einsatzbezogen stattfindende arbeitsmedizinische Untersuchung von humanbiologischen Materialien, wie z. B. Blut oder Urin, auf ABC-Gefahrstoffe oder deren Abbauprodukte«. Für einige Gefahrstoffe macht nur der Nachweis im Blut Sinn, bei anderen sollte das Stoffwechselprodukt im Urin nachgewiesen werden; dann gibt es Stoffe, bei denen man die Wahl hat, ob Blut oder Urin genommen wird. Die Beurteilungswerte sind in der TRGS 903, TRGS 910 sowie der MAK-BAT-Werte-Liste der Deutschen Forschungsgemeinschaft (DFG) zu entnehmen.

Bei einem Einsatzbezogenen Biomonitoring wird nach dem Ereignis Urin genommen, wenn ein konkreter Expositionsverdacht besteht und auf die im Ereignis wesentlichen Gefahrstoffe (bei Gefahrstoffaustritt) bzw. »Brand-Gefahrstoffe« untersucht. Die betreffenden Stoffe werden nur im Urin und nicht im Blut bestimmt. Eine Probenahme Urin ist für die Praxis wesentlich besser umsetzbar und selbst im Rahmen eines großen Einsatzes möglich, wenn im Vorfeld dafür von der Einsatzplanung ein Konzept aufgestellt und umgesetzt wird. Die Feuerwehren müssen sich auf die Durchführung des Biomonitoring vorbereiten, da die Urinprobennahme bereits ein bis sechs Stunden nach Exposition abgegeben werden muss. Die Urinprobe selbst kann dann viel später in einem geeigneten Labor untersucht werden. Die anschließende Beurteilung muss von einem geeigneten Toxikologen durchgeführt werden. Zu einem späteren Zeitpunkt ist die Wahrscheinlichkeit groß, dass der menschliche Körper einige Stoffe bereits wieder ausgeschieden hat und somit die Expositionshöhe nicht mehr beurteilt werden kann.

Die folgenden Punkte können bei der Erstellung eines Konzeptes für Biomonitoring helfen:

1) Suche und Beteiligung eines fachkundigen Toxikologen (für Biomonitoring) im Umfeld an der Konzepterstellung.
2) Ebenfalls Beteiligung der Ärztlichen Leitung Rettungsdienst und der betreuenden Arbeitsmedizin der Feuerwehr.
3) Feststellung der Leistungsfähigkeit des Labors bzw. deren Leistungsgrenzen.
4) Bei Exposition durch Brandrauch: Untersuchung der Proben auf Acrolein, Benzol, Kresole (o-, m- und p-) sowie polyaromatisierte Kohlenwasserstoffe.
5) Festlegung der Kriterien (Schwellen), ab wann ein Biomonitoring durchgeführt werden soll, und wer dies entscheiden darf (Größe Kontaminationsfläche Ruß, Alarmstufe, Einsatzstichwort, Festlegung »Entscheider« Führungsebene etc.).
6) Erstellung eines Fragebogens für Einsatzkräfte, um Ärzten und Toxikologen den Ablauf der Exposition zu veranschaulichen (Datenschutz beachten).
7) Festlegung des Prozesses der Probennahme, der Datenerhebung (Fragebogen), der Zwischenlagerung der Proben und der Übergabe an ein Labor und Abstimmung mit Betriebsmediziner und Toxikologen.
8) Beschaffung der Ausrüstung (Weithalsflaschen, Aufkleber, Formulare, Transportboxen, Kühlschrank etc.).
9) Durchführung und Auswertung eines Praxistests.
10) Einführung und Schulung.

Einsatzkonzept »Museum«, Laufkarten zur Bergung von Gemälden

In Museen, Schlössern, Bibliotheken, Archiven, Galerien, und Kirchen werden oftmals hochwertige Kunstobjekte oder Dokumente ausgestellt oder gelagert. Im Brandfall können diese bereits durch geringe Mengen an Brandrauch oder Löschwasser beschädigt werden. Neben der Rettung von Menschenleben aus diesen Gebäuden und der Abwendung von Gefahren gehört auch der Schutz von Sachwerten zu den Aufgaben der Feuerwehr. Beispielhaft wird im Folgenden ein Plan für ein Museum betrachtet. Die Punkte sind aber in weiterem Sinne auch auf Bibliotheken, Archive, Galerien und Kirchen übertragbar. Um im Einsatzfall diese Kulturgüter in Sicherheit bringen zu können, erfordert es einen Einsatzplan, der nur gemeinsam mit Mitarbeitern des Museums erstellt werden kann. Oftmals erfordern derartige Pläne eine Vorbereitung innerhalb des Museums in Bezug auf folgende Fragestellungen:

- Wie können gegen Diebstahl gesicherte Kunstobjekte von der Feuerwehr gelöst werden?
- Dürfen die Kunstobjekte mit Feuerwehrschutzhandschuhen angefasst werden oder erfordert es hier andere Lösungen?
- Werden besondere Werkzeuge, Geräte oder Hilfsmittel benötigt? (Z. B.: Kisten, Schutzfolien, Vakuumsauger, Rollwagen, Sackkarren, Hubwagen, Luftbefeuchter, Trocknungsgeräte, Lagercontainer etc.)
- Bei einer Horizontalrettung der Kunstobjekte (vergleiche Krankenhaus) in andere Rauch- oder Brandabschnitte sind ggf. technische Geräte und Hilfsmittel erforderlich. Diese Geräte müssen vom Museum zur Verfügung gestellt werden und für die Feuerwehr ohne Zeitverzug zugänglich sein.
- Ist das alleinige Lösen durch die Feuerwehr ohne Mitarbeiter des Museums möglich? (Stichwort »Atemschutzgeräteträger«)
- Welche alternativen Lagerräume kommen in Betracht? Welche Anforderungen gibt es dazu? (Klimatisierung, Luftfeuchtigkeit, Raumtemperatur, UV-Licht etc.)
- Ist die Lagerung der Kunstobjekte in einem Lagercontainer geplant, so ergeben sich viele weitere Fragestellungen entsprechend.
- Wer steht einer anrückenden Feuerwehr im Einsatzfall als Einweiser beratend zur Verfügung? Welche Fachkenntnisse benötigt diese Person? Gibt es eine ständig besetzte Stelle?
- Welche Kunstobjekte sollen als erstes gerettet werden? Wie ist die Reihenfolge insgesamt?
- Welche Kunstobjekte können nicht gerettet werden und müssen vor Ort bleiben?
- Welche Dokumentation ist im Einsatzfall notwendig? Könnte diese ggf. von eigenem Personal durchgeführt werden?
- Welche Personen oder Fachleute sind zusätzlich vor Ort erforderlich? (Z. B.: Restauratoren, Hausmeister, Brandschutzbeauftragte, Museumsleitung etc.)
- Sind Versicherer ggf. mit einzubinden?

Der Gesamtverband der Deutschen Versicherungswirtschaft hat einen Leitfaden für die Erstellung von Evakuierungs- und Rettungsplänen für Kunst und Kulturgut erstellt, der bei der VDS Schadenverhütung GmbH kostenlos erhältlich ist. Hier sind weitere Hinweise enthalten, die bei der Erstellung eines Einsatzplanes unterstützend genutzt werden können. Folgende Angaben sind in einem Einsatzplan erforderlich:

- Raumübersicht zum Auffinden den Objektes,
- Name des Bildes oder Kunstobjektes (ggf. Beschriftung am Objekt),
- Gewicht,
- Größe,
- technische Geräte, die vom Museum zur Verfügung gestellt werden können (z. B.: Kisten, Folien, Rollwagen, Sackkarren, Hubwagen etc.) mit Angabe des Aufbewahrungsortes,
- Diebstahlschutz und Möglichkeiten des Öffnens,
- Kunstobjekte, die nicht an andere Stelle verbracht werden können und vor Ort bleiben müssen. Dies kann erheblichen Einfluss auf die Einsatztaktik haben,
- Alarmanlage,
- Brandabschnitte,
- Rauchabschnitte.

Neben den Einzelplänen, die sinnvollerweise für jedes zu rettende Kunstobjekt erstellt werden, sollte ein Feuerwehrplan nach DIN 14095 zusätzlich erstellt werden.

Im unteren rechten Feld (▶ Bild 51) können im Einsatz Angaben der Umsetzung eingefügt werden. Der Einsatzplan dient somit auch als Checkliste, der die Umsetzung dokumentiert, wenn alle Pläne anschließend an einer zentralen Stelle gesammelt werden. Zusätzlich sollte eine Gesamtliste erstellt werden, in der alle Kunstobjekte aufgelistet sind und nach Verbringung an einen anderen Ort die Angaben eingefügt werden können.

Nach dem Einsturz des Stadtarchives in Köln wurde im Jahr 2020 ein neuer Abrollbehälter Kulturgutschutz in Dienst genommen. Er dient als mobiler Arbeitsraum oder als Lager in begrenztem Umfang. Die Feuerwehr bringt den AB mit einem WLF zur Einsatzstelle. Betrieben wird dieser dann von Restauratoren und weiteren Fachkräften. Im Rahmen des Hochwassers im Juli 2021 wurde dieser überörtlich am Stadtarchiv in Stolberg und später in Ahrweiler erfolgreich eingesetzt. In Weimar wurde 2019 ein Gerätewagen Kulturschutzgut (GW-K) für die Feuerwehr beschafft und in Dienst gestellt. Dieser ist speziell für den klimatisierten Transport sensibler Kulturgüter ausgelegt.

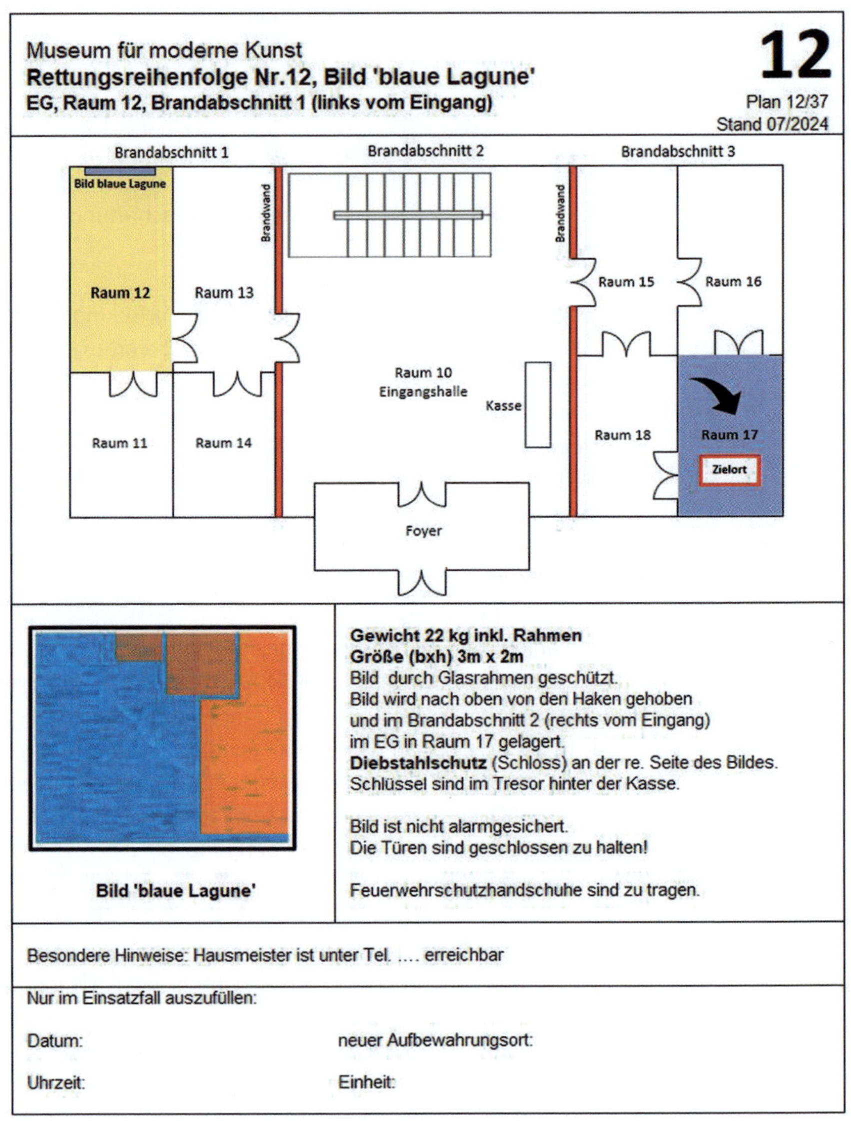

Museum für moderne Kunst
Rettungsreihenfolge Nr.12, Bild 'blaue Lagune'
EG, Raum 12, Brandabschnitt 1 (links vom Eingang)

12
Plan 12/37
Stand 07/2024

Gewicht 22 kg inkl. Rahmen
Größe (bxh) 3m x 2m
Bild durch Glasrahmen geschützt.
Bild wird nach oben von den Haken gehoben
und im Brandabschnitt 2 (rechts vom Eingang)
im EG in Raum 17 gelagert.
Diebstahlschutz (Schloss) an der re. Seite des Bildes.
Schlüssel sind im Tresor hinter der Kasse.

Bild ist nicht alarmgesichert.
Die Türen sind geschlossen zu halten!

Feuerwehrschutzhandschuhe sind zu tragen.

Bild 'blaue Lagune'

Besondere Hinweise: Hausmeister ist unter Tel. .... erreichbar

Nur im Einsatzfall auszufüllen:

Datum: neuer Aufbewahrungsort:

Uhrzeit: Einheit:

Bild 51: ***Beispiel Einzelplan Rettungsreihenfolge Kulturgut***

Einsätze auf (Binnen-)Schiffen

Feuerwehren, in deren Ausrückebereiche Flüsse, Kanäle oder Seen liegen, benötigen besondere Einsatzpläne für den Einsatz auf Schiffen, wenn diese dort anzutreffen sind. Neben Bränden auf (Binnen-)Schiffen sind auch Gefahrguteinsätze in Zusammenhang mit dem Ladegut möglich. Bei »Passagierschiffen« oder »Ausflugsdampfern« könnte auch eine größere Rettungsdienstlage aufgrund der Personenzahl entstehen.

In der DIN 14961 »Boote für die Feuerwehr« werden folgende Kleinboote (bis max. 8 m Länge) beschrieben:

- Rettungsboot 1 (RTB 1) für bis zu vier Personen, ohne Motorantrieb,
- Rettungsboot 2 (RTB 2) für bis zu sechs Personen, Stauraum und mit Motorantrieb,
- Mehrzweckboot (MZB) für die Rettung, zum Transport und zum Aufbringen einer Ölsperre.

Ferner werden in der Norm auch Bootsanhänger der Feuerwehr beschrieben. Zur Gefahrenabwehr auf Schiffen und der angrenzenden Uferbebauung werden Löschboote oder Hilfeleistungslöschboote, vornehmlich an großen Wasserstraßen in Deutschland vorgehalten. Aufgrund der Zuständigkeiten werden diese in der Regel bei der Beschaffung von Bund und Land finanziell unterstützt. Löschboote sind nicht genormt. Sie verfügen über leistungsfähige Feuerlöschkreiselpumpen und eine Schaumlöschanlage. Die Werfer erzeugen oft große Wurfweiten, um das Löschboot in ausreichendem Abstand zum havarierten Schiff positionieren zu können. Zusätzlich werden sie oftmals mit Krananlagen, Sanitätsstationen, Beibooten uvm. ausgestattet.

Bei der Aufstellung von Einsatzplänen für die Einsätze auf Schiffen sollten die Löschbootbesatzungen intensiv beteiligt werden. Folgende Punkte sollten darin geregelt werden:

- Einsatzunterlagen zur Aufstellung der Führungsorganisation.
- Bildung eines Einsatzabschnittes »Gefahrenabwehr Schiff« unter Leitung der einsatztaktischen Löschbootführung. In der Regel gibt es auf Löschbooten neben dem Kapitän eine Einsatzführungskraft für strategische Entscheidungen. Der Kapitän hat ähnlich wie ein Maschinist weitreichende Befugnisse. Die Rechte und Pflichten gehen hier deutlich weiter. Das Einsatzkonzept sollte diese beiden Rollen tiefergehend beschreiben.

- Die Anwesenheit einer Einsatzführungskraft hat den entscheidenden Vorteil, dass die Löschbootbesatzung eigenständig auf Lageänderungen reagieren kann. Sie wird im Rahmen der Auftragstaktik der Gesamteinsatzleitung unterstellt.
- Neben dem Funkverkehr zur Einsatzleitung muss kontinuierlich der Kontakt zur nicht betroffenen Schifffahrt (z. B. »Rheinfunk« oder »Seefunk«) und zur Wasserschifffahrtspolizei gehalten werden.
- Bei einer Personensuche im Wasser wird in vielen Einsatzkonzepten die zivile Schifffahrt bei der Suche beteiligt bzw. informiert. Diese Koordination läuft sinnvollerweise über ein Löschboot.
- Bei der Entsendung von Einsatzkräften auf ein havariertes Schiff ist es sinnvoll, auch hier eine Einsatzführungskraft zu positionieren und ggf. einen eigenen Einsatzabschnitt zu bilden. Weitere Einsatzabschnitte können sein:
  - EA medizinische Rettung,
  - EA Bereitstellungsraum,
  - EA Logistik (für Material- und Einsatzmittelzuführung ggf. inkl. Versorgung, Verpflegung etc.),
  - EA Messen (Die Durchführung von Messungen oder die Probennahme können auch im EA Gefahrenabwehr Schiff von einem Löschboot aus erforderlich werden),
  - EA Warnen,
  - EA Betreuung,
  - EA Drohne oder EA Luftbeobachtung.
  - Die Gesamtleitung findet in der Regel in einem ELW an Land statt.

Einsatzkonzept taktisches Vorgehen

Hier sollten folgende Punkte festgelegt werden:

- Anfahrt und Positionierung,
- Zugang zum havarierten Schiff,
- Vorgehen auf dem Schiff zur Brandbekämpfung und Menschenrettung inkl. Eigensicherung,
- Wasserrettung bei Personen im Wasser,
- Vorgehen bei Gefahrguteinsätzen inkl. Dekon und der Durchführung von Messungen oder Probenahme inkl. Eigensicherung,
- Inbetriebnahme einer ggf. vorhandenen stationären Löschanlage (z. B.: im Maschinenraum),

- Beendigung eines Stoffaustrittes (z. B. Abdichten),
- Begrenzung einer Stoffausbreitung (z. B. Setzen einer Ölsperre),
- Ständige Kontrolle der Stabilität des havarierten Schiffes (Tiefgang, Drehung zur Seite, Neigung etc.),
- Löschwasserentnahme aus dem havarierten Schiff durch den Einsatz von Lenzpumpen,
- Einsatz besonderer Einsatzmittel (Jakobsleiter, Rettungsball, Rettungsbojen, Rettungsstangen, Rettungsringe etc.),
- Vorgehen bei Öffnung eines Schottes auf dem Schiff,
- Übergabe und Behandlung verletzter Personen (Rettungsdienst),
- Räumung von Personen inkl. Dokumentation,
- Einrichtung einer Bereitstellungsfläche für Einsatzmittel (in Ufernähe an Land, auf dem Löschboot oder auf dem Havaristen selbst),
- Einsatz von Sicherungsbooten als sofortiges Rettungsmittel und als Rückzugsweg, wenn erforderlich durch MZB oder RTB,
- Einrichtung von Pendelbooten bei stationärem Einsatz eines Löschbootes durch MZB oder RTB,
- Eigenschutz (z. B. Durchführung einer kontinuierlichen Ex-Messung auf einem Löschboot),
- Patientenübergabe an den Rettungsdienst an Land.

Es gibt inzwischen tiefgehende Fachbücher, die bei der Aufstellung dieser Einsatzkonzepte berücksichtigt werden sollten. Ferner gibt es an einzelnen Landesfeuerwehrschulen besondere Lehrgänge zu diesem Thema. Einsatzszenarien der Gewässerverunreinigung wurden im ▶ Kapitel 3.2.4 betrachtet.

3.4 Einsatzunterlagen der Betreiber

In diesem Kapitel werden Einsatzunterlagen, die Betreiber entweder aufgrund einer gesetzlichen Vorgabe oder aufgrund der Forderung durch die Feuerwehr zur Verfügung stellen müssen, betrachtet. Einige Einsatzunterlagen werden auf rein freiwilliger Basis erstellt, wie zum Beispiel die Rettungskarten der Fahrzeughersteller, die im Internet zur Verfügung gestellt werden. Der Begriff »Betreiber« muss hier im weiteren Sinne gesehen werden. Es kann beispielsweise ein Unternehmen (mit einer Störfallanlage) sein, die Stadtverwaltung selbst oder ein Energieversorger (Stadtwerke, Wasserversorgungsunternehmen) oder vieles mehr.

Die Feuerwehr nimmt die Einsatzunterlagen der Betreiber nicht nur einfach entgegen, vielmehr hat sie die Möglichkeit im Vorfeld über die gesetzlichen Anforderungen hinausgehend tieferlegende Anforderungen festzulegen. Dies fängt an bei der Datenform (Größe ausgedruckter Pläne in Papierform) und endet bei inhaltlichen Details (z. B. Technische Anschlussbedingungen für BMA mit Laufkarten). Bei der Übergabe ist eine Prüfung der Daten auf Verwendbarkeit im Einsatz und auf inhaltliche Plausibilität durch die Einsatzplanung erforderlich. Eine inhaltliche Detailprüfung ist hingegen nicht möglich und auch gar nicht leistbar. Die inhaltliche Verantwortung für die Daten verbleibt bei dem Betreiber. Aufgrund der Vielzahl der Daten und Pläne ist ein Datenablagesystem hilfreich. Bei der Speicherung sind datenschutzrechtliche Vorschriften zu beachten. Die Limitierung der Zugriffsrechte begrenzt auf notwendige Personen ist dabei ein wichtiger Aspekt. Bei der Einführung eines Datenablagesystems ist es sinnvoll, die zuständige IT-Abteilung im eigenen Hause (bzw. der Stadtverwaltung) und den Datenschutzbeauftragten zu beteiligen und dies zu dokumentieren. Einige Dokumente müssen unmittelbar im Einsatzleitsystem der Leitstelle abgelegt werden, um im Einsatzfall zur Verfügung zu stehen oder ggf. an ein Tablet-PC des Einsatzleiters oder Führungsassistenten versendet zu werden. Sinnvollerweise legt man die Daten beispielsweise im PDF-Format ab.

Die Themen »Fehlermanagement« und »Datenaktualisierung« sind zwei entscheidende Faktoren, die bei der Vielzahl der Informationen zu beachten sind. Bei Fehlern in Plänen ist zunächst die mögliche Auswirkung abzuschätzen. Einsatzpläne mit fehlerhaften Angaben, die zu erheblichen Auswirkungen auf die Gefahrenabwehr führen können, sind unmittelbar als ungültig anzusehen. Der Betreiber muss in diesen Fällen zeitnah Korrekturen vornehmen. Jeder Anwender oder Nutzer von Einsatzplänen muss sich aber auch darüber im Klaren sein, dass es Fehlerfreiheit schlichtweg nicht gibt. So ist bei jeder Information die Plausibilität zu hinterfragen und wenn möglich mit einer Originalquelle zu vergleichen. In Einsatzpläne übernommene Arbeitsplatzgrenzwerte könnten zum Beispiel bei Unklarheit durch einen direkten Blick in die TRGS 900 im Internet gegengeprüft werden, wenn die Zeit dies zulässt.

Viele Einsatzdokumente müssen wiederkehrend aktualisiert werden (z. B. Feuerwehrplan: alle zwei Jahre). In vielen Dokumentenablagesystemen können Überarbeitungsfristen hinterlegt werden, so dass diese rechtzeitig eine notwendige Überarbeitung anzeigen.

3.4.1 Feuerwehrplan (objektbezogen)

Feuerwehrpläne bieten den Führungs- und Einsatzkräften die Möglichkeit, sich nach einheitlicher Darstellung ein Bild über das Einsatzobjekt und das direkte Umfeld zu machen und darauf basierend ihren Einsatz an der Einsatzstelle zu planen. Sie werden üblicherweise in DIN A4 oder DIN A3 ausgedruckt vorgehalten und können zusätzlich oder alternativ über ein Tablet-PC zur Ansicht gebracht werden. Sinnvollerweise sind sie entweder auf wasserabweisendem Papier gedruckt oder werden einlaminiert, um gegen Regenwasser geschützt zu sein.

Da Feuerwehrpläne von den Führungskräften bereits während der Anfahrt gelesen werden sollen, muss die Feuerwehr alle für ihren Ausrückebereich notwendigen Pläne mitführen oder in der Fahrzeughalle zur Verfügung stellen. Ein »Heraussuchen« muss in diesem Fall schnell und einfach ohne großen Zeitverlust möglich sein. Dieser Punkt ist auch für das Erreichen hoher Akzeptanz für die Pläne generell wichtig. Feuerwehrpläne sind inzwischen auf großen Tablet-PCs ebenfalls sehr gut lesbar. Der Einsatz moderner IT kann hier neben der schnelleren Verfügbarkeit auch platzsparend im ELW wirken.

Alarmdepeschen sollten auf einen vorhandenen Feuerwehrplan hinweisen. Der Einsatzleiter sollte nicht selbst fahren müssen, um diese Pläne während der Anfahrt lesen zu können um ggf. erste Entscheidungen darauf basierend zu treffen (Beispiel: Anfahrt und erste Aufstellung der Fahrzeuge vor der Erkundung). Informationen wie Größe (Etagen), Ausdehnung, befahrbare Flächen, Positionen der Brandwände, sicherheitstechnische Einrichtungen (Orte von FIZ, BMA, FSD, RWA) aber auch besondere Gefahren sind u. A. in den Feuerwehrplänen enthalten. Sie sind Führungsmittel im Sinne der FwDV 100. Die Erstellung und Aktualisierung von Feuerwehrplänen ist Aufgabe des Betreibers (oftmals des Eigentümers) einer baulichen Anlage. In diesen Plänen wird das Objekt selbst dargestellt.

Geplante Einsatzmaßnahmen, wie zum Beispiel Aufstellpunkte für Hochleistungslüfter oder die vorgeplante Wasserversorgung über lange Wegstrecken, sind in eigens dafür zu erstellenden Feuerwehreinsatzplänen zu beschreiben und nicht Teil des Feuerwehrplans (▶ Kapitel 3.2). Der Feuerwehrplan dient dabei in der Regel als Basis in der Erstellung. Die Notwendigkeit von Feuerwehrplänen nimmt mit der Größe und der Komplexität von baulichen Anlagen zu. Für einen großen Industriepark kann es zum Beispiel erforderlich werden, dass ein Plan mit einer Gesamtübersicht des Industrieparks zusätzlich erforderlich ist, damit die anrückende Feuerwehr sich zurechtfinden kann.

Das Aufstellen eines Feuerwehrplanes kann von der Einsatzplanung der Feuerwehr nur auf Basis gesetzlicher Regelungen »hart« gefordert werden. In den

Brandschutzgesetzen der 16 Bundesländer gibt es dazu sehr unterschiedliche Textpassagen, die nachfolgend aufgelistet sind und sich teilweise auf Feuerwehrpläne (Pläne im Allgemeinen) beziehen:

Tabelle 3: ***Forderung an Betreiber zur Aufstellung von Feuerwehrplänen***

Baden-Württemberg	FwG		k. A.
Bayern	BayFwG		k. A.
Berlin	FwG		k. A.
Brandenburg	BbgBKG	§ 14	»(1) … Sie haben den Aufgabenträgern nach § 2 Abs. 1 die für die Alarm- und Einsatzplanung notwendigen Informationen und die erforderliche Beratung zu gewähren …«
Bremen	BremHilfeG	§ 4	»(4) … Sie haben den Aufgabenträgern kostenlos die für die Alarm- und Einsatzplanung notwendigen Informationen und die erforderliche Beratung zu gewähren …«
Hamburg	FeuerwG HA	§ 6	»(2) Vorsorgepflichtige haben kostenlos die für die Alarm- und Einsatzplanung notwendigen Informationen zu erteilen und die erforderliche Beratung zu gewähren …«
Hessen	HBKG	§ 45	»(1) 3. … insbesondere betriebliche Alarmpläne und Gefahrenabwehrpläne aufzustellen und fortzuschreiben …«
Mecklenburg-Vorpommern	BSHG		k. A.
Niedersachsen	NBrandSchG		k. A.
Nordrhein-Westfalen	BHKG	§ 29	»(1) Betreiberinnen und Betreiber von Anlagen oder Einrichtungen, bei denen Störungen von Betriebsabläufen für eine nicht unerhebliche Personenzahl zu schwerwiegenden Gesundheitsbeeinträchtigungen führen können (besonders gefährliche Objekte), sind verpflichtet, den Gemeinden auf Verlangen die für die Brandschutzbedarfs-, Alarm- und Einsatzplanung erforderlichen Angaben zu machen.«

Tabelle 3: ***Forderung an Betreiber zur Aufstellung von Feuerwehrplänen – Fortsetzung***

Rheinland-Pfalz	LBKG	§ 31	»(4) Alarm- und Einsatzpläne im Sinne der Absätze 1 bis 3 sind in angemessenen Abständen von höchstens fünf Jahren fortzuschreiben sowie der Aufsichtsbehörde vorzulegen ...«
Saarland	SBKG	§ 33	»(2) 3. alle weiteren notwendigen organisatorischen Vorkehrungen zu treffen, insbesondere betriebliche Alarmpläne und Gefahrenabwehrpläne aufzustellen und fortzuschreiben ...«
Sachsen	SächsBRKG	§ 55	»(3) 3. sofern die örtlichen Gegebenheiten es erfordern, einen Gefahrenabwehrplan aufzustellen und den öffentlichen Feuerwehren auf Anforderung zur Verfügung zu stellen ...«
Sachsen-Anhalt	BrSchG		k. A.
Schleswig-Holstein	BrSchG	§ 26	»(1) Die Verfügungsberechtigten von baulichen Anlagen, insbesondere nach § 23 Abs. 1 Satz 2, haben den Feuerwehren auf Anforderung Feuerwehrpläne zur Verfügung zu stellen und diese laufend zu aktualisieren.«
Thüringen	ThürBKG	§ 48	»(1) ... die für die Alarm- und Einsatzplanung notwendigen Informationen und die erforderliche Beratung zu gewähren ...«

Neben der Forderung aus dem Brandschutzgesetz auf Landesebene kann die Einsatzplanung die Erstellung von Feuerwehrplänen bzw. von Gefahrenabwehrplänen auch auf Basis anderer Gesetze und Vorschriften fordern. Als Beispiel sei hier die zwölfte Verordnung zur Durchführung des Bundes-Immissionsschutzgesetzes (Störfall-Verordnung – 12. BImSchV) genannt, wenn es sich um entsprechende Anlagen handelt. Diese hebt auf den Begriff der Alarm- und Gefahrenabwehrpläne ab. Sinnvollerweise fordert die Einsatzplanung auf dieser Basis aber auch die Erstellung eines Feuerwehrplanes für die jeweiligen Objekte, um diese im Einsatzfall auf der operativ taktischen Ebene zu nutzen. In der o. g. Störfall-Verordnung heißt es in § 9: »(1) Der Betreiber eines Betriebsbereichs der oberen Klasse hat einen Sicherheitsbericht nach Absatz 2 zu erstellen, in dem dargelegt wird, dass [...] 4.) interne Alarm-

und Gefahrenabwehrpläne vorliegen und die erforderlichen Informationen zur Erstellung externer Alarm- und Gefahrenabwehrpläne gegeben werden«

Ferner ist der Betreiber verpflichtet: § 10 (1) Abs. 1: »... interne Alarm- und Gefahrenabwehrpläne zu erstellen, die die in Anhang IV aufgeführten Informationen enthalten müssen« und § 10 (4) »Der Betreiber hat die internen Alarm- und Gefahrenabwehrpläne in Abständen von höchstens drei Jahren zu überprüfen und zu erproben.« In der FwDV 500 gibt es einen Hinweis: »Feuerwehrpläne sind vom Betreiber im Einvernehmen mit der Feuerwehr anzufertigen«.

Da sich bei vielen Anlagen und Gebäuden in der Regel im zeitlichen Verlauf baulich nicht viel ändert, ist die Aktualisierung oftmals reine »Formsache«. Es gibt neben baulichen Veränderungen aber viele weitere Gründe, die eine Aktualisierung (ggf. auch innerhalb der Frist) erforderlich machen können:

- bauliche Änderungen (wie bereits erwähnt),
- Nutzungsänderungen (Büro, Werkstatt, Lager etc.),
- Erweiterungen (z. B. erstmalige Installation einer Photovoltaikanlage auf dem Dach),
- Veränderungen im Umfeld (Aufstellflächen, Zufahrten etc.),
- Veränderung der Gefahrensituation (z. B. Umstellung eines Produktionsverfahren mit entsprechenden Auswirkungen),
- Veränderungen im anlagentechnischen Brandschutz (diese Informationen bekommt die Einsatzplanung i. d. R. vom Vorbeugenden Brandschutz),
- Veränderungen der Brandmeldeanlage (z. B. Umsetzung der Forderung nach Errichtung einer Feuerwehr Informationszentrale FIZ nach DIN und/oder Anforderung der lokalen Feuerwehr).

Hier ist entscheidend, dass der Betreiber dies ggf. dem Vorbeugenden Brandschutz oder der Einsatzplanung der Feuerwehr auch mitteilt.

Neben dem oben genannten Landesrecht geht auch aus der FwDV 500 hervor, dass »Nach den Festlegungen gemäß BImSchV/ChemG [...] der Betreiber dafür Sorge zu tragen [hat], dass zur Vorbereitung der Brandbekämpfung und Gefahrenabwehr mit den nach Landesrecht zuständigen Behörden die erforderlichen Maßnahmen geplant werden.« Dazu kann ebenfalls der Feuerwehrplan im weiteren Sinne gerechnet werden.

Mindestanforderungen werden in der DIN 14095; 2024-02 »Feuerwehrpläne für bauliche Anlagen« festgelegt. Diese Norm eignet sich zur einer vereinheitlichten Form der Darstellung. Die DIN 14095 wurde vom Arbeitsausschuss NA 031-04-02 A »Bauliche Anlagen und Einrichtungen« des DIN-Normenausschusses Feuerwehrwesen (FNFW) im Februar 2024 aktualisiert herausgegeben und kann über den Beuth-Verlag bezogen werden. In der Norm heißt es unter Punkt 4 (Allgemeine

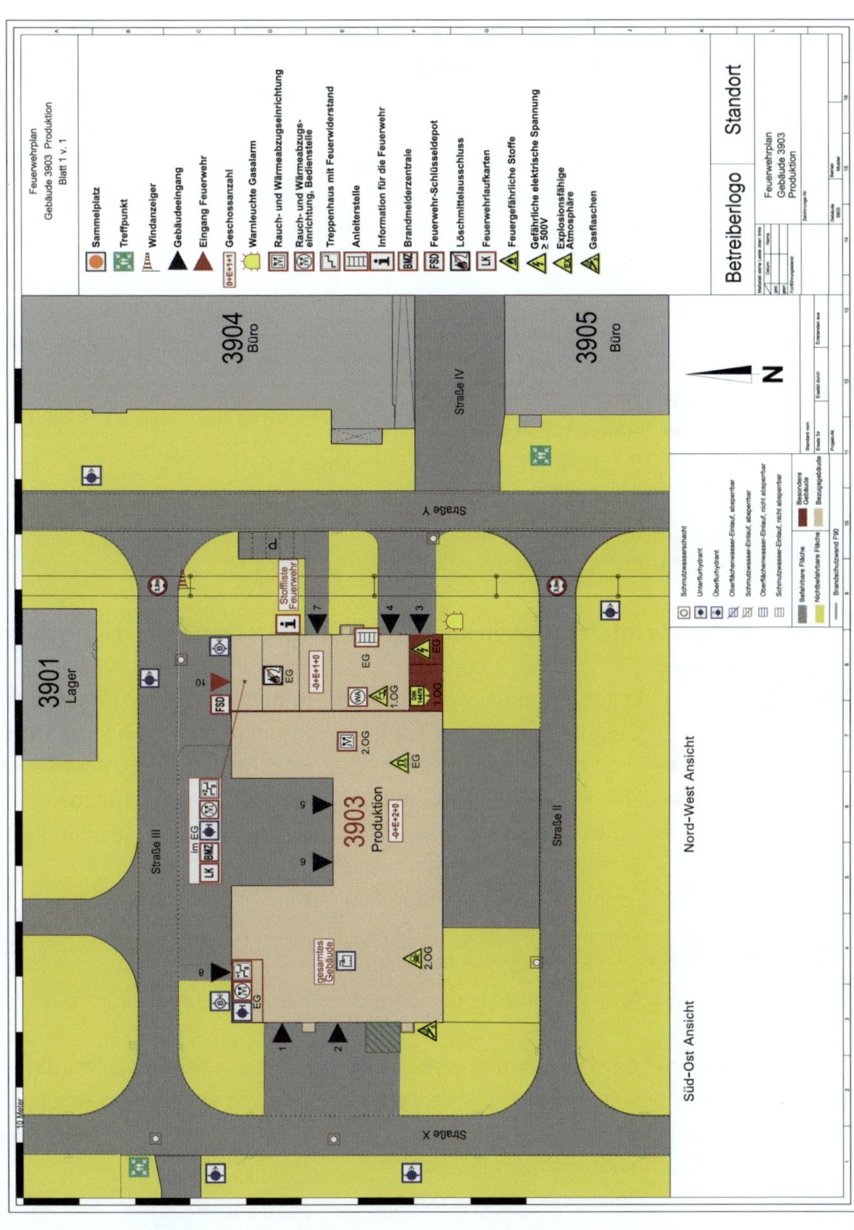

Bild 52: ***Feuerwehrplan (Beispiel)***

Anforderungen): »Feuerwehrpläne müssen stets auf aktuellem Stand gehalten werden. Der Betreiber der baulichen Anlage muss den Feuerwehrplan mindestens alle zwei Jahre von einer fachkundigen Person prüfen lassen.«

Aus der DIN 14034 können die grafischen Symbole entnommen werden, die im Feuerwehrplan Verwendung finden, wie zum Beispiel:

- Treppenraum, erreichbare Geschosse,
- feuerhemmende oder feuerbeständige Bauteile,
- FIZ, BMZ, ÜE, FSE, FSD, FAT etc.,
- Anlagentechnik im Brandschutz (Brandschutzklappe, Brandschutzrolladen, RWA etc.),
- Feuerwehraufzüge,
- Anleiterstellen,
- Symbole für verschiedene Hydranten,
- Symbole für verschiedene Löschanlagen (z. B. Sprühflutanlage, Berieselungsanlage etc.),
- Photovoltaikanlagen.

Folgende Informationen können taktisch aus dem Feuerwehrplan abgeleitet werden:

- Erstinformation während der Anfahrt (Größe der Anlage, Geschosse, Gefahrenhinweise, Einsatzschwerpunkte, ggf. gelagerte Stoffe etc.),
- Nutzung sicherheitstechnischer Einrichtungen durch die Feuerwehr (FIZ, FBF, FAT, FSD, BMA, stationäre LA) und deren Schutzbereiche,
- Aufstellmöglichkeit für die Feuerwehr (Ordnung des Raumes),
- Brandabschnitte (Brandwände),
- Zugänge bzw. der Hauptzugang für die Feuerwehr,
- Wasserversorgung (Orte der Hydranten, ggf. Teiche o. ä.),
- Abschätzung der Personenzahl,
- Ansprechpartner des Betreibers inkl. Erreichbarkeit.

Die Umsetzung der Norm ist als Basis zu sehen und soll sicherstellen, dass diese Pläne einheitlich sind. Viele Feuerwehren fordern durch Publikation einer eigenen Gestaltungsrichtlinie ihrer Kommune darüber hinaus weitere Anforderungen an den Feuerwehrplan, wie zum Beispiel:

- Ablauf der Verwendung,
- Layout (z. B.: besondere einheitliche Kopf- und Fußzeilen/Nummerierung, Name der zuständigen Feuerwehr bzw. zusätzlich des Wachbezirkes),

- Vorhaltung (z. B. im FIZ in DIN A3 in zweifacher Form zzgl. pdf-Datei),
- Anforderungen an die äußere Form (z. B.: zweifach DIN A3 ausgedruckt und laminiert),
- Übersichtsplan,
- Geschossplan,
- Sonderpläne (Abwasser, Löschwasserrückhaltung, Detailpläne z. B. von einem besonderen Labor o. ä.),
- Risikoangaben zur Vorbereitung eines Einsatzplanes,
- Checklisten,
- Ansprechpartner,
- Erreichbarkeiten ständig besetzter Stellen (z. B. Pförtner),
- Personenanzahl (Tagschicht/Spätschicht/Nachtschicht).

Idealerweise überprüft der Vorbeugende Brandschutz das Vorhandensein aktueller Pläne im Rahmen der Brandschau vor Ort und gibt ggf. relevante Informationen an die Einsatzplanung weiter. Diese Anforderungen können bei einigen Feuerwehren auf deren Homepage als »Merkblatt« oder »Richtlinie« eingesehen werden. Teilweise werden Musterpläne zur Veranschaulichung als fiktives Beispiel zur Verfügung gestellt.

Der Feuerwehrplan kann vorgehenden Trupps vor dem Einsatz nur einen ersten Überblick geben. Der Trupp selbst benötigt allerdings tiefergehende Informationen, zum Beispiel der betroffenen Etagen in Form von Geschossplänen oder Laufkarten der BMA oder dem Rettungsplan nach DIN 23601. Der Feuerwehrplan selbst kann im weiteren Einsatzverlauf für die Lagedarstellung genutzt werden.

Tabelle 4: ***Die DIN 23601 gibt die Verwendung einheitlicher Farben nach RAL-Nr. bzw. »RGB-Werten« vor (genaue Definitionen und Farbwerte siehe DIN 14095).***

Schwarz	Tragende Bauteile bzw. Wände
Blau	Wasser/Löschwasser
Rot	Gefahren
Gelb	nicht befahrbare Fläche
Grau	befahrbare Fläche
Grün	Rettungswege, Geschosse oder Ebenen
Elfenbein	Betrachtungsbereich des eigentlichen Objektes

3.4.2 Alarm- und Gefahrenabwehrplan (für Sonderschutzobjekte u. ä.)

Im vorherigen ▶ Kapitel 3.4.1 wurden die Rechtsquellen bereits genannt, die hier maßgeblich sind. Alarm- und Gefahrenabwehrpläne dienen der Begrenzung von Schadensereignissen und Störfällen und sollen seitens des Betreibers ein strukturiertes Vorgehen im Ereignisfall sicherstellen. Sie sind ferner ein Beleg gegenüber der Aufsichtsbehörde für die Umsetzung der gesetzlichen Verpflichtungen und regeln die Zuständigkeiten der betrieblichen Gefahrenabwehrkräfte im Zuständigkeitsbereich. Ferner werden Anweisungen für die Belegschaft zum Verhalten im Gefahrenfall verbindlich festgelegt und die Beteiligung öffentlicher Gefahrenabwehrkräfte geregelt.

Beispielsweise kann zum Thema Strahlenschutz aus der FwDV 500 in Kapitel 2.2 Folgendes entnommen werden: »Es sind die entsprechenden Bereiche im Feuerwehrplan kenntlich zu machen und gemeinsam mit dem Strahlenschutzverantwortlichen Maßnahmen im betrieblichen Alarm- und Gefahrenabwehrplan festzuschreiben.« Weitergehende Regelungen werden auf Ebene der Bundesländer festgelegt. In NRW wurde 2017 vom Landesamt für Natur, Umwelt und Verbraucherschutz ein Musterkonzept für die Notfallplanung herausgegeben. Darin ist in Anhang 1 folgende Gliederung enthalten, die bei der Erstellung zu berücksichtigen ist. Der Einfachheit halber werden hier nur die Hauptkapitel dargestellt:

1. Angaben zu den Anlagen und ihrer Umgebung
2. Gefahrenabwehrkräfte und -einrichtungen
3. Alarmplan
4. Warnungen
5. Gefahrenabwehr
6. Anweisungen für spezielle Ereignisse
7. Information der Behörden und der Medien (Presse, Rundfunk, TV) und Auskünfte an die Bevölkerung
8. Telefonverzeichnis

Anlagen:

- Übersichtsplan
- Lageplan
- Feuerwehrplan
- Energieversorgungsplan
- Werkplan »Rohrbrücke«
- Werkplan »Abwasser«
- Flucht- und Rettungsplan
- Sicherheitsdatenblatt

- **Alarmierungsablauf**
- **Alarmierungsumfang**
- **Alarmierungsliste für Alarmzentrale**
- **Vorabmeldung**
- **Meldestufen D 1 – D 4**
- **Stichwortverzeichnis**

In den Anlagen wird der Feuerwehrplan gefordert, der bereits ausführlich in diesem Buch beschrieben wurde. Werkfeuerwehren, Werkschutzabteilungen und ggf. betriebliche Rettungsdienste, die in diesen betrieblichen Alarm- und Gefahrenabwehrplänen (BAGAP) mitwirken, benötigen diesen »griffbereit« in ihren Einsatzunterlagen, genauso wie öffentliche Feuerwehren und Rettungsdienste, die entweder unterstützend hinzukommen oder alleinig die Gefahrenabwehr in dem Betrieb leisten. Unternehmenseigene Krisenstäbe werden mit ihren Aufgaben und Entscheidungskompetenzen in diesen Plänen geregelt.

Auf Basis der BAGAP, der Sicherheitsberichte, weiterer Angaben der Betreiber von (Störfall-)Anlagen und eigener Planungen, erstellen die zuständigen Behörden externe Notfallpläne. In NRW beispielsweise ist es die Aufgabe der Kreise und kreisfreien Städte, die externen Notfallpläne für Störfallbetriebe zu erstellen und im Abstand von drei Jahren unter Beteiligung der Betreiber zu überprüfen, zu erproben und ggf. inhaltlich zu überarbeiten (siehe BHKG NRW). Im KAS-Leitfaden 65, der von der Kommission für Anlagensicherheit beim Bundesministerium für Umwelt im Juni 2024 aktualisiert herausgegeben wurde, ist ein Muster-Inhaltsverzeichnis für externe Notfallpläne als Hilfestellung veröffentlicht. Darin heißt es in der Einleitung »Die externe Notfallplanung ist grundsätzlich Aufgabe der für Gefahrenabwehrplanung zuständigen Behörden des jeweiligen Bundeslandes.« Und im Weiteren: »Die Inhalte der externen Notfallpläne sind bundesweit nicht einheitlich geregelt, jedes Bundesland legt diese in den eigenen Landeskatastrophenschutzgesetzen fest.«

Man kann also davon ausgehen, dass die Struktur der externen Notfallpläne massiv voneinander abweicht und keineswegs einheitlich ist. Der Einfachheit halber werden auch hier nur die Hauptkapitel dargestellt.

0 Verzeichnisse und Nachweise
1 Einleitung
2 Planungen für externe Gefahrenbereiche mit Auswirkungen bei Brand, Explosion und Produktaustritt
3 Angaben zur Umgebung
4 Plan der Handlungen – Feuerwehrplan der Betriebsbereiche

5 Warnungen
6 Alarmplan
7 Führungsorganisation
8 Kommunikationsstrukturen
9 Plan der Erkundung
10 Lagebeurteilung
11 Absperrung/Verkehrslenkung
12 Evakuierung/Evakuierungsplan
13 Einsatz von Kräften und Mitteln zur Rettung und Gefahrenabwehr
14 Information der Medien und der Bevölkerung
15 Auskunftsstellen/Pressebüro der Stadt oder des Landkreises
16 Kontaktdaten
17 Beschreibung der Betriebsbereiche
18 Berechnung der Störfallablaufszenarien
19 Anweisung für spezielle Ereignisse
20 Anhang

3.4.3 Flucht- und Rettungspläne

In der Arbeitsstättenverordnung (ArbStättV) ist festgeschrieben, dass der Arbeitgeber Flucht- und Rettungspläne erstellen und an geeigneter Stelle aushängen muss. Konkretisiert wird dies inhaltlich in der Technischen Regel für Arbeitsstätten (ASR 2.3 Fluchtwege und Notausgänge) und in der DIN ISO 23601. Die Pläne sind übersichtlich zu gestalten. Fluchtwege sind in einem hellen Grün darzustellen. Personen, die sich in einem Gebäude aufhalten, können in dem Flucht- und Rettungsplan den schnellsten Weg in einen gesicherten Bereich erkennen. Außerdem kann die anrückende Feuerwehr mögliche Rettungswege als Angriffsweg erkennen und nutzen. Vorhandene Löschmittel, wie zum Beispiel tragbare Feuerlöscher sind ebenfalls in dem Plan dargestellt und können zur Bekämpfung von Entstehungsbränden eingesetzt werden. Im Rahmen der gesetzlich wiederkehrend durchzuführenden Brandverhütungsschau (Brandschau) wird das Vorhandensein und die Aktualität der Flucht- und Rettungspläne überprüft und könnte ggf. zu einem Mangel im Abschlussbericht führen. Für die Brandverhütungsschau sind länderspezifische Vorgaben zu beachten. Flucht- und Rettungspläne werden bei Vorhandensein eines BAGAB ebenfalls als Anlage hinzugefügt.

3.4.4 Feuerwehrlaufkarten

Feuerwehrlaufkarten sind Bestandteil einer Brandmeldeanlage. Sie ermöglichen dem vorgehenden Trupp ein schnelles Auffinden eines ausgelösten Melders oder einer Melderlinie. Die Symbole der Feuerwehrlaufkarten werden nach DIN 14675 erstellt. Verantwortlich für die Erstellung und Aktualisierung ist der Betreiber einer Anlage oder der Eigentümer eines Gebäudes. Inhalte sind:

- Melderart, Meldebereich, Melderlinie, Meldergruppe, Meldernummer,
- Gebäude, Geschosse,
- Standorte der BMZ, ÜE, FSD, FIZ, Blitzleuchten, Parallelanzeigen,
- Laufwege (inkl. Türen, Treppen etc.),
- Raumkennzeichnung, Raumnutzung,
- besondere Gefährdungen.

Die DIN 14675 gibt in der Gestaltung eine gewisse Freiheit. Der genaue Inhalt ist mit der Feuerwehr (Brandschutzdienststelle) abzustimmen. Einige Feuerwehren veröffentlichen verbindliche Anforderungen in Form von Musterlaufkarten in ihren technischen Anschlussbedingungen der Brandmeldeanlagen (TAB).

3.4.5 Pläne über die Löschwasserversorgung

Die Bereitstellung einer angemessenen Löschwasserversorgung ist Aufgabe der Gemeinde und in dem jeweiligen Brandschutzgesetz (in Berlin in einem eigenen Wassergesetz) des jeweiligen Bundeslandes geregelt. Die Umsetzung wird oftmals von privaten Wasserversorgungsunternehmen per Konzession durchgeführt.

Im Arbeitsblatt W405 der DVGW (Deutscher Verein des Gas- und Wasserfaches e. V.) wird tiefergehend festgelegt, was unter einer angemessenen Löschwasserversorgung zu verstehen ist. Die zeitliche Anforderung wird mit einer Bereitstellung für eine Dauer von mindestens zwei Stunden und die Lieferleistung mit 800 l/min bzw. 1 600 l/min (bei Erfüllung weiterer Kriterien), bei besonderen Objekten bis zu 3 200 l/min in einem Umkreis von 300 m festgelegt. Darüber hinausgehend können im Genehmigungsverfahren weitere Vorgaben an die Löschwasserversorgung eines Objekts festgelegt werden (Stichwort: besondere Löschwasserversorgung). In Industrieanlagen kann beispielsweise im Einzelfall die Lieferleistung von 3 200 l/min nicht ausreichend sein.

Um im Einsatzfall die Wasserversorgung schnell aufbauen zu können, benötigt die Feuerwehr Hydrantenpläne zum Auffinden der nächstgelegenen Hydranten. Die

Pläne sollten in Papierform vorgehalten und wiederkehrend aktualisiert werden. Zunehmend erfolgt auch hier eine Vorhaltung elektronischer Daten auf Tablet-PCs.

Notwendige Inhalte von Hydrantenplänen:

- Straßennamen mit Hausnummern,
- Leitungsgröße (Durchmesser in mm),
- Position der Hydranten mit Angabe Ober- oder Unterflurhydrant als Symbol,
- Verästelungsnetz oder Ringnetz,
- Abschiebestellen,
- Eisenbahnstrecken, Unterführungen, Hindernisse etc.

Weiterhin sollten Hydrantenpläne Informationen enthalten über:

- Löschwasserbrunnen (teilweise mit integrierter Tiefpumpe),
- Saugstellen,
- Löschwasserzisternen,
- Löschwasserteiche (erschöpfliche Löschwasserstellen),
- Wasserentnahmestellen (unerschöpfliche Löschwasserstellen) an offenen Gewässern (Flüsse, Bäche, Kanäle, Seen etc.)

Viele dieser Informationen sind im Feuerwehrplan (▶ Kapitel 3.4.1) enthalten.

Aufgrund von Ablagerungen an den Rohrwandungen (Querschnittverengungen) oder Schäden an den Hydranten oder -deckeln kann die Leistungsfähigkeit eingeschränkt sein. Im schlimmsten Fall kann es zu einem Ausfall der Löschwasserversorgung kommen. Sinnvollerweise sollten Hydranten vom Betreiber regelmäßig auf ihre Funktion und Leistungsfähigkeit überprüft werden. Die Feuerwehr muss festgestellte Mängel im Rahmen von Einsatzübungen unmittelbar an den Betreiber melden. Diese Koordination kann vom Sachgebiet Vorbeugender Brandschutz oder der Einsatzplanung durchgeführt werden.

Im Zuge des Klimawandels ist davon auszugehen, dass sich auch Auswirkungen auf die Höhe der Grundwasserspiegel ergeben können. Daher kann keineswegs bei jedem Löschwasserbrunnen von einer sicheren Löschwasserversorgung ausgegangen werden. Betreiber und Feuerwehren sollten daher auch diese wiederkehrend auf Funktion und Wasserlieferung überprüfen und ggf. Kompensationsmaßnahmen einleiten.

3.4.6 Sonstige Einsatzunterlagen der Betreiber

In diesem Kapitel werden folgende Einsatzunterlagen betrachtet:

- Abwasserplan/Kanalplan,
- Rettungskarten für Fahrzeuge,
- Rettungsleitfäden der Fahrzeughersteller,
- Krankenhaus Alarm- und Einsatzplan,
- Elektronisches Beförderungspapier für Gefahrgut-Transporte.

Abwasserplan/Kanalplan

Grundsätzlich muss hier zwischen folgenden Systemen unterschieden werden:

- Einkanalnetz (Mischkanalisation) in dem Schmutzwasser und Niederschlagswasser in einem gemeinsamen Kanal münden (früher gebräuchlich).
- Zweikanalnetz mit einem Kanal für Schmutzwasser und einem gesonderten Kanal für Niederschlagswasser (teilweise auch als Oberflächenwasser bezeichnet). Bei Neuerschließung von Gebieten wird dieses System umgesetzt.
- Sonstige Systeme (Speicherung, erweiterte Trennkanalisation oder eigene Kläranlagen in der Industrie etc.).

Für Anlagen, in denen nach Landebaurecht eine Löschwasserrückhaltung gefordert ist, muss ein Abwasserplan erstellt werden. Die Feuerwehr benötigt diese Pläne, um bei Gefahrguteinsätzen mit Stoffeintrag im Kanalsystem oder im Brandeinsatz eine Löschwasserrückhaltung durch Verschließen der Kanaleinläufe und weitere Maßnahmen durchführen zu können. Dies könnte beispielsweise die Erkundung eines Baches auf Stoffeintrag sein, in den ein Niederschlagswasserkanal mündet oder die Kontaktaufnahme zum Klärwerk zur Schmutzwasserreinigung.

Abwasserpläne werden vom Betreiber zur Verfügung gestellt und enthalten folgende Angaben:

- Art des Kanals (Mischkanalisation, Niederschlagswasser oder Schmutzwasser),
- Straßennamen mit Hausnummern,
- Leitungsgröße (Durchmesser in mm),
- Position von Schächten, Einläufen, etc.

- Abschiebestellen,
- Gefällerichtung,
- Eisenbahnstrecken, Unterführungen, Hindernisse etc.

Rettungskarten (= Rettungsdatenblatt)

Vor etwa 15 Jahren wurden in Deutschland Rettungskarten der Fahrzeughersteller eingeführt. Inzwischen gibt es sie von allen Fahrzeugherstellern einheitlich gestaltet in sehr übersichtlicher Form und leicht verfügbar. Die Rettungseinsätze bei Unfällen mit Kraftfahrzeugen können wesentlich zielführender und schneller unter Steigerung der Sicherheit für die vorgehenden Einsatzkräfte durchgeführt werden. Insbesondere die zunehmende Weiterentwicklung der verbauten Sicherheitssysteme in den Fahrzeugen und die damit eingehende Steigerung der Komplexität für die vorgehenden Kräfte erfordern dieses Informationssystem.

Im Idealfall fragt die Leitstelle bei der Notrufabfrage nach dem amtlichen Kennzeichen des verunfallten Fahrzeuges, wenn der Anrufende diese Information ohne Eigengefährdung und großen Zeitverzug nennen kann. Die Leitstelle kann nach vorheriger Freischaltung für das System über die Kennzeicheneingabe in einer zentralen Datenbank das genaue verunfallte Fahrzeug identifizieren und den ausrückenden Einsatzkräften die passende Rettungskarte bereits während der Anfahrt an einen Tablet-PC oder an ein Smartphone senden. So können die Einheitsführer sich vor Eintreffen bereits ein Bild über das Fahrzeug machen und ggf. mögliche Rettungsmöglichkeiten überlegen. Die Einsatzplanung sollte in Zusammenarbeit mit der Leitstelle diese Prozesse betrachten und die entsprechende Nutzung ermöglichen.

Einzelne Fahrzeughersteller haben im Bereich des Tankdeckels oder an anderen Stellen QR-Codes abgedruckt, die direkt zur passenden Rettungskarte führen. Einige Hersteller oder Portalbetreiber bieten den Fahrzeugnutzern inzwischen einen Download des QR-Codes im Internet an, der dann von außen sichtbar am Fahrzeug angebracht wird. Andere Fahrzeughalter klemmen eine vorher im Internet heruntergeladene Rettungskarte hinter die Sonnenblende.

Folgende Angaben sind auf den Rettungskarten ablesbar:

- Fahrzeughersteller, Modell und Fahrzeugskizze mit Darstellung relevanter Bauteile für die Rettung:
  - Position von Gasgenerator, vorgespannten Federn, Hochspannungsleitungen, Airbag, Gurtstraffer, Steuergeräte, Batterie, Kraftstofftank oder Verstärkungen der Karosserie in einer Fahrzeugskizze,
- Ableitung von Angriffspunkten für Rettungsgeräte wie hydr. Rettungszylinder, Unterbauungen, Spreizer und Rettungsschere,
- Gefahren durch Kraftstoffe, CNG, LPG, Wasserstoff etc.

In dem vfdb-Merkblatt 06/01 »Technische – medizinische Rettung nach Verkehrsunfällen« wird auf den Einsatz der Rettungskarten eingegangen. Darin wurde im Jahr 2020 noch der Begriff »Rettungsdatenblatt« verwendet. Vielfach wird heute aber umgangssprachlich eher von der »Rettungskarte« gesprochen.

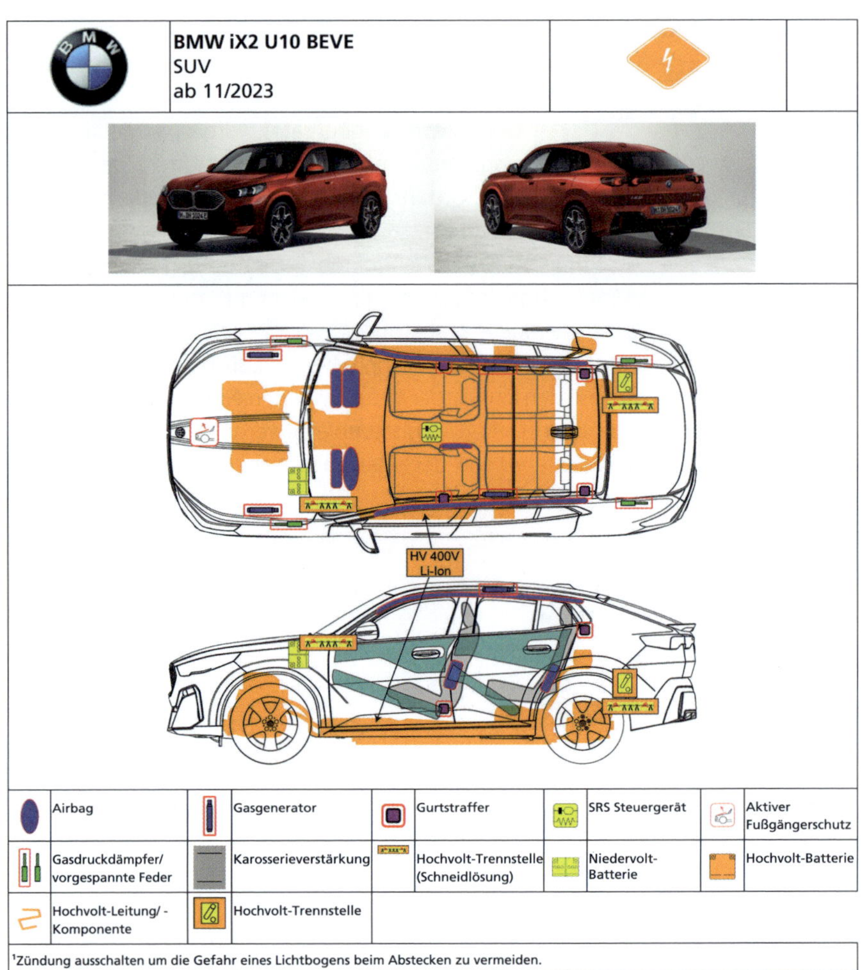

Bild 53: ***Rettungskarte BMW X2 (Quelle: BMW AG)***

Rettungsleitfäden

Rettungsleitfäden (oder Rettungsinformationen) der Fahrzeughersteller sind Leitfäden für ausgebildete Rettungskräfte, die eine taktische Vorgehensweise inhaltlich beschreiben. Sie können im Vorfeld des Einsatzes in der Ausbildung genutzt werden.

Rettungsleitfäden setzen fachliche Kenntnisse über die Funktions- und Wirkungsweise der Sicherheitssysteme, wie zum Beispiel Airbags oder Gurtstraffern voraus. Die Rettungsleitfäden sind auf den Internetseiten der Hersteller oder über den Link auf der Homepage von ADAC, DEKRA oder TÜV erhältlich (Audi, BMW, Mercedes-Benz, Mini, Opel, Volkswagen und weitere). Hier gibt es Hinweise zum einsatztaktischen Vorgehen bei alternativen Antriebsarten (wie zum Beispiel CNG, LPG, Wasserstoff oder Elektroantrieb) mit Hinweisen zum Umgang mit der Fahrzeugbatterie.

Es gibt unter anderem folgende konkrete Hinweise zu den Themen:

- Fahrzeugerkennung der Antriebsart und des Fahrzeugmodells (inkl. Abgleich mit der »richtigen« Rettungskarte),
- Vorgehen zur Stabilisierung des Fahrzeuges,
- chemische und thermische Gefahren im Rettungseinsatz,
- Vorgehen mit Rettungsgeräten (hydr. Zylinder, Schere, Spreizer etc.),
- Glasmanagement (Einscheibensicherheitsglas (ESG), Verbundscheibensicherheitsglas (VSG), Mehrfachverglasung etc.),
- Möglichkeiten der Sitz- und Kopfstützenverstellung zur Entlastung eines Patienten,
- Gefahren durch aktive Motorhauben,
- Vorgehen im Brandfall,
- Umgang mit Hochvoltanlagen (Abschaltvorrichtungen etc.),
- Umgang mit Gastanks.

Krankenhaus Alarm- und Einsatzplan

Wenn ein Krankenhaus selbst von einem Ereignis betroffen ist (z. B. Brand, Hochwasser, Starkregen, Cyberattacke oder der Fund einer Weltkriegsbombe im Umfeld) sind besondere Alarmpläne erforderlich, die in der Regel auch die Feuerwehr und den Rettungsdienst betreffen. In den einzelnen Bundesländern gibt es zur Vorplanung unterschiedliche gesetzliche Verpflichtungen.

Außerdem kann ein Massenanfall von Verletzten oder Erkrankten (MANV) dazu führen, dass die Anzahl der Patienten die Behandlungskapazitäten übersteigt und besondere Vorplanungen umgesetzt werden müssen. Die Einsatzplanung sollte die möglichen Auswirkungen für die Feuerwehr und ggf. auch den Rettungsdienst kennen und die wesentlichen Punkte in eigene Einsatzpläne übernehmen.

Diese Einsatzpläne sollten in Zusammenarbeit mit dem Träger des Rettungsdienstes und dem Ärztlichen Leiter Rettungsdienst erstellt und die Umsetzbarkeit in einer Einsatzübung praktisch erprobt werden.

Elektronisches Beförderungspapier für Gefahrgut-Transporte

Bisher mussten Ladepapiere bei einem Gefahrgut-Transport in Papierform im Fahrerhaus eines LKW (oder in der Lok eines Zuges oder dem Fahrstand eines Schiffes) mitgeführt werden. Dies hat aus Sicht der Feuerwehr den entscheidenden Nachteil, dass im Einsatzfall diese oft noch im Fahrerhaus o. ä. liegen, das oftmals zum Gefahrenbereich gehört und im ungünstigsten Fall nur unter CSA betreten werden kann.

Bereits seit 2016 ist es möglich, das Beförderungspapier auch in elektronischer Form mitzuführen. In der Übergangsphase mussten Spediteure ein »Auslesegerät« mitführen – diese Frist ist nun beendet. Bereits seit Anfang 2023 ist es für Gefahrguttransporte zulässig, die Beförderungspapiere (Ladepapiere) nur noch in digitaler Form vorzuhalten (ohne Auslesegerät). Die Daten werden auf einem zentralen Server abgelegt und können dort von der Leitstelle abgerufen werden. Die gesetzlichen Regelungen in Bezug auf die UN-Nummer und die Nummer zur Kennzeichnung der Gefahr (Gefahrennummer) bleiben davon unberührt. Am Fahrzeug ist der Einsatz dieser neuen Technologie durch ein entsprechendes Symbol (► Bild 54) an der Vorder- und der Rückseite erkennbar; die Symbole (Aufkleber) haben eine Größe von 17 × 17 cm.

Bild 54: ***Kennzeichnung für elektronisches Beförderungsdokument (e-DGTI = electronic Dangerous Goods Transport Information)***

Für die Abfrage in der Datenbank benötigt die Leitstelle von den Einsatzkräften vor Ort das amtliche Kennzeichen des Fahrzeuges (und ggf. eines Anhängers), bei der Bahn die UIC Wagennummer oder im Bereich der Schifffahrt die achtstellige ENI-Nummer am vorderen Schiffsrumpf oder ein Containerkennzeichen. Idealerweise fragt eine Leitstelle bei der Notrufabfrage bei Gefahrguttransporten das amtliche

Kennzeichen direkt mit ab und und ermittelt die Daten proaktiv in der Datenbank, um sie schnellstmöglich an die ausrückenden Einsatzkräfte zu übersenden.

Ladepapiere müssen folgende Informationen enthalten (auch bei e-DGTI):

- Name, Anschrift und Erreichbarkeit des Versenders,
- Name, Anschrift und Erreichbarkeit des Empfängers,
- Art des Ladegutes (z. B. Anzahl der Versandstücke),
- Beschreibung,
- Menge und Gesamtmenge,
- UN-Nummer und Nummer zur Kennzeichnung der Gefahr (Gefahrennummer),
- Nummer des Gefahrgutzettels,
- Verpackungszettel,
- besondere Hinweise (Sondervorschriften o. ä.).

Allerdings kann sowohl die Datenbank mit den hinterlegten Daten als auch die Datenübertragung in Richtung ELW ausfallen (fehlende oder schlechte Netzabdeckung) und es kann zu einem zeitlichen Verzug kommen, wenn das amtliche Kennzeichen erst vor Ort in einer Rückmeldung an die Leitstelle übermittelt wird oder im schlimmsten Fall nicht erkennbar ist. Demgegenüber ist es im Vergleich zur »Papiervariante« generell vorteilhaft, dass auch bei Beschädigung eines Fahrerhauses (z. B. verklemmte Türen oder Brand) Informationen aus gesicherter Entfernung zum Fahrzeug über die Leitstelle eingeholt werden.

Die Leitstelle muss im Vorfeld den Zugang zur Datenbank »TP1« als berechtigte Stelle einrichten und sich registrieren lassen (Betreiber des Zugangsservers »TP1« ist in Deutschland die Firma GBK GmbH Global Regulatory Compliance in Ingelheim). Dazu gibt es seitens des Bundesverkehrsministeriums eine Initiative zur Erstellung eines elektronischen Zertifikates. Im Ereignisfall können zugelassene Leitstellen über die Benutzeroberfläche des Emergency Responders die konkreten Daten abrufen und gezielt an das ELW zur Einsatzstelle übertragen. Der Übertragungsweg zum ELW ist durch die Feuerwehr selbst zu organisieren. Da die Daten in Form einer pdf-Datei in der Leitstelle abgerufen werden, empfiehlt sich die Übermittlung an eine Gruppen-Emailadresse »Einsatzleitung« oder die Sendung einer zweiten Alarmdepesche an die Einsatzkräfte. Der Datenschutz (Minimierungsgebot des Verteilerkreises) ist dabei zu beachten.

4 Technik folgt (Einsatz-)Taktik

In den vorherigen Kapiteln sind verschiedene Aufgaben beschrieben, die in der jüngeren Vergangenheit zusätzlich auf die Feuerwehren hinzugekommen sind. In diesem Teil werden nun die einsatztaktischen Anforderungen an die Fahrzeug- und Gerätetechnik genauer betrachtet.

»Taktik ohne Technik ist sinnlos und Technik ohne Taktik ist hilflos.«
(Schläfer 1990)

Es gibt unterschiedliche Notwendigkeiten, die zu einer Beschaffung eines Einsatzfahrzeuges oder einer neuen Ausrüstung führen können. Neben der klassischen Ersatzbeschaffung aufgrund technischer Veraltung, einem technischen Ausfall oder durch Beschädigung (z. B. Verkehrsunfall unter Beteiligung des Einsatzfahrzeuges) kann auch die Entwicklung einer neuen Einsatzfähigkeit ausschlaggebend für eine Beschaffung sein. Ferner können Anforderungen aus dem Brandschutzbedarfsplan oder die Übernahme neuer Aufgaben zu einer Beschaffung von Einsatzmitteln führen. In einzelnen Städten haben die Feuerwehren zusätzliche Aufgaben für den Katastrophenfall übernommen. Die Vorhaltung zentraler Trinkwasserkomponenten oder großer leistungsfähiger Notstromsysteme seien hier nur beispielhaft genannt.

Die meisten Einsatzfahrzeuge werden für öffentliche Feuerwehren nach geltendem Vergaberecht (Vergabe- und Vertragsordnung für Leistungen VOL-B) ausgeschrieben. Bei Überschreitung der Gesamtsumme der EU-Schwellenwerte ist eine europaweite Ausschreibung vorzunehmen. Teilweise gibt es eine verpflichtende Einhaltung der Ausstattung nach DIN, wenn die Bezuschussung durch Fördergelder dies fordert. Vor jeder Beschaffung müssen vorab die dafür erforderlichen Finanzmittel in den Haushaltsplänen der Kommunen, Länder oder des Bundes (z. B. Beschaffung über das Bundesamt für Bevölkerungsschutz und Katastrophenhilfe, kurz: BBK) oder in der Industrie (Werkfeuerwehren) eingestellt werden. Dies führt zur Notwendigkeit einer langfristigen und vorausschauenden Planung. Wesentliche Kriterien sind dabei eine hohe Verfügbarkeit im Einsatzfall, ein wirtschaftlicher Betrieb sowie die Umsetzung aktueller Sicherheitsstandards.

Durch den Fachkräftemangel, der momentan bei allen Ausbauherstellern herrscht, verlängern sich nach Vergabe die Lieferzeiten erheblich. Dies ist bei der Ausgabenplanung ebenfalls zu berücksichtigen und führt im Einzelfall zur Stellung von Rücklagen in der Bilanz.

Bevor es zur Erstellung eines Lastenheftes kommt, sind bereits im Vorfeld die einsatztaktischen Vorgaben von der Einsatzplanung festzulegen, auf deren Basis das Sachgebiet »Technik« die weitere Planung durchführen kann und eine erste Kostenabschätzung durchführt. Werden die Anforderungen an neue Komponenten zu umfangreich, so ist die technische Machbarkeit von »der Technik« zu prüfen. Im Einzelfall könnte dies zu einer notwendigen Korrektur der Anforderungen führen. In einem Taktik- und Technikkonzept werden die Fahrzeuge ihres Alters entsprechend in eine Ablöseplanung gelistet und die Ersatzbeschaffung vorgeplant. »Einsatzplanung« und »Technik« sollten diese Liste gemeinsam pflegen. Da jedes Einsatzfahrzeug in der Regel Teil eines einsatztaktischen Gesamtkonzeptes ist, können Veränderungen oftmals nur stufenweise im Rahmen der einzelnen Ersatzbeschaffungen umgesetzt werden. Dabei ist die Leistungsfähigkeit der Feuerwehr jederzeit sicherzustellen. Neben der Vorhaltung der Einsatzfahrzeuge ist eine angemessene Rückfallebene für Ausfälle einzuplanen. Nur bei besonderen Komponenten sollte die Leistungsfähigkeit der Rückfallebene 100 % betragen (z. B. Drehleiter). In der Regel sollte ein reduzierter Ansatz in der Rückfallebene ausreichen, allein schon aus wirtschaftlichen Gründen.

Außerdem können auch überörtliche Rückfallebenen betrachtet bzw. gebündelt werden. Einige Hersteller bieten auch Mietfahrzeuge an. Dabei werden oftmals Rettungswagen, »Standard«-Löschfahrzeuge oder Drehleitern vermietet. Dies ist vor allem bei einem kurzfristigen und unplanmäßigen Ausfall eine schnelle und sinnvolle Kompensation, auch wenn dies im Einzelfall zu einem erheblichen Schulungsaufwand der Maschinisten und hohen Mietkosten führt.

In einem taktischen Gesamtkonzept ist zunächst die Leistungsfähigkeit in Form von Szenarien festzulegen. (»Was soll die Feuerwehr können und was nicht?«) Erst danach sind die Einsatzmittel darauf basierend zu planen. Dies geht mit einer Standortfestlegung einher. Nach Umsetzung sind die Einsatzmittel in die Alarm- und Ausrückeordnung aufzunehmen.

4.1 Taktisches Gesamtkonzept WLF/AB

Die Förderungsbedingungen für finanzielle Zuschüsse sind in den Bundesländern unterschiedlich geregelt und sollten im Vorfeld einer Beschaffung geprüft werden. Teilweise werden darin die Ausstattung nach DIN oder die Umsetzung von Mindestausrüstungslisten, wie zum Beispiel in Bayern, gefordert. Auch die Festlegung einer Operativ-Taktischen-Adresse (OPTA) als Rufname im TETRA BOS-Funk erfordert einen Standard hinsichtlich der einsatztaktischen Einsetzbarkeit des Fahrzeuges. Hierbei kann allerdings zwischen der sog. Geburts-OPTA und der Alias-OPTA unterschieden werden. Bei der Vergabe der SIM-Karte für das Funkgerät sind je nach Landeskonzept ebenfalls Vorgaben zu erfüllen.

Im Bereich des Katastrophen- und Zivilschutz werden Fahrzeugbeschaffungen vom Bundesamt für Bevölkerungsschutz und Katastrophenhilfe (BBK) in Bonn-Dransdorf einheitliche LF-KatS nach DIN beschafft und anschließend an die Feuerwehren übergeben. Diese Fahrzeuge entsprechen vollständig der Norm.

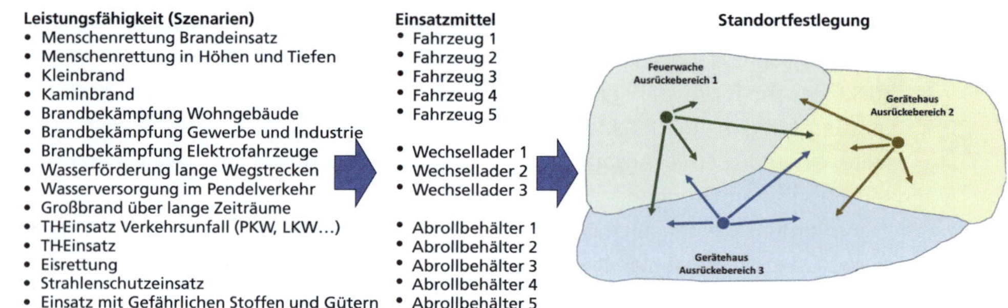

Bild 55: ***Taktisches Gesamtkonzept***

Massenklassen nach DIN EN 1846

- Leicht (L): 3 – 7,5 t
- Mittel (M): 7,5 – 16 t
- Super (S): < 16 t

Die Massenklassen werden noch tiefergehend unterteilt. Dies soll hier aber vernachlässigt werden.

Fahrerlaubnisklasse für PKW und LKW gemäß § 6 Fahrerlaubnis-Verordnung (FeV)

- Fahrerlaubnisklasse B: Fahrzeuge mit einer zul. Gesamtmasse von nicht mehr als 3,5 t mit nicht mehr als acht Sitzplätzen zzgl. Fahrer
- Fahrerlaubnisklasse BE: Kombinationen aus Zugfahrzeug der Klasse B und einem Anhänger, sofern die zulässige Gesamtmasse des Anhängers 3,5 t nicht übersteigt
- Fahrerlaubnisklasse C1: Fahrzeuge mit einer zul. Gesamtmasse von 3,5 t, aber nicht mehr als 7,5 t mit nicht mehr als acht Sitzplätzen zzgl. Fahrer
- Fahrerlaubnisklasse C: Fahrzeuge mit einer zul. Gesamtmasse mehr als 3,5 t mit nicht mehr als acht Sitzplätzen zzgl. Fahrer
- Fahrerlaubnisklasse CE: Kombinationen aus Zugfahrzeug der Klasse C und einem Anhänger mit einer zul. Gesamtmasse von mehr als 750 kg mit nicht mehr als acht Sitzplätzen zzgl. Fahrer

Die Auflistung der Massenklassen der Feuerwehrfahrzeuge und der Fahrerlaubnisklassen zeigt, dass Maschinisten der Feuerwehr den Führerschein der Klasse CE benötigen. Bei den genormten Fahrzeugen reicht die Fahrerlaubnisklasse B aufgrund des zul. Gesamtgewichts lediglich für KdoW und ELW 1 aus. Bei den Rettungswagen werden die 3,5 t ebenfalls oftmals überschritten. Hier würde isoliert betrachtet nur die Fahrerlaubnisklasse C1 ausreichen. Für Feuerwehren mit Rettungsdienst ist dennoch die Fahrerlaubnisklasse CE auszubilden. Das neue EU-Recht erlaubt inzwischen bei Fahrzeugen mit einem alternativem Antrieb ein Gesamtgewicht von bis zu 4,25 t für die Fahrerlaubnisklasse B. Dies bietet insbesondere dem Rettungsdienst, der nicht bei der Feuerwehr angesiedelt ist, neue Möglichkeiten.

Unterscheidung nach Kategorien

1. Straßenfähig,
2. geländefähig (bedingt für Geländefahrten geeignet),
3. geländegängig (vollständig im Gelände geeignet).

Der Unterschied zwischen »geländefähig« und »geländegängig« liegt in unterschiedlichen Anforderungen an die Böschungs- und Rampenwinkel. Beide Typen verfügen i. d. R. über einen Allradantrieb. Geländegängige Fahrzeuge verfügen üblicherweise über Differentialsperren und andere Reifenprofile.

4.2 Fahrzeuge mit Elektroantrieb

Führungsfahrzeuge, wie zum Beispiel KdoW, bei denen es nur um die Anfahrt zur Einsatzstelle geht, können problemlos mit einem Elektro- oder Hybridantrieb ausgestattet sein. Diese sind inzwischen umfangreich am Markt erhältlich. Hier stoßen nur die Fahrzeuge an Grenzen, die ständig im Einsatz sind und somit nicht in der Fahrzeughalle aufgeladen werden können. In diesen Fällen sind Hybridantriebe das Mittel der Wahl. Bei Löschfahrzeugen, die nach erfolgter Anfahrt zur Einsatzstelle vor Ort über einen langen Zeitraum eine Feuerlöschkreiselpumpe antreiben können müssen, wird die Energiebilanz schon deutlich komplexer. Ein kurzfristiger Ausfall würde zum Beispiel zu einer massiven Gefährdung eines Angriffstrupps im Innenangriff führen. Dennoch werden inzwischen erste Löschfahrzeuge mit Elektroantrieb ausgeliefert. Diese haben aus heutiger Sicht folgende Vor- und Nachteile:

- höhere Anschaffungskosten,
- zusätzliches Gewicht durch Hochvoltbatterien,
- Reduzierung der Möglichkeit der Zuladung,
- kürzere Reichweite,
- Betriebsdauer vor Ort begrenzt, wenn keine Aufladung stattfindet,
- Kosten für Umrüstung einer Fahrzeughalle,
- keine Nutzbarkeit des Fahrzeugs bei völliger Entladung,
- Ladevorgang dauert länger als ein Betanken,
- Erfahrungen liegen noch nicht vor,
- Brandgefahr durch Hochvoltbatterien in den Feuerwachen,
- Lebensdauer der Hochvoltbatterien,
- erforderliche Veränderungen der Werkstätten in den Feuerwehren,
- Imagegewinn der Feuerwehr durch Einsatz umweltfreundlicher Technologien,
- Beitrag zur CO_2-Bilanz einer Kommune.

4.3 Einteilung der Feuerwehrfahrzeuge

Die DIN 1846 teilt die Fahrzeuge der Feuerwehr in folgende Fahrzeugtypen ein:

- Feuerlöschfahrzeuge,
- Hubrettungsfahrzeuge,
- Rüst- und Gerätefahrzeuge,
- Krankenkraftwagen der Feuerwehr,

- Gerätefahrzeug Gefahrgut,
- Einsatzleitfahrzeuge,
- Mannschaftstransportfahrzeuge,
- Nachschubfahrzeuge,
- Sonstige.

4.4 Feuerlöschkreiselpumpen nach DIN

Die Abkürzungen bedeuten: FP =»Feuerlöschkreiselpumpe«, N = »Normaldruck«. Die erste Zahl steht für den Nennförderdruck in bar und die zweite Zahl für den »Nennförderstrom« in l/min.

- FPN 6-500
- FPN 10-750
- FPN 10-1000
- FPN 10-1500
- FPN 10-2000
- FPN 10-3000
- FPN 10-4000
- FPN 10-6000
- FPN 15-1000
- FPN 15-2000
- FPN 15-3000

Transportable Pumpen heißen »PFPN« für »Portable Fire Pump Normal Pressure« und Hochdruckpumpen »Fire Pump High Pressure«

- FPH 40-250 (Feuerlöschkreiselpumpe für Hochdruck mit einem Nennförderstrom von 250 l/min bei einem Nennförderdruck von 40 bar)

In nachfolgender ▶ Tabelle 5 werden die momentan nach DIN festgelegten Fahrzeuge aufgeführt.

Tabelle 5: ***Genormte Fahrzeuge nach DIN***

Fahrzeugtyp	Einsatztaktischer Wert	Gewicht	Besatzung	Tankvolumen	Pumpenart
TSF	Brandbekämpfung	4,0 t	Staffel		PFPN 10-1000
TSF-W	Brandbekämpfung	6,3 t	Staffel	500 l (bis zu 750 l)	PFPN 10-1000
KLF	Brandbekämpfung	4,75 t	Staffel	500 l	PFPN 10-1000
MLF	Brandbekämpfung	7,5 t	Staffel	600 l (bis zu 1 000 l)	FPN 10-1000
LF 10	Brandbekämpfung + Technische Hilfe	12,0 t	Gruppe	1 200 l	FPN 10-1000
HLF 10	Brandbekämpfung + Technische Hilfe	12,0 t	Gruppe	1 000 l	FPN 10-1000
LF 20	Brandbekämpfung + Technische Hilfe	15,0 t	Gruppe	2 000 l	FPN 10-2000
HLF 20	Brandbekämpfung + Technische Hilfe	15,0 t	Gruppe	1 600 l	FPN 10-2000
LF 20 KatS	Brandbekämpfung + Technische Hilfe	14,0 t	Gruppe	1 000 l	FPN 10-2000
TLF 2000	Brandbekämpfung	9,5 t	Trupp	2 000 l k)	FPN 10-1000
TLF 3000	Brandbekämpfung	13,0 t	Trupp	3 000 l	FPN 10-2000
TLF 4000	Brandbekämpfung	16,0 t	Trupp	4 000 l + 500 l SM	FPN 10-2000
DLK 12 (DLAK 12/9)	Menschenrettung (Brandbekämpfung + Technische Hilfe)	13,0 t	Trupp		

Tabelle 5: ***Genormte Fahrzeuge nach DIN – Fortsetzung***

Fahrzeugtyp	Einsatztaktischer Wert	Gewicht	Besatzung	Tankvolumen	Pumpenart
DLK 18 (DLAK 18/12)	Menschenrettung (Brandbekämpfung + Technische Hilfe)	13,5 t	Trupp		
DLK 23	Menschenrettung (Brandbekämpfung + Technische Hilfe)	15,0 t	Trupp		
TGM 18/12	Menschenrettung (Brandbekämpfung + Technische Hilfe)		Trupp		
TGM 23/12	Menschenrettung (Brandbekämpfung + Technische Hilfe)		Trupp		
WLF	je nach Abrollbehälter		Trupp		
RW	Technische Hilfe	14,0 t	Trupp		
GW-G	Gefahrguteinsatz	12,0 t	Trupp		
GW-L1	Logistik + Unterstützung		Trupp/ Staffel		
GW-L2	Logistik + Unterstützung		Staffel		
KdoW	Führung + Einsatzleitung				
ELW 1	Führung + Einsatzleitung	3,5 t			
ELW 2	Führung + Einsatzleitung	12,0 t	Trupp		

Die nachfolgende Grafik (▶ Bild 56) zeigt unterschiedliche Umsetzungen für die Einsatzmittel. Neben den klassischen Fahrzeugen (in der Regel LKW) und den Wechselladerfahrzeugen gibt es vereinzelt auch Anhänger. Diese können mit einem leeren Wechsellader mit dem Hakensystem einen Abrollbehälter zunächst hochziehen, um ihn dann auf einen leeren Anhänger zu schieben. Im Anschluss kann ein zweiter Abrollbehälter auf das Trägerfahrzeug gehoben werden. Dieses Procedere ermöglicht die Mitnahme zweier ABs von nur einem Maschinisten. Es ist aber sehr aufwendig und für weniger geübte Maschinisten sehr anspruchsvoll. An der Einsatzstelle angekommen benötigt man für das Absetzen beider AB sehr viel Platz. Ferner gibt es vereinzelt Zugmaschinen mit Aufliegern. Dies ist insbesondere dann sinnvoll, wenn der Auflieger große Außenmaße benötigt, wie das bei einigen Feuerwehren mit »ELW 5« der Fall ist. Dieses System hat den Nachteil, dass es i. d. R. nur für einen vorhandenen Auflieger genutzt wird. Ferner benötigt es in einer Fahrzeughalle große Flächen. Beim Rausfahren aus der Halle muss ebenfalls sehr viel Platz vorhanden sein, da ein zu frühes Einschlagen das Hallentor beschädigen würde. Da die »ELW 5« i. d. R. von einer begrenzten Anzahl von Personen gefahren werden, kann dies dennoch eine sinnvolle Umsetzung der Anforderungen sein.

Feuerwehrkrane gehören in die Gruppe der Sonderfahrzeuge und werden nachfolgend tiefergehend betrachtet. Feuerwehren, die in ihrem Einsatzgebiet Tunnelanlagen für U-Bahnen, Straßenbahnen oder Eisenbahnen vorfinden, setzen vereinzelt Mehrzweckfahrzeuge für »Schiene« und »Straße« ein. Neben den LKW-Achsen befinden sich hydraulisch absenkbare Antriebsräder für das Eingleisen in ein Gleisbett. Das Eingleisen dieser Zweiwegefahrzeuge erfordert hohe Präzision und kann nur an überfahrbaren Gleisen umgesetzt werden. Üblicherweise werden diese Systeme bei Rüstwagen in Kombination für Patiententransporte umgesetzt. Oftmals ermöglichen sie zusätzlich auch eine Brandbekämpfung und verfügen über besondere Repeater für den Sprechfunk in Tunnelanlagen.

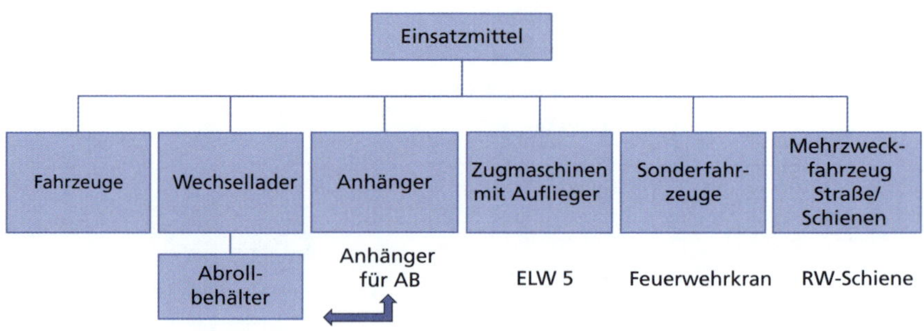

Bild 56: ***Unterschiedliche Umsetzung der Einsatzmittel***

4.5 Bauarten der Fahrzeuge

4.5.1 Ladebordwände und Rollwagensystem

Feuerwehrfahrzeuge können im Heck über Ladebordwände verfügen. Sie ermöglichen eine flexible Mitnahme verschiedener Gerätschaften auf Rollwagen. Diese werden dann im Einsatzfall individuell bestückt bzw. getauscht. Bei der Umsetzung derartiger Konzepte sollten diese Rollwagen taktisch eindeutig nach ihrer Verwendung im Vorfeld festgelegt werden. Rollwagen müssen besonders gesichert werden.

Bespielhafte Bestückungen für Rollwagen:

- Tauchpumpen/Lenzpumpen (Szenario Starkregen/Hochwasser),
- Stromerzeuger inkl. Kraftstoff in Kanistern,
- Atemschutzgeräte inkl. Masken,
- Be- und Entlüftungsgeräte,
- Chemikalienschutzanzüge,
- Auffangbehälter,
- Dekon-Duschen mit Zubehör,
- Messgeräte,
- Besprechungszelte,
- Getränke und Verpflegung,
- MANV-Komponenten,
- Motorkettensägen mit Zubehör,
- Geräte zur Trinkwasserversorgung,
- Hygiene,
- Einsatzkleidung/Ersatzkleidung,
- Wasserwerfer,
- Schläuche,
- Ölsperren.

Rollwagen werden in der Regel mit Gerätewagen Logistik transportiert.

4.5.2 Mitnahme-Stapler am Heck

Um an einer Einsatzstelle Lasten bewegen zu können, besteht die Möglichkeit, hinter dem Heck eines Fahrzeuges einen Mitnahme-Stapler mitzuführen. Diese können dann Einsatzmittel, wie z. B. CO_2 Flaschenbündel bewegen. Die Nutzlast beträgt 1,2 bis etwa 2,5 t. Für die Bedienung der Mitnahme-Stapler müssen die Maschinisten über einen Flurfördermittelschein verfügen. Sie benötigen dann wiederkehrende Unterweisungen durch eine fachkundige Stelle. Oftmals eingesetzt werden diese Systeme durch Werkfeuerwehren im TUIS-System.

4.5.3 Einsatzfahrzeuge versus Wechselladerfahrzeuge

Bereits seit den 70er-Jahren gibt es bei den deutschen Feuerwehren Wechselladerfahrzeuge. Inzwischen haben sich dabei die Fahrzeuge mit einem Hakensystem durchgesetzt. Weiterhin gibt es aber zum Beispiel im Bereich der Werkfeuerwehren auch Niederflurhubwagen, die den Vorteil bieten, dass ein Auf- und Absetzen ohne Schräglage der Abrollbehälters abläuft und die Gesamthöhe dieser Fahrzeuge nicht höher ist als normale Einsatzfahrzeuge. In der Regel haben Wechselladerfahrzeuge nur die Aufgabe, einen Abrollbehälter zur Einsatzstelle zu transportieren und verfügen daher kaum über eine feuerwehrtechnische Beladung. Üblicherweise werden diese Fahrzeuge auf zweiachsigen Fahrgestellen aufgebaut. Sie erreichen dabei ein zul. Gesamtgewicht (GG) von bis zu 18 t. Zunehmend werden dreiachsige Fahrgestelle verwendet (zul. GG bis 26 t) und vereinzelt vierachsige (zul. GG bis 32 t). Die Anforderungen an Wechselladerfahrzeuge mit Hakensystem sind in der DIN 14505 geregelt. Abrollbehälter können demnach bei einem zweiachsigen Fahrzeug bis 5,5 m und bei einem dreiachsigen Fahrzeug bis zu 6,5 m lang sein. Die meisten Fahrzeuge sind für den normalen Straßeneinsatz ausgelegt. Es gibt aber auch Fahrzeuge mit Allradantrieb. Im Einzelfall verfügen sie zusätzlich über einen ausklappbaren Kran, der dann zur Erlangung einer ausreichenden Stabilität ausfahrbare Stützen benötigt. Diese Kräne können ca. vier bis sechs Tonnen heben und erreichen Ausladungen von bis zu 12 m bei entsprechender Verringerung der Hubkraft.

Bei jeder neuen Einsatzkomponente ist zu prüfen, ob ein Fahrzeug oder ein WLF mit AB besser geeignet ist und in das Gesamtfahrzeugkonzept passt. Üblicherweise werden folgende Komponenten als Abrollbehälter umgesetzt:

Tabelle 6: ***Abrollbehälter, übliche Komponenten***

▪ AB-Atemschutz	▪ AB-Öl/AB-Ölsperre
▪ AB-Auffangbehälter	▪ AB-Pritsche
▪ AB-Bau	▪ AB-Rettungsmaterial
▪ AB-Belüften/Entlüften	▪ AB-Rüst
▪ AB-Besprechung(-sraum)	▪ AB-Schaummittel

Tabelle 6: ***Abrollbehälter, übliche Komponenten – Fortsetzung***

▪ AB-Boot	▪ AB-Schlauch
▪ AB-Brandwache	▪ AB-Schiene
▪ AB-Dekontamination	▪ AB-Sonderlöschmittel
▪ AB-Einsatzleitung	▪ AB-Strahlenschutz
▪ AB-Gefahrgut	▪ AB-Tankstelle
▪ AB-(Strom-)Generator	▪ AB-Taucher
▪ AB-Hochwasserschutz	▪ AB-Umweltschutz
▪ AB-Logistik	▪ AB-Ventilator
▪ AB-MANV »Massenanfall von Verletzten«	▪ AB-Wasserrettung
▪ AB-Mulde	

Der konstruktive Aufbau eines Abrollbehälters bietet sehr viel Gestaltungsfreiheit, da im Gegensatz zu einem Fahrzeugaufbau keine Radmulden oder technische Aggregate zu Platzverlust führen. In der Regel werden Abrollbehälter auf zwei Längsträger aufgebaut, die beim Auf- und Absetzen über die Rollen gleiten und statisch den gesamten Aufbau tragen. Abrollbehälter bieten insbesondere Vorteile für begehbare Räume, wie beispielsweise bei einem AB-Besprechungsraum, AB-Brandwache oder AB-Einsatzleitung.

Einsatztaktische Überlegungen für Wechsellader-Systeme können dabei sein:

Vorteil:

- Geringere Kosten in Summe,
- AB ist unabhängig vom Fahrzeug (Ausfall, Ersatz, Reparatur etc.),
- Reduzierung der Anzahl notwendiger Maschinisten in Summe,
- ein einzelner Maschinist kann bei Hin- und Herfahren mehrere AB zur Einsatzstelle transportieren,
- Entnahme von Gerätschaften aus geringerer Höhe,
- einzelne AB können prioritär aufgesattelt auf einem WLF in der Fahrzeughalle bereitstehen und somit ohne Zeitverzug an die Einsatzstelle fahren. Das Absatteln kann i. d. R. während der Erkundung durch den Einsatzleiter stattfinden, dafür muss allerdings der Einsatzort des AB direkt festgelegt werden.

Nachteil:

- höhere Anforderungen an den Maschinisten,
- Fehlbedienung möglich (hier könnten in Zukunft zunehmend Sensoren technisch unterstützen bzw. automatisches Auf- und Absatteln für mehr Sicherheit sorgen),
- höherer Schwerpunkt als ein Fahrzeug,
- Gesamthöhe in der Regel höher als vergleichbare Einsatzfahrzeuge,
- bei der max. zul. Gesamthöhe von 4,0 m nach STVZO können Abrollbehälter i. d. R. nur eine geringere Höhe als Aufbauten aufweisen,
- Überprüfung der Beladung eines Abrollbehälters i. d. R. nur im abgesattelten Zustand möglich,
- Anforderungen an Absetzfläche müssen vor Ort erfüllt sein (Trag- und Rollfähigkeit, Fläche muss waagerecht und plan sein etc.),
- begrenzte Austauschbarkeit aufgrund unterschiedlicher Systeme,
- kein Antrieb von Aggregaten wie Pumpe oder Stromgenerator durch Nebenantrieb möglich oder nur durch erheblichen technischen Mehraufwand umsetzbar,
- Schräglage des AB während des Auf- und Absetzens,
- Zeitverzug, wenn AB nicht prioritär bereits aufgesattelt mit ausrückt.

In der nachfolgenden Grafik sind verschieden Varianten gegenübergestellt.

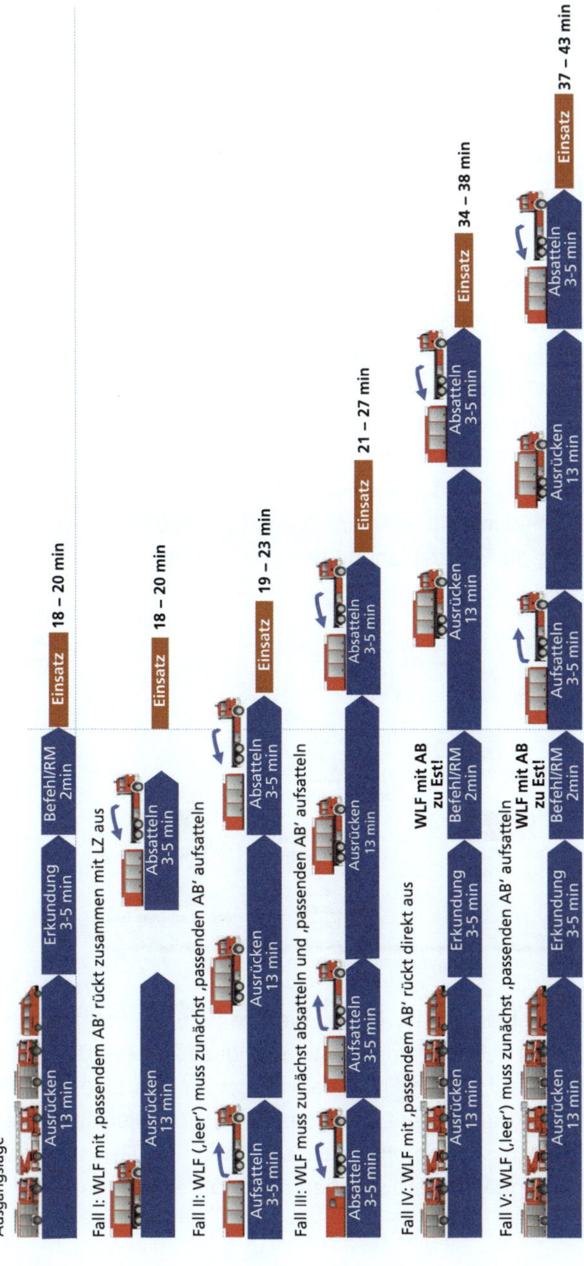

Bild 57: ***Eintreffzeiten Löschzug und WLF***

4.6 Eintreffzeiten Löschzug und WLF

▶ Bild 58 zeigt, dass zwischen zeitkritischen und später nutzbaren AB unterschieden werden muss. So kann in einem Gesamtsystem über den Zeit- und Stationierungsansatz eine hohe Leistungsfähigkeit bei geringen Kosten erreicht werden. Dabei ist die Leistungsfähigkeit der jeweiligen Feuerwehr bzw. des jeweiligen Löschzuges zu berücksichtigen. In allen Fällen steht der jeweilige AB an der gleichen Feuerwache, wie der Löschzug selbst; in den Fällen IV bis V wird die Notwendigkeit erst nach Erkundung festgestellt. Die Auf- und Absattelzeiten lassen sich durch Training und Routine reduzieren. Die Sicherheit lässt sich dabei steigern.

Die Berufsfeuerwehr Karlsruhe hat im Jahr 2020 ihre neue Hauptfeuerwache in der Kriegsstraße in Dienst genommen. Darin ist zur Optimierung des Aufsattelns ein sogenannter Container-Port eingebaut. Hier können bis zu 10 Abrollbehälter in einem automatischem Regalsystem gelagert werden. Bei Alarmierung stellt das System den notwendigen AB zeitnah dem WLF zur Aufnahme zur Verfügung. Die Dringlichkeit verschiedener ABs sollte im Zusammenspiel der Fahrzeugbeladung aller Einsatzmittel durch die Einsatzplanung bewertet werden.

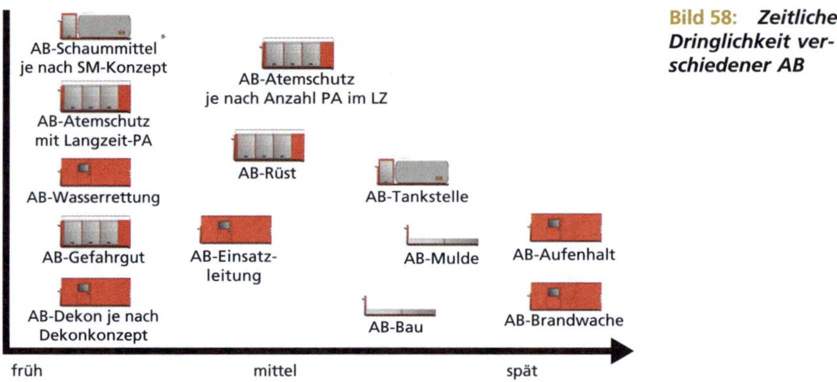

Bild 58: ***Zeitliche Dringlichkeit verschiedener AB***

Diese Aufstellung ist beispielhaft. Es sind weitere Faktoren vorab zu klären, um die Dringlichkeit jeder einzelnen Komponente individuell zu bewerten. Führt beispielsweise ein Löschzug auf seinen Einsatzfahrzeugen bereits eine Vielzahl an Atemschutzgeräten (Pressluftatmer) mit, so verschiebt sich die zeitliche Dringlichkeit eines AB Atemschutz zeitlich nach hinten. Die gleiche Bewertung lässt sich auch für Dekon-Ausrüstungen und anderen Gerätschaften durchführen.

Für die lokale Verteilung von AB in die jeweiligen Ausrückebereiche sind folgende Kriterien ausschlaggebend:

- Anzahl der ausgebildeten Maschinisten (vorwiegend bei Freiwilligen Feuerwehren zu betrachten),
- Feuerwache versus Gerätehaus bei Beurteilung der notwendigen Ausrückezeit (Dringlichkeit),
- Verteilung der Fahrzeuge,
- Dringlichkeit der AB (in Summe sinnvolle Verteilung notwendig),
- besondere Objekte im Ausrückebereich, die einen bestimmten AB erfordern (z. B. AB-Boot, AB-Ölsperre, AB-Schiene, AB-Taucher).

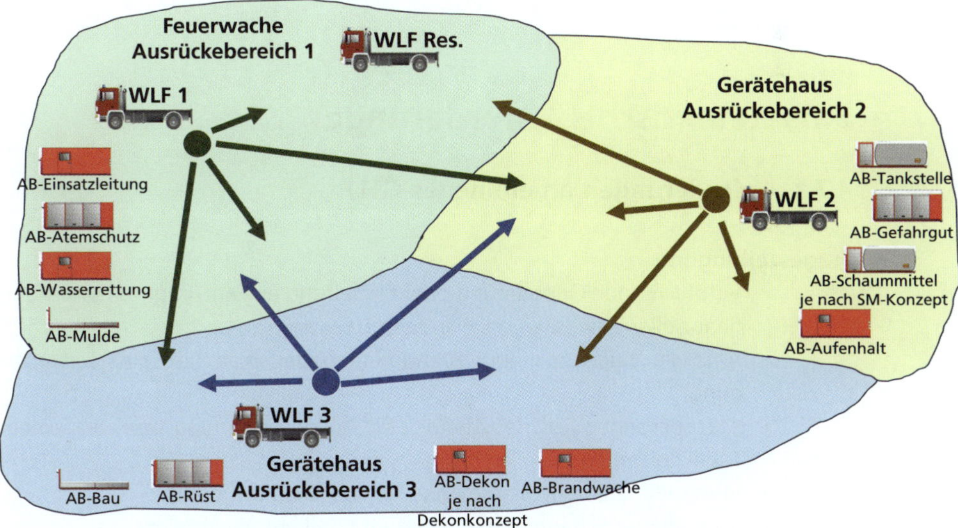

Bild 59: ***Lokale Verteilung der WLF und AB***

Die Verteilung der WLF und der AB hängt in einem Gesamtkonzept von folgenden Faktoren ab:

- lokale Verteilung,
- Dringlichkeit des jeweiligen AB,
- Funktionsstärke an hauptberuflichen Feuerwachen,
- Hilfsfristen und Erreichungsgrad,
- Verfügbarkeit von Maschinisten in der Freiwilligen Feuerwehr,
- Atemschutzkonzept,

- Dekon-Konzept,
- Besondere Einsatzkonzepte,
  - z. B. tiefinnenliegende Einsatzstellen, die Langzeit-PA erfordern,
  - z. B. besondere Anforderungen aufgrund eines TH-Konzeptes an die Rüstwagen und/oder AB-Rüst.

In der Alarm- und Ausrückeordnung muss festgeschrieben werden, welche zeitkritischen AB ständig aufgesattelt sein müssen und wie bei Ausfall der WLF verfahren wird. Dies könnte auch bedeuten, dass in einzelnen Fällen die WLF leer in der Fahrzeughalle stehen und dann je nach Einsatzstichwort einen AB aufziehen. Im Gesamtkonzept sollte der Ausfall eines WLF durch ein Reservefahrzeug kompensierbar sein.

4.7 Einsatztaktische Anforderungen

4.7.1 Anforderungen an ein neues GTLF

Fragestellungen

- Verpflichtende Orientierung oder Einhaltung an Fahrzeugnorm aufgrund finanzieller Zuschüsse oder anderer Vorgaben?
- Anforderungen aus dem Brandschutzbedarfsplan (Löschwasserversorgung)?
- Anforderungen aus der Alarm- und Ausrückeordnung bzw. aus einem Taktikkonzept?
- Vorhandene Löschwassermenge im Löschzug insgesamt?
- Vorhandene Schaummittelmenge im Löschzug insgesamt?
- Besatzung (mind./max.)?
- Erfahrungswerte aus Einsätzen in der Vergangenheit?
- Verfügbarkeit der Wasserversorgung im Ausrückebereich insgesamt?
- Verfügbarkeit anderer GTLF der angrenzenden Feuerwehren?
- Außenliegenschaften inkl. Verfügbarkeit und Wasserlieferung von Löschwasserbrunnen?
- Einsätze auf der Bundesautobahn?
- Häufiger Einsatz im Pendelverkehr?
- Anforderungen aus Konzepten der Vegetations- bzw. Waldbrandbekämpfung?
- Anforderungen aus einem Tankbrandbekämpfungskonzept?

- Anforderungen an Schaummittelvolumina (Einsatzgebiet)?
- Notwendigkeit der Einspeisung in halbstationäre Löschanlagen?
- Anforderungen an große Wurfweiten?
- Pump- and Rollbetrieb?
- Einbindung in ABC- oder CBRN-Konzepte?
- Notwendigkeit der befristeten »autarken« Einspeisung in andere Einsatzmittel durch Nutzung großer Wasservolumen (z. B. Wenderohr einer Drehleiter, LUF = Löschunterstützungsfahrzeug etc.)?
- Einsatz im Gelände?
- Anforderungen an die Ein- und Ausstiegshöhe?
- Verzicht der Dachbeladung (Sicherheit gegen Absturz)?

4.7.2 Anforderungen an einen neuen Rüstwagen

Fragestellungen

- Verpflichtende Orientierung oder Einhaltung der DIN 14555-3 aufgrund finanzieller Zuschüsse oder anderer Vorgaben?
- Anforderungen aus dem Brandschutzbedarfsplan?
- Anforderungen aus der Alarm- und Ausrückeordnung bzw. aus einem Taktikkonzept?
- Besatzung (mind./max.)?
- Erfahrungswerte aus Einsätzen in der Vergangenheit?
- Übernahme besonderer Aufgaben im techn. Bereich, wie zum Beispiel:
  - Eingleisen im Bereich der Straßenbahn (in der Regel in Zusammenarbeit mit dem Betreiber)?
  - Mitwirkung in der Wasserrettung (Mitnahme eines MZB oder RTB auf einem Anhänger)?
  - Stromversorgung, die über den üblichen Bereich hinausgeht und Stromgeneratoren, die über eine größere Leistung verfügen?
  - U-Bahntunnel, Baustellen, Schienenverkehr etc.?
- Besondere Anforderungen bei Rettung aus Höhen und Tiefen (Höhenrettung etc.)?
- Einbindung in ABC- oder CBRN-Konzepte?
- Erweiterte Anforderungen an mechanische Zugeinrichtung?
- Unterbringung einer Zusatzausrüstung eines Feuerwehrkranes (wenn vorhanden)?

- Erweiterte Anforderungen an Beleuchtung zur Lichtstärke oder Ausfahrhöhe (Lichtmast, Power-Moon etc.)?
- Einsatz im Gelände?
- Anforderungen an die Ein- und Ausstiegshöhe?
- Verzicht der Dachbeladung (Sicherheit gegen Absturz)?

4.7.3 Anforderungen an einen neuen ELW

Fragestellungen

- Verpflichtende Orientierung oder Einhaltung der DIN SPEC 14507 aufgrund finanzieller Zuschüsse oder anderer Vorgaben?
- Anforderungen aus der Führungsorganisation (aufwachsend)?
- Anforderungen aus dem Brandschutzbedarfsplan?
- Besatzung (mind./max.)?
- Funkkonzept mit Anforderungen an die Geräte-Ausstattung (MRT, HRT, FRT, IDECS etc.)?
- Schnittstelle zur Leitstelle:
  - Summe Funkarbeitsplätze?
  - Technische Ausstattung?
  - Informationsfluss?
  - Lagedarstellung?
  - Besetzung des ELW durch Personal der Leitstelle oder Löschzug?
- Anforderungen aus der Alarm- und Ausrückeordnung?
- Anbindung an AB-Einsatzleitung oder AB-Besprechung?
- Erfahrungswerte aus Einsätzen in der Vergangenheit?
- Anforderungen aus besonderen Einsatzkonzepten zum Thema Führung, Abschnittsleitung oder Fachberatung:
  - ABC- oder CBRN-Konzepte?
  - Schiffsbrandbekämpfung, Personen im Wasser etc.?
  - Einweisung RTH-Landung?
  - Vegetations- bzw. Waldbrandbekämpfung?
  - Industriebrandbekämpfung, Zusammenarbeit mit Werkfeuerwehren?
- Einsatz im Gelände?
- Wasserdurchfahrtsfähigkeit, Wattiefe?
- Zugriff auf Einsatzpläne während der Anfahrt?

- Datentechnische Anbindung (inkl. Redundanz)?
- Mitwirkung in Warnkonzepten?
- Mitwirkung in Messkonzepten?
- Möglichkeit der Lagedarstellung (manuell und/oder per EDV)?
- Anzahl Personen für eine Lagebesprechung?
- Darstellung von Plänen und Karten an Magnetwänden?
- Lagebesprechung ggf. auch im Freien (Markise, Zelt etc.)?
- Konzepte der Zusammenarbeit mit anderen Organisationen (Hilfsorganisationen, Veterinäramt, Gesundheitsamt etc.)?
- Anforderungen an die Ein- und Ausstiegshöhe?
- Fremd- oder Eigenstromversorgung (Generator)?
- Verzicht der Dachbeladung (Sicherheit gegen Absturz)?
- Erweiterte Anforderungen an Beleuchtung zur Lichtstärke oder Ausfahrhöhe (Lichtmast, Power-Moon etc.)?

4.7.4 Anforderungen an einen neuen Feuerwehrkran

Fragestellungen

- Gibt es im Ausrückebereich oder in unmittelbarer Nähe große Fahrzeug-Kranunternehmen, die eine Kooperation mit der Feuerwehr ermöglichen würden? In diesen Fällen ist die Beschaffung eines Feuerwehrkrans intensiv zu hinterfragen, da die Erfahrungswerte in der Bedienung von Kränen bei gewerblichen Kranunternehmen in jedem Fall höher sind. Insbesondere bei den Einsätzen mit Kränen in der Gefahrenabwehr kann dies ausschlaggebend für die Sicherheit und den Einsatzerfolg insgesamt sein. Dem gegenüber steht aber die Verfügbarkeit. Viele Kranunternehmen agieren überregional und stehen im Einsatzfall evtl. nicht zur Verfügung.
- Anforderungen aus dem Brandschutzbedarfsplan ggf. inkl. Bemessung der Zugkraft?
- Anforderungen aus der Alarm- und Ausrückeordnung bzw. aus einem Taktikkonzept?
- Besatzung (mind./max.)?
- Erfahrungswerte aus Einsätzen in der Vergangenheit?
- Unterbringung von Zusatzausrüstung auf dem Kran oder einem anderen Fahrzeug (z. B. RW)?
- Übernahme besonderer Aufgaben im techn. Bereich, wie zum Beispiel:

  - Eingleisen im Bereich der Straßenbahn (in der Regel in Zusammenarbeit mit dem Betreiber)?
- Anforderungen an die Ein- und Ausstiegshöhe?

4.7.5 Anforderungen an einen neuen AB-Dekon

Fragestellungen

- Verpflichtende Orientierung oder Einhaltung an Fahrzeugnorm aufgrund finanzieller Zuschüsse oder anderer Vorgaben?
- Anforderungen aus dem Brandschutzbedarfsplan?
- Anforderungen aus der Alarm- und Ausrückeordnung bzw. aus einem Taktikkonzept?
- Die FwDV 500 fordert für die Dekon eine Staffel als Personalansatz. Wie kommen diese Einsatzkräfte zur Einsatzstelle im Zusammenspiel mit dem AB Dekon?
- Anforderungen aus einem Hygienekonzept?
- Festlegung der Leistungsfähigkeit:
  - Wie viele Personen sollen in welcher Zeit dekontaminiert werden?
  - Sollen auch Verletzte (ggf. liegend) dekontaminiert werden?
- Anforderungen aus überregionalen Dekon-Konzepten?
- Welche Dekontaminationsmittel sind erforderlich? Notwendige Menge?
- Ist eine Wasserheizung notwendig?
- Wie wird kontaminiertes Wasser aufgefangen? Welche Menge muss aufgefangen werden?
- Gibt es einen AB Atemschutz? Wie ist ggf. das Zusammenspiel?
- Werden Gebläse-Filtergeräte oder Atemfilter eingesetzt?
- Wo wird Ersatzkleidung vorgehalten? Auf dem AB selbst oder an anderer Stelle (z. B. Rollwagen auf GW-Logistik)?
- Einbindung in ABC- oder CBRN-Konzepte:
  - Welche Gefahren sind vorhanden?
- Gibt es im Ausrückebereich Betriebe mit BIO-Gefahren, (z. B. BIO-Labore) so ist ggf. ein Gemisch aus 2 % Peressigsäure sowie 0,2 % Tensid für Oberflächen und 0,2 % Peressigsäure zur Hautdesinfektion nach FwDV 500 vorzuhalten.
- Gibt es besondere Stoffe im Ausrückebereich, die bei der Dekon zu betrachten sind (z. B. Chemische Industrie vor Ort mit Phenol o. ä.)?

- Ausrüstung für ein Human Biomonitoring (▶ Kapitel 3.3.5)?
- Stromeinspeisung?
- Wie ist der Prozessablauf der Dekon im Detail? Siehe dazu die beiden nächsten ▶ Tabellen 7 und 8.

Tabelle 7: ***Ablauf Brandeinsatz AB-Dekon***

	Prozess/Ablauf Brandeinsatz	Anforderung
1)	▪ Trupp kommt aus dem Einsatz (Einsatzkleidung + PA) ▪ Einsatzkleidung ist kontaminiert/ Schadstoffe auf der Einsatzkleidung gasen aus ▪ PA bleibt angeschlossen, bis Trupp am AB Dekon eintrifft	▪ AB muss von einer Person aufbaubar sein (Maschinist)
2)	▪ Atemfilter wird vom Trupp selbst angeschlossen	▪ Atemfilter vorhanden ▪ Ablagestelle für vorbereiteten Filter
3)	▪ Entkleidung an trockener Stelle	▪ Auskleidestelle (trockener Boden) ▪ Ablagestelle für Helm, Einsatzkleidung (Folien oder Säcke…) und Stiefel
4)	▪ Betreten des AB Dekon in Unterwäsche	▪ Beheizbarer Raum, Sichtschutz
5)	▪ Händewaschen und/oder Duschen	▪ Handwaschbecken ▪ Dusche mit Warmwasser und Seife
6)	▪ Ggf. nach Duschen: Anziehen frischer Kleidung	▪ Vorhaltung Wäsche: ▪ Unterwäsche, Socken, Trainingsanzug etc.
7)	▪ Für den Fall der Wiederverwendung im Einsatz: Anziehen frischer Einsatzkleidung ggf. mit dem Nachteil unpassender Größen, alternativ Einrücken zur Feuerwache und Nutzung 2. Satz pers. Einsatzkleidung	▪ Vorhaltung Ersatz-Einsatzkleidung für Einsatzkräfte

Tabelle 8: ***Ablauf CSA-Einsatz AB-Dekon***

	Prozess/Ablauf Brandeinsatz	Anforderung
1)	▪ Trupp kommt aus dem Einsatz (CSA + PA) ▪ CSA ist kontaminiert. Anzug bleibt geschlossen, bis Trupp am AB Dekon ist.	▪ AB muss von einer Person aufbaubar sein (Maschinist) ▪ PSA, die vor dem Ankleiden abgelegt wurde, kommt in eine namentlich beschriftetet Kiste (Überbekleidung Stiefel) ▪ Bei Wartezeit vor Dekon kann sich der Trupp an die Luftversorgung über die Luftdurchführung am Anzug anschließen. Warteplatz (Bierbank) mit mind. 2 langen Luftschläuchen
2)	▪ Bei Verunreinigung: ggf. Grobdekon je nach Produkt ▪ ggf. mit Wasser/Warmwasser ▪ ggf. mit Bürsten ▪ ggf. unter Verwendung von Dekonmittel ▪ ggf. schonendes Ausziehen ohne Dekon ▪ ggf. Verwendung von Sprühkleber (bei Stäuben)	▪ Persönliche Ablegestelle der Einsatzkleidung Dekon-Trupp ▪ Leichter Säureschutz + Gebläsefiltergeräte für Dekon-Trupp ▪ Dekontamination mechanisch (Bürsten o. ä.) ▪ Dekonmittel ▪ Wasser/Warmwasser ▪ Sprühkleber
3)	▪ CSA wird vom Dekon-Trupp geöffnet, Atemfilter oder Atemschutz-Schlauchgerät wird angeschlossen	▪ Atemfilter ▪ Atemschutz-Schlauchgerät vorhanden
4)	▪ Entkleidung und Aussteigen aus CSA an trockener Stelle	▪ Auskleidestelle (trockener Boden, Folien? Säcke?) ▪ Ablagestelle für Helm, CSA (Folien oder Säcke) und Stiefel
5)	▪ Betreten des AB Dekon in Unterwäsche	▪ Beheizbarer Raum, Sichtschutz
6)	▪ Händewaschen und/oder Duschen	▪ Handwaschbecken ▪ Dusche mit Warmwasser + Seife

Tabelle 8: *Ablauf CSA-Einsatz AB-Dekon – Fortsetzung*

	Prozess/Ablauf Brandeinsatz	Anforderung
7)	▪ Ggf. nach Duschen: Anziehen frischer Kleidung	▪ Vor dem Einsatz abgelegte Ausrüstung steht zur Verfügung/mit Namen beschriftete Kiste mit PSA steht am Ankleideplatz bereit ▪ Vorhaltung Wäsche (Unterwäsche, Socken, Trainingsanzug etc.)
8)	▪ Für den Fall der Wiederverwendung im Einsatz: Anziehen frischer Einsatzkleidung ggf. mit dem Nachteil unpassender Größen	▪ Vorhaltung Ersatz-Einsatzkleidung für Einsatzkräfte

4.7.6 Anforderungen an den Explosionsschutz an der Einsatzstelle

Die Einsatzplanung muss Festlegungen treffen, wie der Explosionsschutz an der Einsatzstelle technisch sichergestellt werden kann.

Folgende elektrische Betriebs- und Einsatzmittel sind dabei zu betrachten:

- Handlampen,
- Helmlampen (ggf. im Feuerwehrhelm integriert),
- Handsprechfunkgeräte (HRT im Digitalfunk),
- Mess- und Warngeräte,
- Pumpen im GSG-Einsatz (eigenständiges ganzheitliches Konzept erforderlich),
- Werkzeug generell (aus nicht-funkenreißendem Material),
- Handy,
- Tablet-PC (in der Regel nicht in Ex-Schutz möglich).

Bei der Festlegung der notwendigen Geräte ist eine Abwägung erforderlich. Die Definition von Ex-Zonen in der betrieblichen Praxis und damit verbunden deren Kennzeichnung ist dabei nur ein geringer Anhaltspunkt. Die Feuerwehr muss vielmehr darüberhinausgehende Ex-Gefahren in Betracht ziehen, die z. B. aufgrund eines großflächigen Austritts einer brennbaren Flüssigkeit mit einem hohen Dampfdruck entsteht.

Grundlage der Bewertung können betriebliche Einrichtungen im Ausrückebereich sein. Ferner sind transportierte Stoffe auf Straße, Schiene und Wasserstraße ebenfalls zu berücksichtigen. Hier lässt sich keinerlei Abgrenzung treffen, da mit allen Stoffen zu rechnen ist, die nach den jeweiligen Verordnungen transportiert werden dürfen. Eine Feuerwehr muss also immer ein Mindestmaß an Ex-Schutz an der Einsatzstelle sicherstellen können. Inwieweit aber zum Beispiel alle Handsprechfunkgeräte in Ex-Schutz ausgeführt werden müssen, kann im Einzelfall festgelegt werden. Hier entstehen nicht nur erhebliche Kosten, sondern Prüf- und Dokumentationsaufwände. Während eine Werkfeuerwehr in der petrochemischen Industrie vermutlich ganzheitlich Ex-geschützte Handsprechfunkgeräte verwendet, kann ein andere Feuerwehr beispielhaft nur einzelne Trupps und Führungskräfte dementsprechend ausstatten. Beim Einsatz von Ex-geschützten Funkgeräten dürfen nur zusammengehörige, zugelassene Komponenten (Funkgerät, Akku und Zubehör) verwendet werden. Die Herstellerangaben sind unbedingt zu beachten. Handlampen und Helmlampen sollten hingegen generell in Ex-Ausführung vorgehalten werden, da diese Kostensteigerung nicht sehr groß ist.

4.7.7 Anforderungen an die Auswahl von Standorten für neue Feuerwachen und Gerätehäuser

Auch dieses Thema würde allein ein ganzes Buch füllen. Daher werden in diesem Kapitel nur die einsatzplanerischen Aspekte betrachtet, die aus einer Standortbestimmung resultieren. Bei dem Neubau einer Feuerwache oder eines Gerätehauses sollte bei der Standortauswahl zunächst eine Auswertung der Hilfsfristen und deren Erreichungsgrade über einen langen Zeitraum durchgeführt werden. Viele Städte wachsen und erschließen im Umfeld neue Gebiete. Der Standort einer Feuerwache, der beim Bau vor vielleicht 100 Jahren optimal war, kann daher zum heutigen Zeitpunkt nicht mehr passend sein. Dies kann dazu führen, dass Innenstadtwachen oder -gerätehäuser ein Stück aus dem Zentrum der Innenstadt »herauswandern«, um neue erschlossene Gebiete (Wohngebiete, Mischgebiete, Industriegebiet etc.) besser mitabdecken zu können. Im Einzelfall kann hier für eine Kommune die Chance im Verkauf eines hochpreisigen Innenstadtgeländes liegen. Oftmals benötigen neue Objekte aber größere Grundstücke, was zu Kostensteigerungen führt.

Neben einer möglichst flächendeckenden Erreichbarkeit der Hilfsfristen gibt es weitere Kriterien, die zu betrachten sind. Dabei ist nicht immer räumliche Nähe ausschlaggebend. Teilweise kann dies mit vielen Nachteilen verbunden sein. Ein Hauptbahnhof in z. B. unmittelbarer Nähe optimiert zwar ein Anrücken dorthin. Städtebaulich führen aber viele Unterführungen und Brücken in diesem Beispiel oft dazu, dass für viele andere Objekte verlängerte Anfahrten entstehen. Folgende

Aspekte sind aus Sicht der Einsatzplanung bei der Standortfestlegung betrachtenswert:

- Bewertung und ggf. Anpassung aller Ausrückebereiche der Feuerwehr im Gesamtkontext,
- zentrale Lage im Ausrückebereich zur Erreichung der im Brandschutzbedarfsplan festgelegten Hilfsfristen,
- Verkehrsanbindung:
  - Nähe zu einem Stadtring oder einer Hauptverkehrsader,
  - mögliche Anbindung an eine vorhandene Vorrangschaltung der Ampelsteuerung,
  - Nutzung vorhandener »Sonderspuren« der Straße, wie zum Beispiel eine »Busspur« o. ä.,
  - Vermeidung von Auswirkungen durch Schrankenanlagen der Bahn auf den Hauptausrücke-Straßen,
- Nähe zu besonderen Einsatzobjekten, wie zum Beispiel:
  - Gefahrenpotential im Bereich der Industrie (Chemische Industrie, Stahlindustrie, Autoindustrie etc.),
  - Gefahrenpotential in See- oder Binnenhäfen (Art und Umfang des Warenumschlags, Gefährliche Stoffe etc.),
  - Gefahrenpotential im Bereich der Verkehrsinfrastruktur (Flughäfen, Autobahnen, Zugstrecken, Bahnhöfe, besondere Verkehrssysteme wie z. B. Schwebebahn, Eisenbahntunnel o. ä.),
  - Wasserstraßen, Seen,
  - Justizvollzugsanstalten,
  - Krankenhäuser, Forensiken, Universitätskliniken,
  - Tourismuseinrichtungen, Freizeitparks, Stadien, Arenen,
- gemeinsame Nutzung als Feuer- und Rettungswache ggf. mit einer gemeinsamen (integrierten oder einheitlichen) Leitstelle,
- Unterbringung des Verwaltungsstabes (oder SAE) in der Feuerwache (mit vielen Vor- und Nachteilen),
- Einflüsse durch den Klimawandel. Der Standort sollte nicht in unmittelbarer Nähe zu Flüssen oder Bächen oder am Hang liegen, um im Falle von Naturkatastrophen keinen Auswirkungen durch Überschwemmungen oder Erdrutschen ausgesetzt zu sein,
- Möglichkeit der räumlichen Expansion im direkten Umfeld durch freistehende Nachbarflächen (z. B.: Zunahme von Aufgaben).

4.8 Drohnen in der Gefahrenabwehr

von Thomas Klünsch

Unbemannte Luftfahrzeuge, offiziell »Unmanned Aerial Systems« (UAS), umgangssprachlich auch Drohnen genannt, gehören in der heutigen Zeit zur Standardanwendung in vielen Bereichen. Sie haben sich auch im Bereich der Gefahrenabwehr als leistungsfähiges Erkundungs- und Einsatzmittel etabliert.

Drohnen können mit ihren vielfältigen Anwendungsmöglichkeiten eine große Unterstützung bei der Erkundung sein, jedoch macht dieses Einsatzmittel nicht in allen Fällen Sinn. In einzelnen Einsatzlagen könnten sie sogar zu Verzögerungen oder Behinderungen führen. Wie auch in anderen Bereichen der Feuerwehr- und im Rettungsdienst muss hier das Verhältnis von Aufwand und Nutzen durch die Einsatzleitung abgewogen werden. Je nach Drohne kann durch verschiedene Nutzlasten, wie Kamerasysteme, Sensoriken und Kommunikationsmittel das Anwendungsgebiet vergrößert und an die speziellen Anforderungen angepasst werden.

Mögliche Einsatzszenarien für Drohnen können sein:

- Generelle Erkundung einer Einsatzstelle von oben (Gesamtblick),
- Lokalisierung von Brandherden, Glutnestern oder Gefahrenquellen,
- Suchen oder Orten von Menschen und Tieren,
- Erkundung von Angriffs- und Rettungswegen,
- Kommunikation mit (verschütteten) Personen,
- Innenerkundung einer ausgedehnten Anlage oder eines Gebäudes (z. B. Nachansicht tragender Teile in großer Höhe),
- Fernerkundung z. B. in schwer zugänglichen/einsehbaren Bereichen,
- Umweltdiagnostik in gefährlichen Bereichen (bei vorhandener Sensorik),
- Beförderung von Rettungsmitteln,
- Überwachung von Einsatzmaßnahmen,
- Dokumentation per Aufzeichnung und Datensicherung,
- Lagedarstellung (Kartierung) oder Vermessung von Einsatzgebieten.

Im Bereich der Führungsunterstützung bietet dieses Einsatzmittel in der frühen Phase in der Erkundung neue Perspektiven und Möglichkeiten.

Insbesondere das Einsatzmittel Drohne hat jedoch auch Grenzen, die einen Einsatz nicht ermöglichen oder erschweren. Dies können zum einen Wetterbedingungen wie z. B. Sturm, Hagel oder extreme Temperaturen, topographiebedingte Gründe wie große Höhe oder zerklüftete Landschaften, rechtliche Bedingungen wie z. B. Flugverbotszonen als auch die akute Atmosphäre (Exbereich) an einer Einsatzstelle sein. Auf die rechtliche Lage (nationales und europäisches Recht) und organisatorische Bedingungen wird aufgrund der momentan hohen Dynamik in der Gesetzgebung nicht eingegangen. Hier gibt es gute unterstützende Materialien wie z. B. die »Empfehlungen für Gemeinsame Regelungen zum Einsatz von Drohnen im Bevölkerungsschutz – EGRED 2« – vom Bundesamt für Bevölkerungsschutz und Katastrophenhilfe.

4.8.1 Vorbereitung und Kräfteansatz

Der Einsatz von Drohnen sollte bereits im Vorfeld in Einsatzplänen und -konzepten geregelt werden. Zuständigkeiten, Verantwortlichkeiten, Schnittstellen und organisatorische Abläufe müssen frühzeitig abgeklärt werden. Es ist sinnvoll, den Führungskräften bereits im Vorfeld die Einsatzmöglichkeiten und -grenzen und die organisatorischen Abläufe von Drohnen zu vermitteln, um im Einsatz nicht auf falsche Erwartungen und Vorstellungen zu treffen. Andernfalls empfiehlt sich auch der Einsatz eines Fachberaters Drohnen, der die Einsatzleitung beraten und unterstützen kann. Diese Spezialisten sind allerdings i. d. R. erst später an der Einsatzstelle verfügbar. Die Lufterkundung sollte als eigener Einsatzabschnitt direkt der Einsatzleitung unterstellt werden. Dies hat die Vorteile der unmittelbaren Kommunikation von (akuten) Lageänderungen bzw. Rückfragen zur Lage und der Abstimmung mit weiteren Luftkräften, wie einem RTH oder der Polizei. Ein Drehleiter- oder Kraneinsatz, Wasserwerfer oder andere Einsatzmaßnahmen, die im Konflikt mit dem Drohnenbetrieb stehen, erfordern ebenfalls koordinierte Abstimmung. Drohnen dürfen im Bereich der BOS nur durch vorher eingewiesene Personen eingesetzt werden. Somit sind die Verfügbarkeit, die Sicherheit und damit auch der Einsatzerfolg gewährleistet. Neben dem drohnenspezifischen Wissen ist auch ein entsprechendes Feuerwehrwissen im Bereich der Führungsausbildung hilfreich, um entsprechende Auftragsziele im Sinne der Einsatzleitung zu erledigen. Dennoch kann auch die Einbindung von örtlich vorhandenen professionellen Drohnenunternehmen mit Spezialtechnik und -fertigkeiten für einzelnen Einsatzszenarien zielführend sein. Dies muss jedoch im Vorfeld ebenfalls geplant und abgestimmt werden. Je nach Aufgabenumfang und dessen Intensität sowie Größe und Komplexität der vorgesehenen Einsatzaufgabe sind eine entsprechende Kapazität an Einsatzkräften für Funktionen wie Drohnensteuerer, Luftbeobachter, Unterstützer, Flugleiter und Abschnittsleiter zu unterscheiden.

Es gibt Einsatzszenarien die für eine Drohne als Ersteinsatzmittel prädestiniert sind. Dies kann sowohl die Suche nach Personen/Tieren in größeren Flächen, unwegsamen Gelände oder in schwer einsehbaren Bereichen der Fall sein, wie auch die Lagefeststellung in schwer zugänglichen Bereichen. In diesem Falle sind vorhandene Einsatzfunktionen mit dem entsprechenden Einsatzauftrag zu betrauen. Im weiteren Einsatzverlauf kann die Drohne als Führungsmittel für eine detaillierte Lagefeststellung, unterstützende Maßnahmen oder die Dokumentation zum Einsatz kommen. Unter diesen Umständen kann die Heranziehung von einsatzstellenfremdem Personal und externen Spezialisten eine sinnvolle Alternative sein.

4.8.2 Abwägung »Kräfte aus dem Einsatz oder externe Einheit?«

Ein weiteres Thema ist die Abwägung zum Einsatz einer Drohne aus den eigenen Ressourcen oder von einer separaten taktischen Drohneneinheit. Je nach Einsatzszenario und zeitlichem Ablauf der Drohne könnten die entsprechenden Kräfte der eigenen Einheit bereits im Einsatz tätig sein. Insbesondere bei Groß- oder Flächenlagen ist diese Wahrscheinlichkeit gegeben. Ein Herauslösen dieser Kräfte führt zu organisatorischen Veränderungen und einer notwendigen Übergabe an der Einsatzstelle.

4.8.3 Kabelgebundene Drohnen

Eine weitere Möglichkeit ist ein Tethering System. So bezeichnet man eine kabelgebundene Drohne. Diese hat einige Vorteile in Bezug auf den Kräfteansatz und die Luftgefährdung der Einsatzstelle. Sie kann von einer Person sicher und schnell in die Luft gebracht werden. Der nachfolgende Controlling Aufwand könnte zum Beispiel von einem Führungsassistenten im ELW neben der Erledigung weiterer Aufgaben durchgeführt werden. Der Ausbildungsaufwand für diese Technik ist erheblich geringer.

5 Einsatzplanung an der Einsatzstelle

In diesem Kapitel wird der (Einsatz-)Planungsprozess des Einsatzleiters beispielhaft betrachtet. Ferner werden Anforderungen an bzw. Lösungen für Lagedarstellungssysteme vorgestellt, die an der Einsatzstelle oder rückwärtig in einem Führungsstab verwendet werden können. Die Themen Einsatzleiterhandbuch und Informationssysteme runden das Kapitel ab.

Die Feuerwehr-Dienstvorschrift 100 (FwDV 100) »Führung und Leitung im Einsatz« beschreibt das Führungssystem der Feuerwehr insgesamt. Neben der Aufstellung der zur Lage passenden Führungsorganisation in verschiedenen Stufen wird auch der Führungsvorgang beschrieben. In der Arbeitsgruppe, die momentan die FwDV 100 überarbeitet, gibt es Überlegungen, den »Führungsvorgang« künftig in »Führungsprozess« umzubenennen. Es bleibt abzuwarten, was sich durchsetzen wird. Der Führungsvorgang soll die Führungskräfte davor bewahren, zu schnell in Lösungen zu denken, sondern immer vorab den Fokus auf die momentan größte vorhandene Gefahr zu lenken, um darauf basierend verschiedene Möglichkeiten der Gefahrenabwehr zu planen. Erst anschließend soll der Einsatzleiter sich für eine Lösung entschließen und diese gezielt umsetzen. Die Gefahrenmatrix wird modellhaft auf neun Gefahren heruntergebrochen die für alle denkbaren Szenarien genutzt werden können. Die Matrix selbst ist nicht in der FwDV enthalten, wird aber intensiv in der Ausbildung von Führungskräften genutzt und ist in der Feuerwehrwelt etabliert. Hier gab es in den letzten Jahren eine Diskussion darüber, ob nicht zusätzlich ein weiteres »A« für »Anschlag« aufgenommen werden soll. Da der Anschlag selbst aber nicht die Gefahr ist, sondern dessen Umsetzung, zum Beispiel durch eine Explosion oder ähnliches, wurde dies verworfen.

5.1 Einsatzbeispiel mit (Einsatz-)Planungsprozess des Einsatzleiters

Im Folgenden soll der Ablauf in einem Einsatzszenario veranschaulicht werden. Nach Erkundung stellt sich die Lage wie folgt dar:

Es ist ein Freitag im Juni, 11 Uhr, Temperatur 18 °C.

Nach Eingang vieler Notrufe und dem Hinweis auf eine Person, die am Fenster steht und zu springen droht, alarmiert die Leitstelle mit dem Stichwort »FEU 2 – MiG«. Neben dem geschlossen eintreffenden Löschzug wurde die benachbarte Freiwillige

Feuerwehr mit einem weiteren Löschzug (ELW, HLF 10, DLK und LF16 KatS) alarmiert. Dieser Löschzug wird vermutlich in den nächsten 8 – 15 min eintreffen.

Es brennt in einem dreieinhalbgeschossigen freistehenden Mehrfamilienhaus (reines Wohnhaus mit Satteldach, DG nicht ausgebaut) im 2. OG. In jeder Etage befinden sich 2 Wohnungen. In der rechten Wohnung steht ein Raum in Vollbrand. Flammen schlagen durch das bereits zerborstene Fenster und sind von der Straße aus zu sehen. Andere Räume dieser Wohnung sind verraucht (an den Fenstern sichtbar). Am Fenster in der linken Wohnung im 2. OG steht eine Person und droht zu springen. Der Treppenraum ist ab dem 1. OG verraucht. Mehrere Bewohner haben das Haus bereits verlassen. In der Wohnung wird niemand mehr vermisst. Die Bewohnerin hat sich selbst retten können. Eine Vollzähligkeit der Bewohner des Wohngebäudes konnte nicht festgestellt werden. Keiner der Personen hat Anzeichen für eine Rauchgasvergiftung. Anleiterstellen für die DLK sind vorhanden. Unterflur-Hydranten sind in unmittelbarer Nähe vorhanden.

Tabelle 9: ***Gefahrenmatrix***

A	Atemgifte	Brandrauch, Freisetzung von Stoffen mit hohem Dampfdruck, Stäube, Unterteilung in drei Gruppen I) erstickend II) Reiz- und Ätzwirkung III) Wirkung auf Blut, Nerven und Zellen
A	Angst/Panik	Fehlverhalten Beteiligter, Suizide, irrationales Verhalten in Gefahrensituationen etc.
A	Ausbreitung	Brandausbreitung, Stoffaustritte, Rauchgasdurchzündung, Rauchgasexplosion, Brandentstehung durch Ansammlung von heißem Brandrauch (Kellerbrand wird zu Dachstuhlbrand)
A	Atomare Gefahren	Ionisierende Strahlung (α-Strahlung, β-Strahlung oder γ-Strahlung) Röntgenstrahlung, Gefahrengruppen I – III beachten!
C	Chemische Gefahren	explosionsgefährlich, entzündlich (verschiedene Abstufungen), giftig, gesundheitsschädlich, ätzend, sensibilisierend, umweltgefährdend, erbgutverändernd etc.
E	Erkrankung/ Verletzung	Gefahren, die bei Rettung einer erkrankten oder verletzten Person eintreten können. (Das aufwändige Retten einer bettlägerigen Person, was zusätzliche Gefahren erzeugt. Gefahren durch die Verletzung selbst, ansteckende Krankheiten etc.)
E	Explosion	Unterscheidung in Deflagration, Detonation. Staubexplosionen. Durchzünden von Ex-Atmosphären bei brennbaren Flüssigkeiten mit hohem Dampfdruck...

Tabelle 9: ***Gefahrenmatrix – Fortsetzung***

E	Einsturz	Verschüttete Personen an Tiefbaustellen oder Silos, Eisrettung, Einsturzgefahren von Bauteilen oder Gebäuden.
E	Elektrizität	Unterscheidung Gleichspannung/Wechselspannung und Niederspannung und Hochspannung. Gefahren bei Photovoltaikanlagen, Hochvoltbatterien an E-Fahrzeugen. Einsätze auf dem Bahngelände (Gefahren durch Oberleitungen)

Die Beurteilung der Gefahren wird stark vereinfacht auf Menschen, Tiere, Umwelt, Sachwerte und auf die eigene Mannschaft oder das eigene Einsatzgerät bezogen.

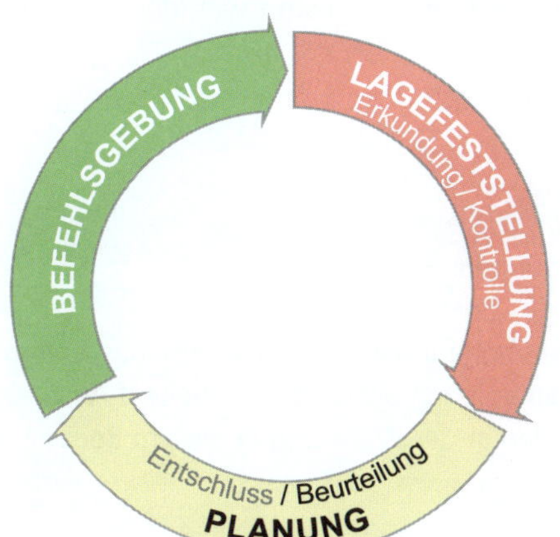

Bild 60: ***Führungsvorgang »Beurteilung«***

Nach dem Feststellen aller vorhandener Gefahren ist zunächst eine Priorisierung erforderlich, die im Grunde genommen vergleichbar mit dem Aufstellen einer Risikomatrix durchgeführt wird. Dabei soll die »größte Gefahr« in Kombination mit der höchsten Eintrittswahrscheinlichkeit erkannt werden. Die Risikomatrix stammt aus dem Arbeitsschutz und dient auch hier zum Analysieren von Gefährdungslagen. Ferner wird sie im Projektmanagement, bei der Softwareentwicklung und bei der Beurteilung von Gefahren in Industrieanlagen vielfach eingesetzt.

Eintrittswahrscheinlichkeit:

0 nie
1 selten/nur in Ausnahme
2 gelegentlich
3 wahrscheinlich/nahezu/oft
4 immer

Eine objektive Einschätzung der Eintrittswahrscheinlichkeit hängt sehr stark von der Qualität der Erkundung und vom Erfahrungswissen der Führungskraft ab. Ob sich zum Beispiel noch Anwohner im 1. OG aufhalten, kann im Einzelfall bei den Nachbarn erfragt werden. Diese könnten auch sicher verreist sein, weil sie von der befragten Person selbst zum Flughafen gebracht wurden. Bei Unklarheit muss die Einstufung immer zur »sicheren Seite« hin eingestuft werden.

Schadensausmaß:

0 ohne jegliche Folge
1 gering
2 mäßig
3 hoch/schwere Verletzungen
4 extrem/tödlich

Hier geht es darum, den weiteren Verlauf des Schadensausmaßes zu betrachten. In dem Beispiel steht die Wohnung bereits in Vollbrand. Eine weitere Ausbreitung in der Wohnung selbst wird den Schaden in der Wohnung in diesem Beispiel nicht mehr stark vergrößern.

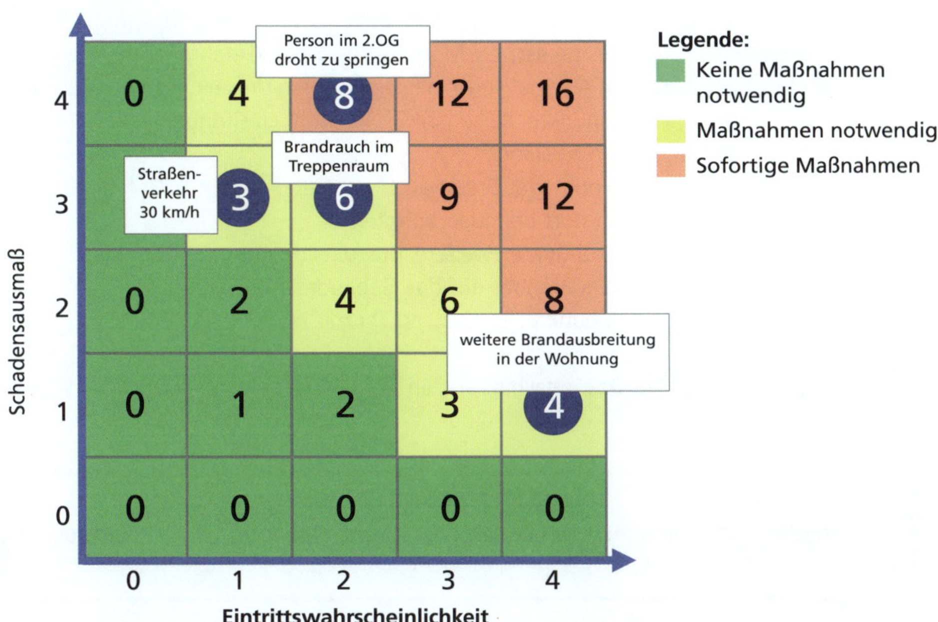

Bild 61: ***Risikomatrix***

Die beiden Werte aus der Eintrittswahrscheinlichkeit und dem Schadensausmaß werden miteinander multipliziert und man erhält den Wert für das Risiko.

0	**Kein Risiko** **Keine Maßnahmen erforderlich**
1-2	**Kleines Risiko** **keine Maßnahmen erforderlich**
3-6	**Mittleres Risiko** **Maßnahmen erforderlich**
8-16	**Hohes Risiko** **Sofortige Maßnahmen erforderlich**

Bild 62: ***Risikohöhe***

Nachdem die Gefahren priorisiert wurden, geht es anschließend darum, in der Beurteilung der Lage die taktischen Möglichkeiten der Gefahrenabwehr gegeneinander abzuwägen und Alternativen in der technischen Umsetzung zu betrachten.

- Prio 1: 8 Risikopunkte: Person im 2. OG droht zu springen – unmittelbare Lebensgefahr für Person
- Prio 2: 6 Risikopunkte: Brandrauch im Treppenraum – Gefahr für Personen, die sich dort befinden könnten
- Prio 3: 4 Risikopunkte: weitere Brandausbreitung in der Wohnung – Ausbreitung des Brandes auf das Gebäude
- Prio 4: 3 Risikopunkte: Straßenverkehr mit 30 km/h – Gefahr für Einsatzkräfte

Natürlich ist dieser Ansatz modellhaft und an der Einsatzstelle so in der Kürze der Zeit nicht leistbar.

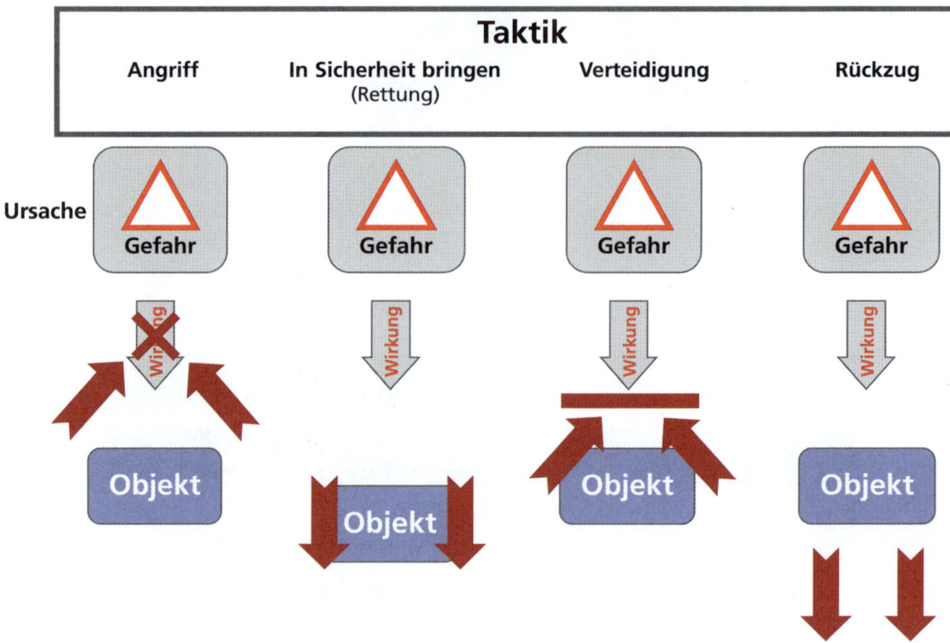

Bild 63: *Taktisches Vorgehen*

- Die Taktik »**Angriff**« wird angewendet, indem man die Wirkung der Gefahr unmittelbar bekämpft (Beispiel: »löschen«, »etwas ausschalten«, eine »Gefahr beseitigen« oder gegen eine Gefahr »vorgehen«).
- Die Taktik »**In Sicherheit bringen**« oder »**Retten**« wird angewendet, indem man das gefährdete »Objekt der Wirkung der Gefahr« entzieht, die Gefahr selbst aber unter Umständen bestehen bleibt (Beispiel: aus Gebäude »retten«, »räumen«, »evakuieren« oder »bergen«).
- Die Taktik »**Verteidigung**« schirmt die Wirkung der Gefahr auf das gefährdete Objekt ab (Beispiel: »schützen«, »sichern«, »abriegeln« oder »begrenzen«).
- Die Taktik »**Rückzug**« stellt den Selbstschutz in den Vordergrund und wirkt nicht im Sinne der eigentlichen Gefahrenabwehr. Sie sollte nur im Ausnahmefall gewählt werden (Beispiel: »aufgeben«, »fliehen«, »abbrechen« oder »sich selbst retten«).

Der Einsatzleiter entscheidet sich in diesem Beispiel der Gefahr »Person im 2. OG droht zu springen« taktisch durch das »Retten« (= »In Sicherheit bringen«) mit einer Drehleiter zu begegnen. Alternativ betrachtet er im Vorfeld auch die Möglichkeit, mit einer vierteiligen Steckleiter vorzugehen. Da dieser Weg aber zeit- und personalintensiver ist und zudem noch ein höheres Risiko für die zu rettende Person beinhaltet, wäre dies der schlechtere Weg. Der Sprungretter könnte ebenfalls eine Alternative sein, scheidet hier aber aus, da die Aufstellfläche nicht geeignet ist.

Der zweiten Gefahr »Brandrauch im Treppenraum« begegnet er zum einen durch die Taktik der »Verteidigung« – technisch umgesetzt durch die Auslösung der Rauch-Wärmeabzugsanlage (Wegnahme der Wirkung), durch Absuchen des Treppenraumes unter Eigenschutz und zusätzlich durch Vornahme einer taktische Ventilation, nachdem der vorgehende Angriffstrupp im Innenangriff die Voraussetzungen dafür feststellt. Nur durch Brandbekämpfung des Feuers in der Wohnung durch einen weiteren Angriffstrupp kann sichergestellt werden, dass keine weiteren Rauchgase durch falsche Strömungsrichtung zunehmend in den Treppenraum gelangt. In diesem Beispiel werden diesen beiden Gefahren in Kombination taktisch begegnet. Bei der Auswahl der geeigneten Maßnahmen ist die Sicherheit der Einsatzkräfte zu beachten. Ferner muss die zeitliche Abfolge insgesamt betrachtet werden. Der Rettungsdienst mit dem RTW und dem NEF steht bis zur Patientenübernahme bereit. Da unklar ist, ob noch Personen im Treppenraum oder in einzelnen Wohnung sind, reicht dieser Kräfteansatz nicht aus.

Die nachfolgende Tabelle zeigt die taktische Vorgehensweise in der ersten Phase des Einsatzes. Neben den technischen Umsetzungen sind auch die jeweiligen Kräfteansätze beispielhaft berücksichtigt.

Tabelle 10: ***Einsatzbeispiel Taktik, techn. Umsetzung und Kräfteansatz***

Prio.	Situation	Ursache	Gefahr	für	Taktik	technische Umsetzungsmöglichkeiten	Bewertung	Kräfteansatz	Umsetzung	Umsetzung durch
1	Person im 2. OG droht zu springen	Feuer/ Rauch	Angst/ Panik	Person	In Sicherheit bringen (Retten)	Sprungpolster	Gefahr des daneben Springens	0/1/2/3		1-DLK-1
						Einsatz DLK	sicherste und schnellste Lösung	0/1/1/2	x	
						tragbare Leiter 4-tlg. Steckleiter	personalintensiv und langsamer	0/0/4/4		
2	Brandrauch im Treppenraum	Feuer/ Rauch	Ausbreitung	Personen und Einsatzkräfte	Verteidigung	Auslösung der RWA	schnell und einfach	0/0/1/1	x	1-HLF-1
						Absuchen nach Personen mit 1 Tr	personalintensiv aber notwendig	0/1/2/3	x	
						taktische Ventilation	Ströhmungspfad muss bekannt sein	0/0/2/2	x	

Tabelle 10: ***Einsatzbeispiel Taktik, techn. Umsetzung und Kräfteansatz – Fortsetzung***

Prio.	Situation	Ursache	Gefahr	für	Taktik	technische Umsetzungsmöglichkeiten	Bewertung	Kräfteansatz	Umsetzung	Umsetzung durch
3	weitere Brandausbreitung in der Wohnung	Feuer/ Rauch	Ausbreitung	Personen und Einsatzkräfte und Umwelt	Angriff	Fensterimpuls	schnell aber abgeschl. vor A-Tr	0/0/1/1	x	1-HLF-2
						Innenangriff mit 1Tr + LWV + Si-Tr	personalintensiv aber notwendig	0/1/4/5	x	
						Außenangriff über DLK	Anleiterstelle ungeeignet			
4	Straßenverkehr 30 km/h	Ausbreitung	Ausbreitung	Personen und Einsatzkräfte	Verteidigung	Absperrung durch Polizei	Zeitverzug, Polizei ist alarmiert		x	
						Querstellung eines Fahrzeuges	Rettungsmittel behindert			
						Absperrung durch Pylone	als erstes Mittel geeignet	0/0/1/1	x	Fü-Ass ELW

Bei der Kräftebilanz kann ggf. ein Mangel an Einsatzkräften und/oder Einsatzmitteln festgestellt werden, den entweder die Einsatzkräfte kompensieren können, die sich noch auf der Anfahrt befinden oder entsprechend bei einer Nachforderung zu berücksichtigen ist.

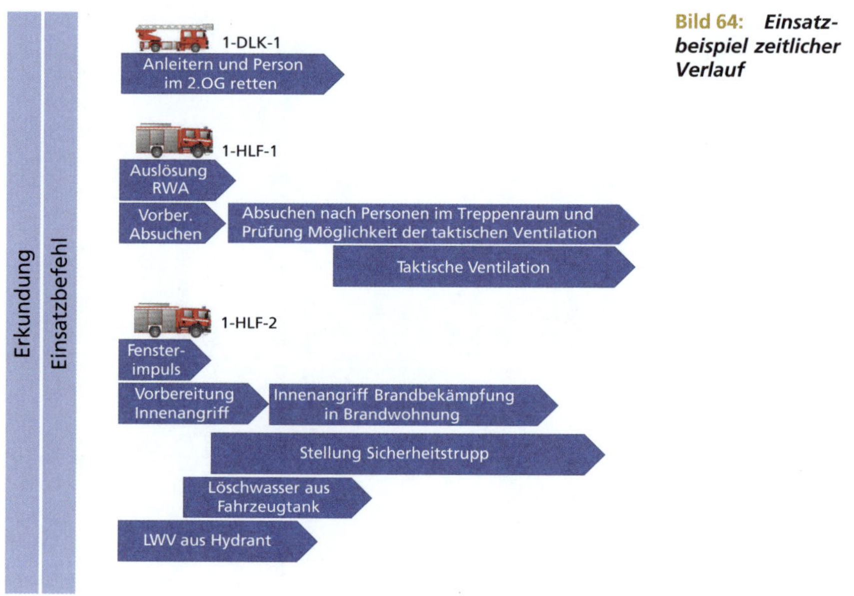

Bild 64: ***Einsatzbeispiel zeitlicher Verlauf***

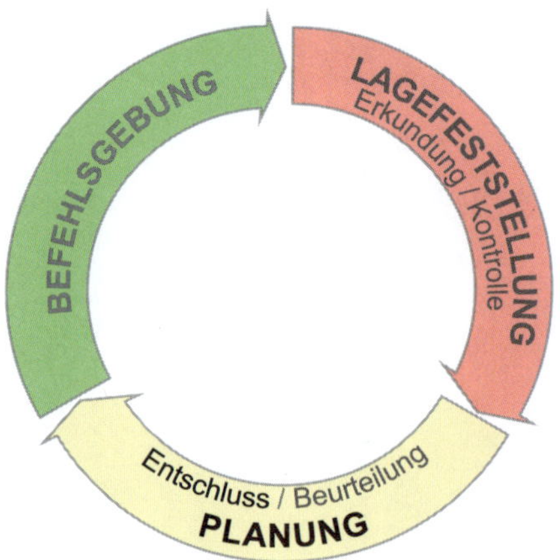

Bild 65: ***Führungsvorgang Entschluss***

Der Einsatzleiter entscheidet sich in diesem Einsatzbeispiel für die grün hinterlegten Maßnahmen im Rahmen des Entschlusses. Zur Ordnung des Raumes und der Kräfte entscheidet er sich für die Bildung von Einsatzabschnitten. Da sich im Einsatzabschnitt »EA außen« im ersten Ansatz nur die Besatzung der DLK befindet, lässt er diese in der gleichen Rufgruppe.

Die Bildung von Einsatzabschnitten hat hier den Vorteil, dass der Staffelführer des 1-HLF-1 die gesamte Koordination des Einsatzes innerhalb des Gebäudes im Rahmen der Auftragstaktik umsetzen kann. Ihm wird dafür das 1-HLF-2 unterstellt. Beide Trupps im Gebäude funken in der gleichen Rufgruppe, wie auch der Sicherheitstrupp. Die Sicherstellung der Wasserversorgung durch Anschluss an den naheliegenden Hydranten lässt kein Funkaufkommen erwarten, welche die Trupps im Gebäude stören könnte.

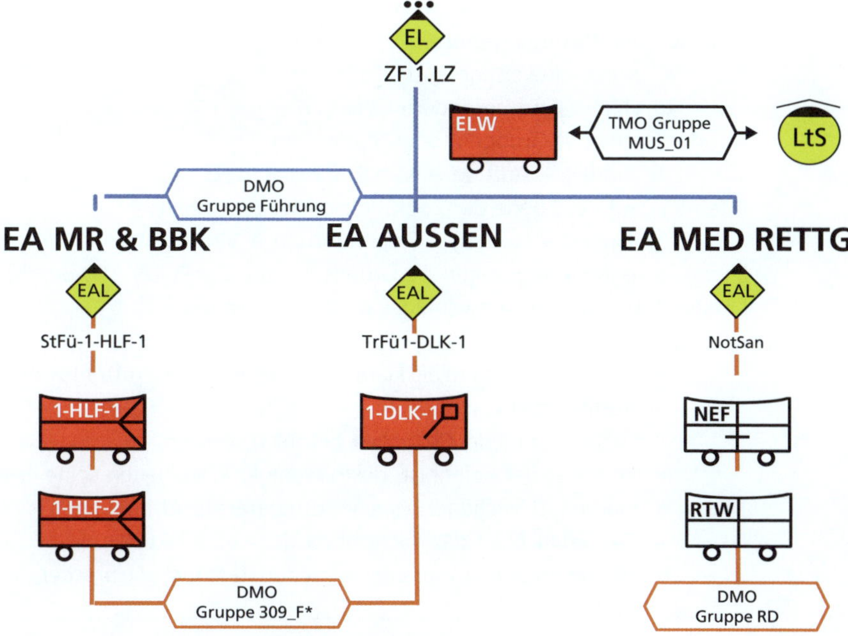

Bild 66: ***Beispiel EA Bildung und Funkkonzept***

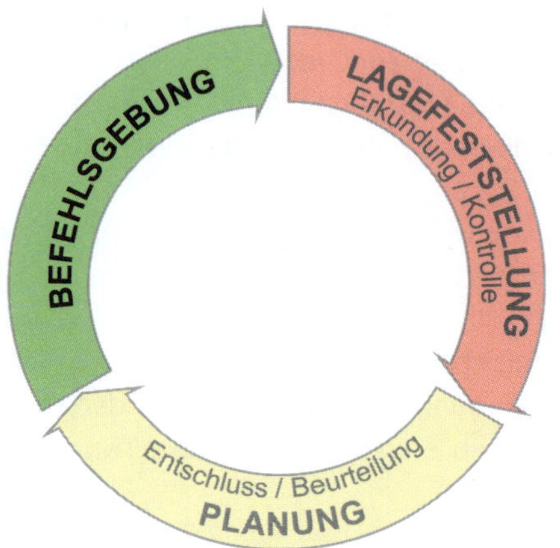

Bild 67: ***Führungsvorgang Befehl***

Struktur des Befehls generell:

1. Kurze Einweisung in die Lage
2. Hinweis auf besondere Gefahren

Auf der Ebene der Gruppen- oder Staffelführer:

3. Einheit → Auftrag → Mittel → Ziel → Weg

Alternativ auf der Ebene der Zugführer oder Einsatzleiter:

3. Einheit → Auftrag → Durchführung → Versorgung → Führung

Bei der Befehlsgebung sollten die Grundsätze aus der FwDV 100 beachtet werden, um den Inhalt auf ein notwendiges Maß zu begrenzen.

- Im Kern geht es um die klare Formulierung eines Auftrages im Rahmen der Auftragstaktik.
- Es soll nicht jede Kleinigkeit befohlen werden.
- Je länger der Befehl ist, desto weniger Einzelheiten sollte er enthalten.
- Klarheit ist wichtiger als eine formgerechte Abfassung.
- Die Deutlichkeit darf nicht unter der Kürze leiden.
- Der Befehlsinhalt muss der Entschlussfassung entsprechen.

In diesem Einsatzbeispiel lautet dann der Befehl:

»Achtung alle Einheitsführer und der NotSan des NEF zu mir!
Zur Lage: Es brennt in der Wohnung rechts im 2. OG in diesem Wohnhaus. Diese Wohnung ist verraucht. Ferner ist Rauch in den Treppenraum eingedrungen – ab 1. OG im Treppenraum sichtbar. Oben links seht ihr eine Person am Fenster stehen, die zu springen droht und momentan von meinem Führungsassistenten betreut

wird. Mehrere Bewohner haben das Haus bereits verlassen ohne Anzeichen einer Rauchgasvergiftung. In der Wohnung wird niemand mehr vermisst. Die Bewohnerin hat sich selbst retten können. Es ist unklar ob noch Personen im Treppenraum oder in den Wohnungen sind.
Anleiterstellen für die DLK sind am Fenster vorhanden.
UF-Hydranten sind in unmittelbarer Nähe hinter dem 1-HLF-1 vorhanden.
Ich habe die Absicht die Person mit der DLK zu retten, einen Innengriff zum Absuchen des Treppenraumes und eine Brandbekämpfung in der Brandwohnung durchzuführen. Die Wohnungen werden erst mit Eintreffen der weiteren Einheiten auf Personen überprüft. Ein weiterer Löschzug wurde mit uns alarmiert und trifft vermutlich in 10 min ein.
Ich bilde drei Einsatzabschnitte:
»EA MR und BBK« geführt vom Staffelführer 1. Ihnen untersteht das zweite HLF! Ihr Auftrag ist das Absuchen des Treppenraumes und eine Brandbekämpfung in der Brandwohnung! Beide Trupps achten auf Möglichkeiten der taktischen Ventilation. Diese wird vorbereitet. Die RWA wurde bereits ausgelöst.
Sie stellen den gemeinsamen Sicherheitstrupp und führen zeitnah einen Fensterimpuls durch! Die Wasserversorgung ist aufzubauen! Rufgruppe DMO Gruppe 309_F*!
»EA AUSSEN« geführt vom Truppführer der DLK:
Sie retten die Person am Fenster mit der DLK und übergeben ihn an den RD!
Für Sie ebenfalls die Rufgruppe DMO Gruppe 309_F*!
»EA MED RETTG« geführt vom NotSan des NEF:
Sie übernehmen die Person von der DLK und stehen anschließend für evtl. weitere Patienten bereit! Ich werde noch 2 RTW nachfordern. Rufgruppe DMO Gruppe RD!
Alle EAL bleiben für mich erreichbar in der Rufgruppe DMO Gruppe Führung!
Vor!«

Bei der Aufstellung der Führungsorganisation bzw. auch bei der Bildung von Einsatzabschnitten sind die Führungsgrundsätze aus der FwDV 100 zu beachten:

- Aufgaben, Befugnisse und Mittel müssen aufeinander abgestimmt sein.
- Aufgabenbereiche müssen überschaubar und klar abgegrenzt sein.
- Unterstellungsverhältnis und Weisungsrecht müssen klar festgelegt werden.
- Die Zusammenarbeit mit anderen, nicht unterstellten Kräften und Stellen muss gewährleistet werden.

Erst nachdem die Rettung der Person am Fenster mittels DLK begonnen hat, bekommt der Führungsassistent seinen Befehl:
»Führungsassistent zu mir!
Sie sichern die Einsatzstelle gegen den Straßenverkehr durch Aufstellen von Pylonen und führen anschließend im ELW die Lagekarte und die Funkskizze mit folgenden Einsatzabschnitten und Kräften…
Sie bleiben ebenfalls für mich erreichbar in der Rufgruppe DMO Gruppe Führung.
Vor!«
Rückmeldung an die Leitstelle:
»Hier C-Dienst LZ1 mit RM von der Einsatzstelle XY.
Bestätigter Brand in einem dreieinhalbgeschossigen freistehenden Mehrfamilienhaus mit verrauchtem Treppenraum. Es ist unklar, ob sich Personen im Gebäude befinden.
Eine Person im 2 .OG am Fenster droht zu springen. Sie wird betreut und unmittelbar mit der DLK gerettet.
Zwei Trupps im Gebäude zum Absuchen des Treppenraumes und zur Brandbekämpfung in der Brandwohnung im 2 .OG.
Information an den anrückenden 2. LZ: Fahren Sie von der Südseite an!
Ich fordere nach: 2 weitere RTW und den B-Dienst. Anfahrt über Süd!
Den Energieversorger der Stadtwerke.
Die Polizei ist bereits vor Ort.
Kommen!«

Nachdem nun alle Maßnahmen anlaufen, muss der Einsatzleiter erneut in den Führungsvorgang einsteigen und die Kontrolle der Maßnahmen durchführen.

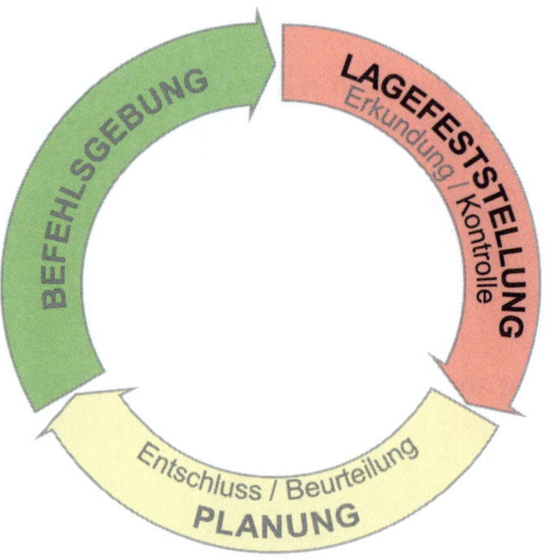

Bild 68: ***Führungsvorgang Kontrolle***

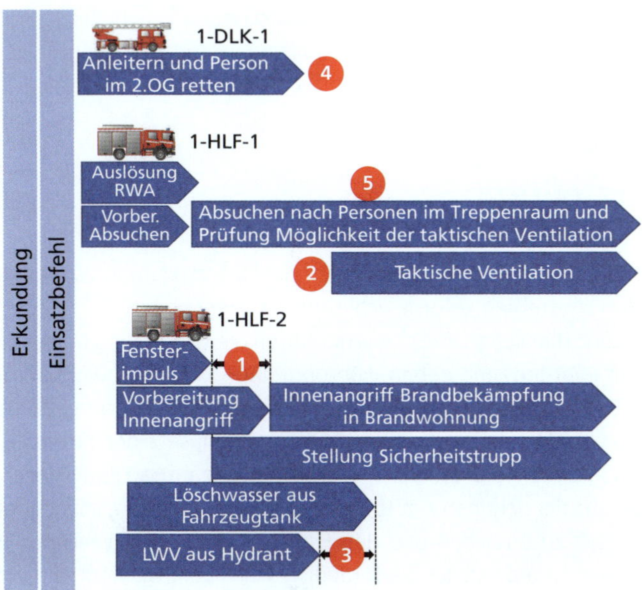

Bild 69: ***Einsatzbeispiel zeitlicher Verlauf und Kontrolle***

In diesem Einsatzbeispiel sind dabei insbesondere die u. g. sechs Punkte im Rahmen der Kontrolle durch den Einsatzleiter bzw. die Einsatzabschnittsleiter zu beachten:

1) Sicherstellung, dass der Fensterimpuls von außen vor Betreten des Angriffstrupps im Innenangriff in der Brandwohnung abgeschlossen ist (Verbrühungsgefahr des AT im Innenangriff aufgrund der Wasserdampfbildung).
2) Kommunikation des »Angriffstrupps zur Kontrolle des Treppenraumes« an den »EAL MR und BBK« über Möglichkeiten der taktischen Ventilation. Ferner muss der »EAL MR und BBK« die Abluftöffnung bei Durchführung der taktischen Ventilation kontinuierlich überwachen, um sicherzustellen, dass sich dort keine Personen befinden.
3) Sicherstellung der Löschwasserversorgung vor Entleerung Tankinhalt.
4) Information des »EAL-außen« über gerettete Person unmittelbar an den Einsatzleiter.
5) Unmittelbare Information des »EAL MR und BBK« durch den »Angriffstrupp zur Kontrolle des Treppenraumes« bei Auffinden einer Person oder besonderer Vorkommnisse. Ggf. sofortige Weiterleitung der Information durch den »EAL MR und BBK« an den Einsatzleiter.

Im weiteren Verlauf des Einsatzes sind Auswirkungen durch das Ereignis auf das Umfeld zu erkunden. Ferner sind Vorkehrungen für das eventuelle Auffinden weiterer Verletzter zu planen.

5.2 Lagedarstellung

Die vorbereitenden Maßnahmen, die durch die Einsatzplanung zur Aufstellung von Lagedarstellungssystemen erforderlich sind, wurden bereits in ▶ Kapitel 3 dieses Buches erläutert. Hier soll es im Schwerpunkt um die Umsetzung an der Einsatzstelle oder in einem Führungsstab gehen. Führungsstäbe können sowohl an der Einsatzstelle (z. B.: ELW 5), wie auch in einem rückwärtigen Stabsraum arbeiten. In der FwDV 100 gibt es einen Hinweis in Kapitel 3.2.4.3 zum Einsatz der Kräfte. »Technisch-taktische Maßnahmen dienen dazu, das im Einsatzauftrag befohlene Einsatzziel durch den Einsatz der richtigen Kräfte, mit den richtigen Mitteln, am richtigen Ort und zur richtigen Zeit zu erreichen und den Einsatzerfolg sicherzustellen.« Um dies zu erreichen, ist eine Lagedarstellung erforderlich. Nach der FwDV 100 (Kapitel 3.3.5) ist die Einsatzleitung zur Lageführung und Dokumentation sogar verpflichtet.

In besonderen Fällen ist eine Lagebesprechung (inkl. Lagedarstellung) vor der Durchführung einer ersten taktischen Beurteilung erforderlich, um diese überhaupt durchführen zu können. Bei einem Kampfmittelfund ist beispielsweise der Räumungsradius, der von den Fachleuten festgelegt wird, als Basis für die Maßnahmen

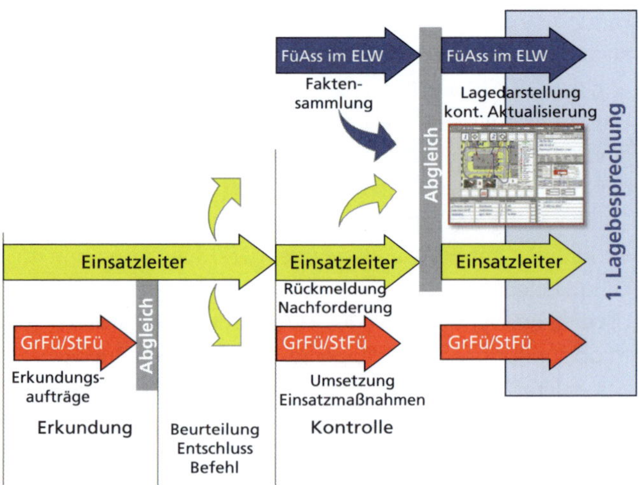

Bild 70: ***Prozess Lageführung***

der Räumung maßgeblich. Ohne eine Lagedarstellung könnten hier kaum Entscheidungen getroffen werden. Bei Gefahrgut- und Brandeinsätzen sind beurteilte Messwerte ebenso darzustellen, wie auch geräumte Bereiche oder Warnbereiche.

Ferner heißt es in der Dienstvorschrift »die Lagedarstellung und die Dokumentation sind nicht nur zentral, sondern auch bei den unterstellten Einheiten und Einrichtungen zu führen.« (FwDV 100, Kapitel 3.3.5)

In einem Führungsstab kommt einer Lagebesprechung eine noch höhere Bedeutung zu, da die Einsatzstelle i. d. R. nicht eingesehen werden kann und somit viele visuelle Informationen schlicht weg fehlen. Der Lagevortrag wird vom Sachgebietsleiter S2 (Lage) gehalten. Im Einzelfall kann es sinnvoll sein, z. B. von dem »EAL Messen« oder einem Fachberater einen kurzen Vortrag halten zu lassen. Dabei ist stets der zeitliche Umfang im Auge zu behalten, damit Lagebesprechungen nicht ausufern oder sich im Detail verlieren. Die Lagedarstellung dient dazu, in den Köpfen der Einsatz- und Führungskräfte ein gleiches Lagebild zu erzeugen, um auf dieser Basis einheitlich agieren zu können (Lagebild = Lagedarstellung + Lagevortrag + Ergänzungen + Verständnisfragen [inkl. Antworten]).

Im weiteren Verlauf sollte ein Lagevortrag bei gleichem Teilnehmerkreis nur Lageänderungen zur vorherigen Lagebesprechung beinhalten, damit dieser auf ein zeitlich notwendiges Maß begrenzt bleibt.

Lagebesprechungen werden unterschieden in:

- Lagebesprechungen zur Information und
- Lagebesprechungen zu Entscheidung.

Lagebesprechungen bedürfen einer kurzen Vorbereitung durch die Vortragenden. Idealerweise wird die nächstfolgende Lagebesprechung im Stab gemeinsam festgelegt und visualisiert. Der Stabsleiter sollte ca. fünf Minuten vor der Lagebesprechung auf diese hinweisen, um die Vorbereitung sicherzustellen.

Der gewählte Kartenausschnitt hängt im Wesentlichen vom Schadensereignis selbst und von der Führungsebene ab. Ein Starkregenereignis in einer Flächenlage oder der Brand in einem freistehenden Einfamilienhaus erfordern völlig andere Zoomstufen. Hier liegt ein entscheidender Nachteil der manuellen Darstellung. Hat man sich bei der Auswahl des Planausschnittes einmal vertan, so ist dies im zeitlichen Verlauf nur mit großem Aufwand zu korrigieren. Auch führt in diesen Fällen eine räumliche Ausdehnung der Einsatzstelle im Verlauf zu aufwändigen Anpassungen in der Lagedarstellung.

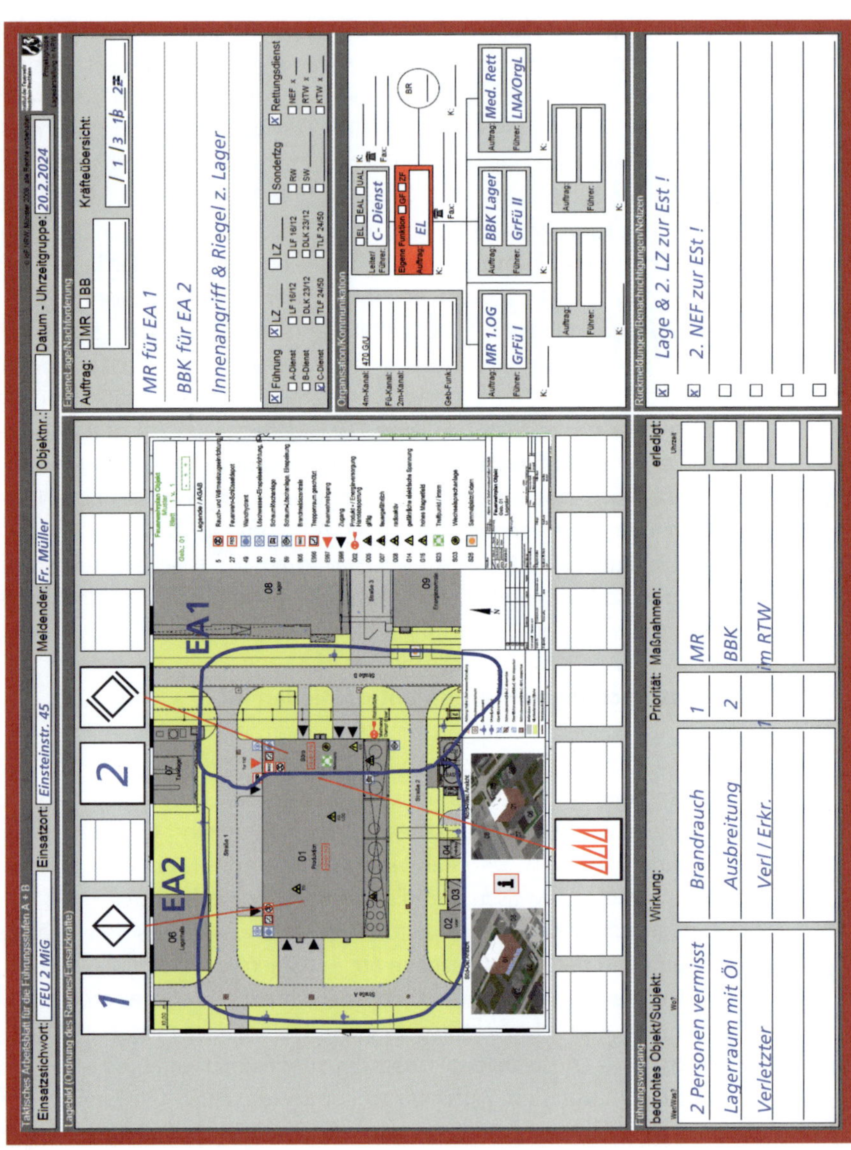

Bild 71: ***Lagedarstellung mit Feuerwehrplan***

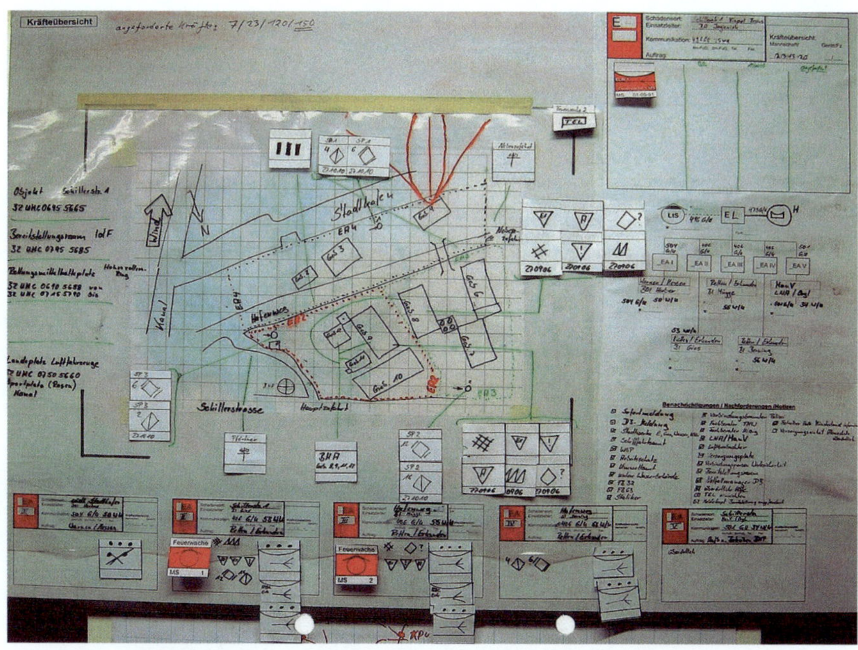

Bild 72: ***Lagedarstellung gezeichnet***

Bei einer digitalen Lagedarstellung hingegen kann man jederzeit rein- oder rauszoomen und die Informationen bleiben erhalten. Da die Informationen auf verschiedenen »Layern« (Vergleich mit mehreren übereinanderliegenden Folien bei einem Overheadprojektor) liegt, kann man sie wahlweise ein- oder ausblenden.

Informationen die in einer Lagedarstellung generell erforderlich sind:

- Einheiten,
- Stärkeübersichten,
- Führungsorganisation,
- Gefahren,
- Informationen, Zustände (z. B.: »eingestürzt«),
- Wetterdaten,
- Zeiten,
- Zeitstrahle (wenn relevant),
- Schadenskonten,
- Erreichbarkeiten, Funk, Handy etc.,

- Verletztenübersichten,
- Lagemeldungen,
- Lageentwicklungen,
- Messpunkte inkl. Beurteilung (▶ Kapitel 3.3.1, Farbpunkte),
- Warnbereiche,
- geräumte Bereiche,
- Aufträge mit Priorität (erledigt, offen).

Ferner muss der Detaillierungsgrad mit zunehmender Führungsstufe abnehmen. In der Führungsstufe D (Führen mit einer Führungsgruppe bzw. mit einem Führungsstab) werden üblicherweise die Einheiten als Löschzüge oder Verbände geführt, während es in der Führungsstufe A sinnvoll sein kann, einzelne Trupps darzustellen (z. B. um den genauen Einsatzort mehrerer Angriffstrupps im Innenangriff darzustellen und den Überblick zu behalten).

Eingetragen werden sollten u. A. folgende Informationen, falls nicht im Plan bereits beinhaltet:

- Datum, Uhrzeit (Ereignisbeginn und aktueller Stand),
- Straßennamen und ggf. Objektnamen,
- Windrichtung (Pfeil, »Wind aus«) und Windgeschwindigkeit in m/sek,
- Gebäudekonturen,
- Zeitpunkt der nächsten Lagebesprechung,
- Einsatzabschnittgrenzen (EA) ggf. als Line oder »Kreis«,
- Einsatzleiter:
  - Name EL,
  - Erreichbarkeit EL über Rufgruppe Sprechfunk,
  - ggf. auch per Handy,
- Einsatzabschnitte mit:
  - Name EA,
  - Einsatzauftrag,
  - Name Einsatzabschnittsleiter (EAL),
  - Erreichbarkeit EAL über Rufgruppe Sprechfunk (ggf. auch per Handy).

Lagekarten sollten für den Einsatz so vorbereitet werden, dass sie schnell eingesetzt werden können. Die Fahrzeuge des »eigenen« Löschzuges können zum Beispiel im linken Bereich als »kalte Lage« vorsortiert werden.

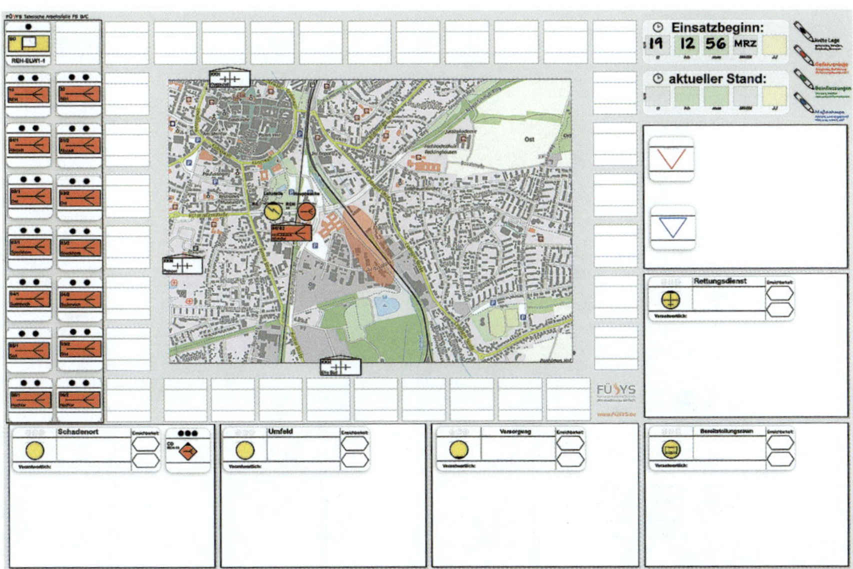

Bild 73: ***Lagetafel kalte Lage (Quelle: Fa. Kobra)***

So kann im Einsatz mit wenig Aufwand die Lage schnell dargestellt werden. Dies führt auch zur Steigerung der Akzeptanz.

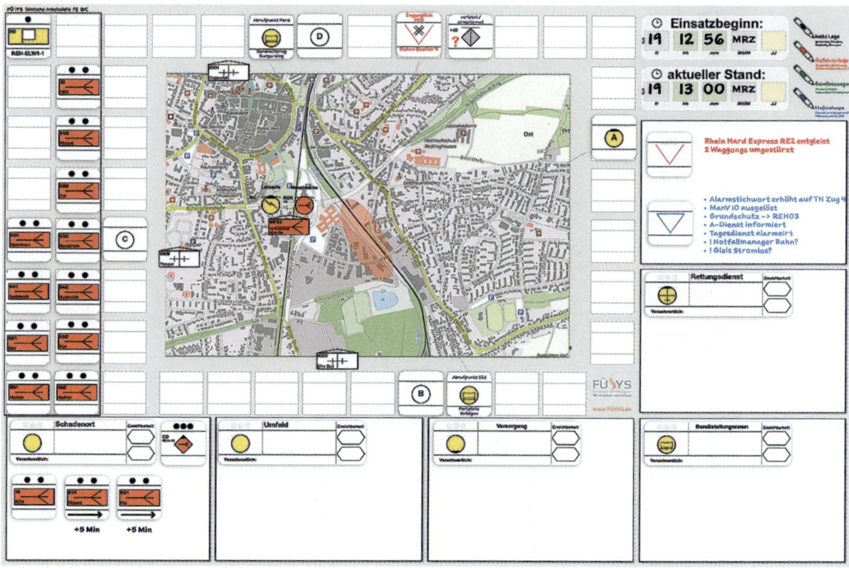

Bild 74: ***Lagedarstellung (Quelle: Fa. Kobra)***

schwarz Informationen der kalten Lage
rot Gefahrenlage
grün Beeinflussungen und relevante Informationen
blau Absichten und Maßnahmen

Insbesondere bei einer Einsatzabschnittsbildung bleibt so der Überblick über die Lage und die erteilten Einsatzaufträge jederzeit sichergestellt.

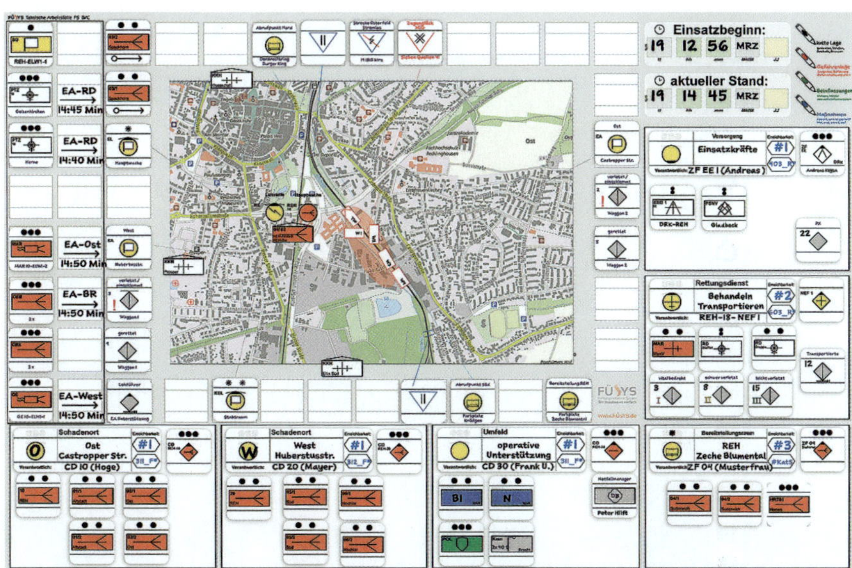

Bild 75: ***Lagekarte mit Einsatzabschnitten und Aufträgen (Quelle: Fa. Kobra)***

Für der Verwendung einer Softwarelösung für eine Lagedarstellung stehen neben der ursprünglichen Leitstellen-Software (Einsatzleitsystem) auch weitere Anbieter am Markt zur Verfügung. Im folgenden Beispiel wird die »Mobile-Lagekarte« vorgestellt. Dabei handelt es sich um eine Online-Plattform. Sinnvollerweise sollten benachbarte Feuerwehren zum Beispiel in einem Landkreis eine gemeinsame Lösung erarbeiten, um zum Beispiel alle Einsatzmittel zentral anzulegen.

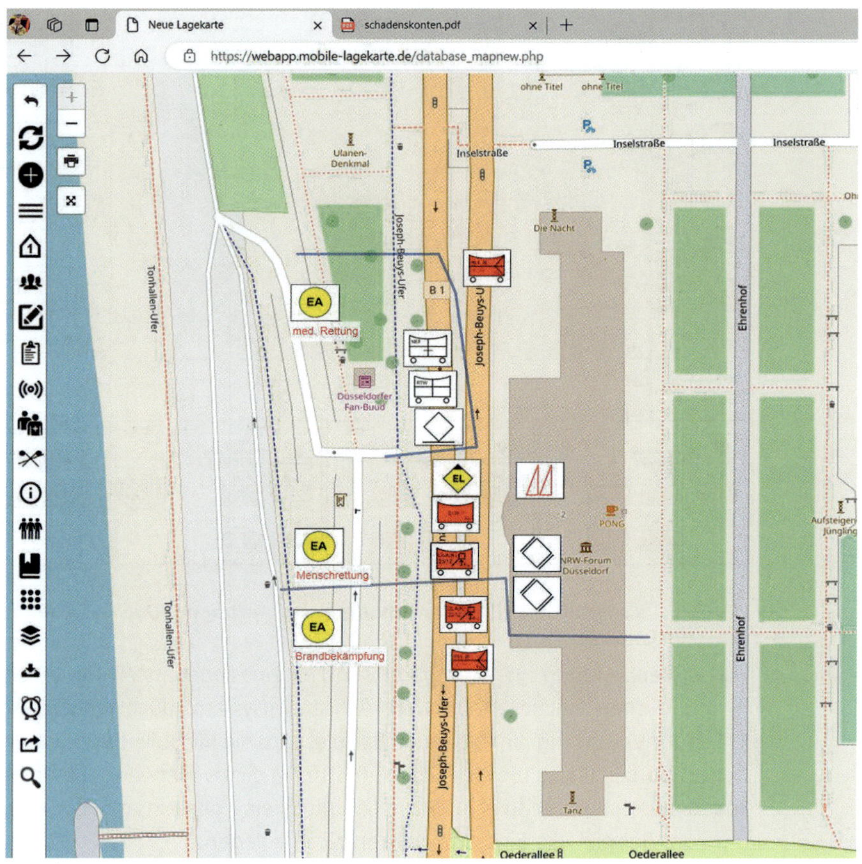

Bild 76: ***Softwarelösung mobile Lagekarte aktuelle Lage (Quelle: Matthias Korte)***

Bild 77: ***Softwarelösung mobile Lagekarte Lageentwicklung (Quelle: Matthias Korte)***

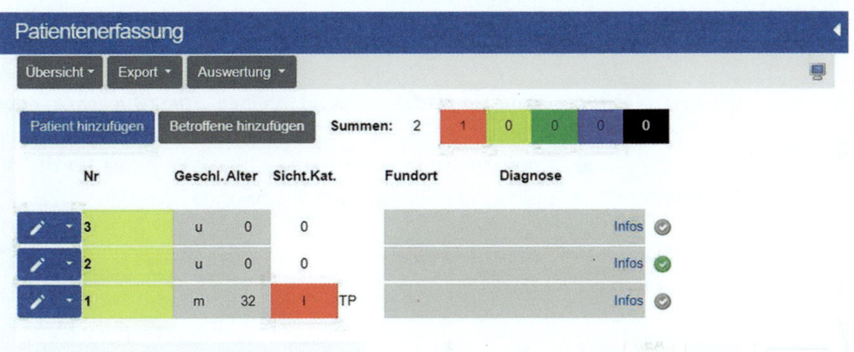

Bild 78: ***Softwarelösung mobile Lagekarte Patientenerfassung (Quelle: Matthias Korte)***

Wird die Maßnahmenliste und deren Nachverfolgung (z. B. in einem Führungsstab) deutlich umfangreicher, so sollte dafür ein eigenständiges Tool eingesetzt werden. Diese kann sowohl in einer Softwarelösung wie auch »händisch« geführt werden.

Bild 79: ***Leitungsboard zur Nachverfolgung in einem Stab (Quelle: Fa. Kobra)***

Alternativ dazu können auch Flipcharts eingesetzt werden, die für die Aktions- und Maßnahmenliste und die Lageentwicklung verwendet werden.

Aktions- und Maßnahmenliste

Zeit	Inhalt	zuständig	Status

Bild 80: *Aktions- und Maßnahmenliste als Flipchart*

In der Lageentwicklung werden bedeutsame Lageentwicklungen mit aktueller Zeit eingetragen. So kann der Stab beispielsweise jederzeit Auskunft geben, zu welchem Zeitpunkt ein Toter gefunden wurde.

Lageentwicklung

Zeit	Quelle	Lageinformation

Bild 81: *Lageentwicklung als Flipchart*

Ein Stabsraum sollte mit den gleichen Tools arbeiten, wie die Einsatzkräfte vor Ort. Im folgenden Beispiel ist ein Stabsraum mit Tools dargestellt:

- Aktuelle Lageinformation als Chart mit folgenden Informationen:
  - Ereignis, Ereignisort, Alarmstufe,
  - Zeitpunkt der nächsten Lagebesprechung,
  - Wetterdaten,
  - Gefahren,
  - Verletztenübersicht (nach Kategorien) zuzüglich Tote, Vermisste und betroffene Personen,
  - Schäden,
  - Warn- und Informationslage,
  - Auswirkungen auf Straßen, Bahnlinien, Luftraum, Gewässer usw.,
  - Behördeninformation,

- Medienlage (Presseinformation, Presseanfragen, Presse vor Ort, Pressekonferenz etc.).

- Aktuelle Lagekarte mit vorbereiteten Stadtplänen im Hintergrund in schwarz-weiß, um die eigentlichen Lageinformationen farblich hervorheben zu können (die Folie sollte mit einem nichtpermanenten Folienstift oder einem Whiteboard Marker beschreibbar und wieder abwischbar sein),
- Schadenskonten mit Einsatzkräften und taktischen Zeichen,
- Taktische Zeichen (übersichtlich sortiert in einem »Pool«),
- Chart Führungsorganisation mit vorgeplanten Einsatzabschnitten (inkl. Bereitstellungsräume) und der Möglichkeit freie Einsatzabschnitte darzustellen,
- Kommunikationskonzept (in der Darstellung der Führungsorganisation möglich),
- Aktions- und Maßnahmenliste als Flipchart,
- Lageentwicklung als Flipchart.

Bild 82: ***Stabsraum des rückwärtigen Einsatzleiterstabes im CHEMPARK Dormagen (Quelle: Fa. Currenta)***

Bei der Besetzung der Funktion des Lagekartenführers im Sachgebiet S2 (Lage) sollte dieser folgende Kompetenzen mitbringen:

- Fähigkeit zur vereinfachten visuellen Darstellung, auch komplexer Sachverhalte,
- Fähigkeit zur Erstellung einfacher technischer Skizzen (freihändig),
- lesbare Handschrift,
- hohe Belastbarkeit in dynamischen Situationen,

- Kenntnisse über die Arbeitsweise eines Stabes. Eine Stabsausbildung selbst ist aus Sicht des Autors nicht erforderlich, bedeutet aber in Konsequenz, dass er den S2 nicht vertreten kann.
- Teamfähigkeit,
- räumliches Denken,
- Ortskenntnisse,
- Kenntnisse über besondere Objekte im Ausrückebereich,
- Kenntnisse über die FwDV/DV 102 (taktische Zeichen).

5.3 Einsatzleiterhandbuch

Jede Führungskraft muss sich auf die Aufgaben, die sie im Einsatz bewältigen muss, intensiv vorbereiten. Das fängt bei dem einsatztaktischen Wert der Fahrzeuge inkl. der Beladung der Fahrzeuge an, geht über die personenbezogene Einschätzung der Kompetenzen der Einsatzkräfte und unterstellten Führungskräfte weiter und sollte auch die Leistungsfähigkeit der Leitstelle und der direkt benachbarten Feuerwehren beinhalten. Ferner müssen neben dem allgemeinen Fachwissen die Führungskräfte viele Fakten und tagesaktuelle Informationen in der »Hinterhand« haben. Einsatzleiterhandbücher können hier eine gute Unterstützung sein. Für den Einsatzerfolg ist es entscheidend, dass jede Führungskraft sich kontinuierlich mit diesen Themen beschäftigt. Die Leitstelle arbeitet als Führungsmittel der Einsatzleitung in deren Auftrag und kann viele Aufgaben rückwärtig für die Einsatzleitung erledigen. Einsatzleiterhandbücher sind dazu kein Widerspruch. Sie bieten der Führungskraft die Möglichkeit, sich selbst vor Ort gezielte Informationen zu besorgen und so direkt eine Beurteilung vorzunehmen. Sinnvollerweise unterstützen die Führungsassistenten dabei proaktiv.

Einsatzleiterhandbücher können zentral von der Einsatzplanung erstellt und aktualisiert werden. Diese Vorgehensweise ist in der Regel die effektivste, weil der Großteil dieser Informationen bei der Einsatzplanung zentral vorliegt und bei der Erstellung und Auswahl der Pläne die Bedürfnisse und Anforderungen einer Einsatzleitung vorbetrachtet werden. So viel wie nötig – so wenig, wie möglich. Dieser Grundsatz schütz vor Überfrachtung. Es erfordert aber, dass dennoch alle Einsatzleiter sich ständig einen Überblick über den Inhalt verschaffen, damit sie im Einsatz schlichtweg daran denken, sie auch zu nutzen. Ferner müssen einzelne Pläne in der systematischen Anwendung beübt werden. Liest man beispielweise einen Kanalplan der öffentlichen Kanalisation, so muss man im Vorfeld gelernt haben, wie das Gefälle eines Kanals »gelesen« wird. Die Nutzung des Inhaltes der Einsatzleiterhandbücher sollte im Rahmen von Einsatzübungen mit beübt werden, um eine Routine zu erlangen und die Inhalte praktisch zu überprüfen.

Im Gegenzug zur zentralen Erstellung kann auch jeder Einsatzleiter sein eigenes Handbuch erstellen. Dies hat den Vorteil, dass jeder sich selbst kontinuierlich überlegen muss, welche Inhalte er auswählt. In der täglichen Praxis liegt hier oft die Gefahr, dass diese nicht kontinuierlich aktualisiert werden, weil zum Beispiel im eigenen Sachgebiet sehr viel Arbeit anliegt und diesem Thema eine untergeordnete Priorität gegeben wird. Auch fehlt vereinzelt der Gesamtüberblick aller Möglichkeiten, die der Einsatzplanung offenstehen. Idealerweise gibt es für jede Einsatzleiterfunktion ein eigenes Einsatzleiterhandbuch, das entweder bei Schichtübergabe (bei hauptberuflichen Kräften) übergeben wird oder griffbereit auf dem Führungsfahrzeug bereit liegt. Ein Zugführer hat generell andere Anforderungen an ein Einsatzleiterhandbuch als ein Gesamteinsatzleiter oder Leiter eines Einsatzstabes. Dies gilt es bei der Festlegung des Inhaltes zu berücksichtigen. Die nachfolgende Auflistung bezieht sich auf die verschiedenen Führungsstufen der FwDV 100 und soll beispielhaft und in der Reihenfolge ohne Gewichtung gelten.

5.4 Führungsstufen

5.4.1 Führungsstufe A – ohne Führungseinheit (bis zwei Gruppen)

Tagesaktuelle Themen

- Stärkemeldungen,
- Übersicht über bedeutsame Straßensperrungen,
- besondere Veranstaltungen im Ausrückebereich.

Checklisten

- Übergabe-Checkliste »Einsatzleiter«,
- Checkliste Strahlenschutzeinsatz,
- Checkliste Gefahrguteinsatz,
- Checkliste Einsatzkonzepte.

Führungs- und Arbeitsmittel

- Taktisches Arbeitsblatt,
- Führungsorganisation und Funkkonzept,
- vorbereitete Übersichten mit Rufgruppen für Einsatzabschnittsbildung,
- MANV-Konzept Einsatzstruktur,

- Vordruck MELDEN – Schema für Lageübergaben,
- persönliche Arbeitsmaterialien.

Informationsquellen

- Fahrzeugübersichten mit taktischem Einsatzwert und Stationierung,
- taktische Einsatzwerte besonderer Geräte,
- Standard-Einsatzregeln,
- Übersicht über besondere brandschutztechnische Anlagen (z. B. Objekte mit CO_2-Löschanlagen),
- Tabellenwerte aus den FwDVen (z. B. Strahlenschutz FwDV 500 Referenzwerte der effektiven Dosis – FwDV 500 Kapitel 2.4.1),
- biologische und gentechnische Gefahren (Kennzeichnung, Risikogruppen, Gefahrengruppen etc.),
- Brandrauch Tabellen mögl. Inhaltsstoffe nach brennbaren Stoffen mit der Möglichkeit Messungen durchzuführen (Messgerät, Prüfröhrchen etc.) inkl. Grenzwerte,
- elektrische Anlagen (Abstände, Richtwerte etc.),
- Tabellenwerte und Umrechnungstabellen (Physik/Chemie),
- Telefonnummern und Anschriften (als Rückfallebene zum Diensthandy),
- gesetzliche Grundlagen (z. B. Amtshilfe-Definition etc.),
- Beständigkeitsliste für GSG-Einsatz der mitgeführten Ausrüstung und PSA,
- Löschboote Übersicht und mögl. prognostizierte Eintreffzeiten.

Pläne/Einsatzpläne

- Informationen zu besonderen Einsatzlagen z. B. Acetylen,
- Objektpläne besonderer Objekte, wie z. B. Krankenhäuser,
- Anfahrtspläne Industrieparks oder Chemieparks,
- Sirenenstandorte Übersicht,
- Bundesautobahn Übersicht Zuständigkeitsbereich,
- Löschwasserversorgung.

FEUERWEHR KREFELD	Brandeinsatz (A 3)			Checkliste EL
Zweck:				
Diese Checkliste ist ein Führungshilfsmittel für den Einsatzleiter bei einem Brandeinsatz größeren Umfangs (Alarmstufe 3 oder höher). Die Checkliste ist eine Gedächtnisstütze und entbindet nicht vom Handeln nach bestem Wissen und Gewissen.				
Alarmstufe 3 nach AAO bedeutet:	Alle drei Einheiten der Wachbezirke an der E-Stelle erforderlich. Führungspersonal AD, BD, CD			
Checkpunkte:		Ja erl.	Nein n. erford.	Bemerkung, Kürzel, Uhrzeit, etc.
Ist Alarmstufe 3 wirklich ausgelöst?		☐	☐	
Raumordnung geklärt?	- Anfahrt - BR RD / FW - Absperrung POL	☐	☐	
Kräftebedarf überprüfen	- FW - RD - Führungsdienst	☐	☐	
Alarmstufenerhöhung notwendig?	- eigene Kräfte - Überörtliche Hilfe	☐	☐	
Rückmeldung !!	- erste Lagemeldung - Nachforderung	☐	☐	
Abschnitte bilden und EAL benennen	- ggf. vorläufig - ELWs zuordnen	☐	☐	Grundschutz bedenken!
Warnung der Bevölkerung notwendig?	- Welcher Umfang?	☐	☐	
Rückmeldung !!	- Gliederung der E-Stelle	☐	☐	
Taktisches Arbeitsblatt		☐	☐	
SEG / Spezialkräfte erforderlich?	- LöWa-Vers. - Messen - RD - Betr./PTZ/BHP/...	☐	☐	
Andere Behörden erforderlich?	- SWK, Tiefbau - Ordnungsamt, U-amt, - LANUV, sonstige	☐	☐	
Betreuung Betroffener notwendig?		☐	☐	
Pressearbeit	- EL - Pressesprecher - Abstimmung POL	☐	☐	„Pressealarm?"
Versorgung / Verpflegung	- Mannschaft - Betriebsmittel	☐	☐	
Ablösung organisieren lassen		☐	☐	
Rückmeldung !!		☐	☐	

Bild 83: ***Checkliste Einsatzleiter (Quelle: BF Krefeld)***

5.4.2 Führungsstufe B – mit örtlicher Führungseinheit (Zug oder Verband mit Führungstrupp oder -staffel)

Tagesaktuelle Themen

- Stärkemeldungen,
- Übersicht über bedeutsame Straßensperrungen,
- besondere Veranstaltungen im Ausrückebereich.

Checklisten

- Übergabe-Checkliste »Einsatzleiter«,
- Checkliste Strahlenschutzeinsatz,
- Checkliste Gefahrguteinsatz,
- Checkliste Einsatzkonzepte.

Führungs- und Arbeitsmittel

- Taktisches Arbeitsblatt,
- Führungsorganisation und Funkkonzept,
- vorbereitete Übersichten mit Rufgruppen für Einsatzabschnittsbildung,
- MANV-Konzept Einsatzstruktur,
- Vordruck MELDEN-Schema für Lageübergaben,
- persönliche Arbeitsmaterialien.

Informationsquellen

- Fahrzeugübersichten mit taktischem Einsatzwert und Stationierung,
- taktische Einsatzwerte besonderer Geräte,
- Standard-Einsatzregeln,
- Übersicht über besondere brandschutztechnische Anlagen (z. B. Objekte mit CO_2-Löschanlagen),
- Tabellenwerte aus den FwDVen (z. B. Strahlenschutz-Referenzwerte der effektiven Dosis – FwDV 500 Kapitel 2.4.1),
- biologische und gentechnische Gefahren (Kennzeichnung, Risikogruppen, Gefahrengruppen etc.),
- Brandrauch Tabellen mögl. Inhaltsstoffe nach brennbaren Stoffen mit der Möglichkeit, Messungen durchzuführen (Messgerät, Prüfröhrchen etc.) inkl. Grenzwerte,
- elektrische Anlagen (Abstände, Richtwerte etc.),
- Tabellenwerte und Umrechnungstabellen (Physik/Chemie),

- Telefonnummern und Anschriften (als Rückfallebene zum Diensthandy),
- gesetzliche Grundlagen (Amtshilfe Definition),
- Definition D-Meldungsstufen (Werkfeuerwehren mit Störfallanlagen),
- Beständigkeitsliste für GSG-Einsatz der mitgeführten Ausrüstung und PSA,
- Löschboote Übersicht und mögl. prognostizierte Eintreffzeiten.

Pläne/Einsatzpläne

- Informationen zu besonderen Einsatzlagen z. B. Acetylen,
- Objektpläne besonderer Objekte, wie z. B. Krankenhäuser,
- Anfahrtspläne Industrieparks oder Chemieparks,
- Sirenenstandorte Übersicht,
- Bundesautobahn Übersicht Zuständigkeitsbereich,
- Löschwasserversorgung.

5.4.3 Führungsstufen C + D

Die beiden Führungsstufen C und D werden zusammengefasst:

- Führungsstufe C – mit Führungsgruppe (Verband mit Führungsgruppe),
- Führungsstufe D – mit Führungsgruppe oder -stab (mehrere Verbände mit Führungsstab Landkreis/kreisfreie Stadt).

Tagesaktuelle Themen

- Stärkemeldungen,
- Übersicht über bedeutsame Straßensperrungen,
- besondere Veranstaltungen im Ausrückebereich.

Checklisten

- Übergabe-Checkliste »Verbandsführer« oder »Stabsleiter«,
- Checklisten für die Stabsfunktionen S1 – S6 zzgl. Sichter, ETB, LKF etc.,
- Checkliste Inbetriebnahme Stabsraum,
- Checkliste Pressearbeit der Stadt inkl. Ansprechpartner,
- Checkliste Einsatzkonzepte.

Führungs- und Arbeitsmittel

- Taktisches Arbeitsblatt,
- Führungsorganisation und Funkkonzept,

- vorbereitete Übersichten mit Rufgruppen für Einsatzabschnittsbildung,
- MANV-Konzept Einsatzstruktur,
- Vordruck MELDEN-Schema für Lageübergaben,
- persönliche Arbeitsmaterialien,
- Nachrichtenverlauf Vierfachvordruck (Ablaufskizze).

Informationsquellen

- Telefonnummern Anschriften (als Rückfallebene zum Diensthandy),
- gesetzliche Grundlagen (Amtshilfe Definition),
- Definition D-Meldungsstufen (Werkfeuerwehren mit Störfallanlagen).

Pläne

- Sirenenstandorte Übersicht,
- Feuerwehrpläne besonderer Objekte.

Viele dieser Informationen müssen von der Einsatzplanung nicht selbst erarbeitet werden. In ▶ Kapitel 9 dieses Buches gibt es eine Vielzahl von Quellen, die genutzt werden können. Ferner sind im Buchhandel (bzw. auch als pdf-Datei) verschiedene Einsatzleiterhandbücher erhältlich, die genutzt bzw. thematisch integriert werden können. Der Umgang mit Acetylenflaschen (Acetylenzersetzung o. ä.) sei hier beispielhaft genannt. Einsatzleiterhandbücher sollten in der Regel in ausgedruckter Form (als Mappe o. ä.) vorgehalten werden. So können diese übergeben werden und sind unabhängig von der Verfügbarkeit der EDV zu nutzen.

Einzelne Pläne können als Grundlage für die Lagedarstellung genutzt werden. Sinnvollerweise werden sie in besonderen Mappen vorgehalten. Das Volumen sollte dabei aber 100 Seiten im Volumen nicht überschreiten. DIN A3 Pläne sind nach DIN 824 zu falten und im Einzelfall in der Lochung durch Kleberinge o. ä. zu verstärken. Auf Laminierungen oder Klarsichthüllen sollte allein schon aus umweltschutzgründen verzichtet werden.

Alternativ oder zusätzlich können Einsatzleiterhandbücher elektronisch auf einem Tablet-PC im direkten Zugriff des Einsatzleiters oder im ELW eingesetzt werden. Einsatzleitwagen sollten über einen Drucker mit Bluetooth-Schnittstelle verfügen, um einzelne Pläne leicht ausdrucken zu können. Das Papierformat sollte dabei neben DIN A4 auch in DIN A3 vorgehalten werden (▶ Kapitel 3.4.1 »Feuerwehrplan«). Die elektronische Version hat den Vorteil, dass einzelne Pläne durch Drucken mehrfach zur Verfügung stehen und die mitgeführte Datenmenge insgesamt größer sein kann als in ausgedruckter Form.

Bild 84: ***Mappe Einsatzleiterhandbuch (Quelle: Fa. pax-bags)***

5.5 Bereitstellungsräume

In ▶ Kapitel 3.3.3 wurde die Erstellung von Konzepten für die Errichtung von Bereitstellungsräumen bereits betrachtet. In diesem Kapitel soll es nun um die praktische Umsetzung der Einrichtung und der Führung eines Bereitstellungsraumes an der Einsatzstelle oder in deren Umfeld gehen.

Auf Basis der Vorplanung kann die Einsatzleitung im Ereignisfall einen oder mehrere geeignete Bereitstellungsräume auswählen und einrichten lassen. Dafür sind vorher erarbeitete strukturierte Einsatzunterlagen, Pläne und Checklisten sinnvoll und hilfreich. Insbesondere ein Übersichtsplan des Ausrückebereiches mit der Darstellung aller vorgeplanter Bereitstellungsräume ist dabei hilfreich. Überregionale Bereitstellungsräume sollten darin ebenfalls dargestellt werden. Alle Einsatzunterlagen und Pläne sollten im Vorfeld so selbsterklärend aufgebaut sein, dass sie ohne vorherige Einweisung für jede Führungskraft nutzbar sind.

In einem Führungsstab ist es nach der FwDV 100 die Aufgabe des Sachgebietes S3 (Einsatz) den Ort eines Bereitstellungsraumes festzulegen. Die Einrichtung und

Führung eines Bereitstellungsraumes wäre hingegen die Aufgabe des Sachgebietes S1 (Personal/Innerer Dienst). Dieser führt auch die Kräfteübersicht (inkl. Bereitstellungsraum) im Stab.

Vor der Festlegung eines Bereitstellungsraumes ist die Verfügbarkeit vor Ort vorab zu erkunden. (Beispielsweise findet an einem Sonntag wider Erwarten auf dem Parkplatz eines großen Supermarktes ein Trödelmarkt statt oder eine Baustelle verhindert die Zufahrt und der ausgewählte Bereitstellungsraum kann nicht genutzt werden.)

Folgende Kriterien sollten ausschlaggebend bei der Auswahl eines vorgeplanten Bereitstellungsraumes sein:

- die erforderliche Größe ist abhängig von der Summe der Einsatzmittel und der Betriebszeit des Bereitstellungsraumes,
- bei der Einbindung ortsfremder Einheiten (z. B. überregionale Einsatzunterstützung) sollte ein leicht auffindbarer BR bevorzugt ausgewählt werden,
- die Entfernung zur Einsatzstelle muss angemessen sein,
- der Ort muss außerhalb des Gefahrenbereich sein: Abstand und Windrichtung beachten! Ggf. drehende Windrichtungen sind zu kontrollieren,
- Schutz vor Witterungseinflüssen:
  - im Sommer: »nicht in der prallen Sonne«,
  - im Winter: Aufenthalt im Warmen (Einsatzfahrzeuge mit Standheizung, Gebäude, Container oder in Schnellaufbau-Zelten),
- die Notwendigkeit der Einrichtung eines Lotsendienstes ist mit der Auswahl eines BR zu überprüfen. Lotsendienste können zwischen Einsatzstelle und BR »pendeln« (z. B. auch zwischen einer Autobahnabfahrt und dem BR).

Bei der Einrichtung eines Bereitstellungsraumes muss die Aufstellung der Fahrzeuge festgelegt werden. In Abhängigkeit verschiedener Anforderungen gibt es grundsätzlich verschiedene Aufstellmöglichkeiten, die bereits in ▶ Kapitel 3.3.3 bei der Planung beschrieben wurden:

- Linienparkposition,
- Fischgrätenparkposition,
- Einzelaufstellung,
- Aufstellung im Mischsystem.

Der Führer eines Bereitstellungsraumes hat folgende Aufgaben:

- Erkundung des Bereitstellungsraumes vor Ort auf Verfügbarkeit mit Rückmeldung an den Einsatzleiter bzw. S1 im EL-Stab,
- Einrichtung des Bereitstellungsraumes:
  - Einrichtung eines Meldekopfes,
  - Festlegung und Anforderung weiterer notwendiger Führungsmittel (im Stab über S1),
  - Sicherstellung der Fernmeldeverbindung,
  - geordnete Raumnutzung mit Festlegung der Aufstellsystematik,
  - ggf. Einrichtung notwendiger Lotsenstellen für überörtliche Kräfte,
  - ggf. abstimmende Verkehrslenkung mit der Polizei,
  - bei Vorhandensein einer Internetverbindung: Kommunikation der Zugangsmöglichkeit an die Führungs- bzw. Einsatzkräfte,
  - Inbetriebnahme sanitärer Einrichtungen etc.
- Betrieb des Bereitstellungsraumes:
  - Führen der Kräfteübersicht (ggf. durch den Meldekopf),
  - Meldung differenzierter Kräfteübersichten an die Einsatzleitung (ggf. S1),
  - ggf. Verpflegung der Einsatzkräfte (ggf. über S4) anfordern,
- Führung der Einsatzkräfte im Bereitstellungsraum:
  - Einweisung der Einsatzkräfte in die Lage inkl. Gefahren, Einsatztaktik und prognostizierter Einsatzdauer,
  - Information der Anfahrtswege zur Einsatzstelle,
  - Einsatzbefehl der EL an angeforderte Kräfte weitergeben.

6 Einsatznachbesprechungen

Keine noch so gut geplante Einsatzübung, kein noch so realistisches Übungsszenario kann Erfahrungen, die in einem realen Einsatz gemacht werden, ersetzen. Insbesondere die oft hohe Dynamik bei realen Einsätzen in der frühen »Orientierungsphase« wäre niemals in einer Übung abbildbar. Auch fühlt sich keine noch so realistisch geplante und gestaltete Übung wirklich real an – selbst wenn zum Beispiel Mitwirkende aufwendig zur realistischen Darstellung von Verletzungen geschminkt werden.

Im Gegensatz zu einem realen Einsatz können aber bei einer Einsatzübung ganz gezielt bestimmte Schwerpunkte oder Ziele angesteuert werden. Die Umsetzung von Einsatz- und Funkkonzepten, Feuerwehreinsatzplänen oder Standard-Einsatz-Regeln können aus Sicht der Einsatzplanung gezielt überprüft und nach einer Auswertung ggf. korrigiert und weiterentwickelt werden. Auch kann die Zusammenarbeit mit anderen Einheiten oder Organisationen gezielt geübt und überprüft werden. Das Zusammenspiel eines Einsatzleitungsstabes kann generell nur in einer Stabsrahmenübung ausprobiert werden, da nur selten Einsatzlagen vorkommen, die aufgrund ihrer Größe oder Komplexität die Einberufung eines Einsatzleitungsstabes erfordern. Neue Stabsmitglieder können nach erfolgter Schulung nur durch eine Übung im eigenen Umfeld das Gelernte in die Praxis umsetzen und so ihre Kompetenzen handlungssicher entwickeln oder vertiefen. Auch kann eine Übung als »Abnahme« dienen um neue Kollegen zum Beispiel in die Funktion als »Einsatzleiter« oder »Stabsleiter« zu übernehmen.

In den internationalen Normen DIN EN ISO 9000 und DIN EN ISO 9001 werden Qualitätsmanagementsysteme für Unternehmen geregelt. Insbesondere geht es dort um die Qualitätssteigerung von Produkten und Prozessen. Auch wenn diese Normen so für die Feuerwehren bzw. deren Ereignisbearbeitung nicht anwendbar sind, so kann man die Grundidee der Prozessoptimierung ableiten. Im Prinzip geht es darum, in einem kontinuierlichen Verbesserungsprozess in Form eines wiederkehrenden Kreislaufes (ähnlich dem Führungsvorgang nach FwDV 100) »PDCA = Plan, Do, Check and Act« anzuwenden.

Plan Aufstellen eines Einsatzplanes durch die Einsatzplanung

Do Anwendung oder Erprobung des Einsatzplanes im Rahmen eines Einsatzes, einer Übung oder eines Planspiels

Check Überprüfung der Inhalte; Durchführung einer Übungsnachbesprechung

Act Ableiten von Maßnahmen; Einführung des neuen Einsatzplanes oder Vornahmen von Anpassungen

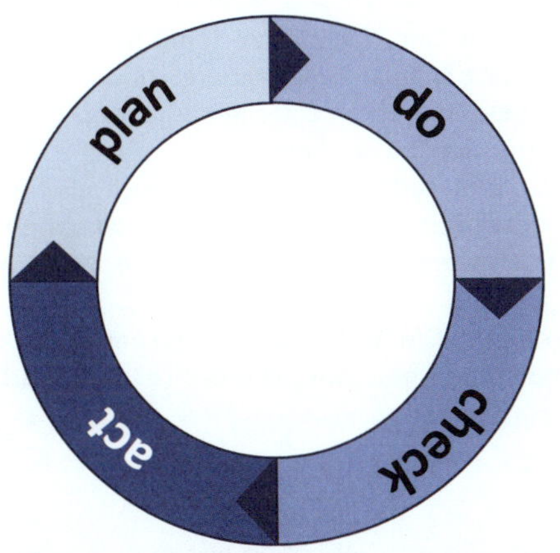

Bild 85: ***Plan, do, check, act***

Für die Feuerwehr kann man dies beispielhaft übersetzen in (▶ Bild 86):

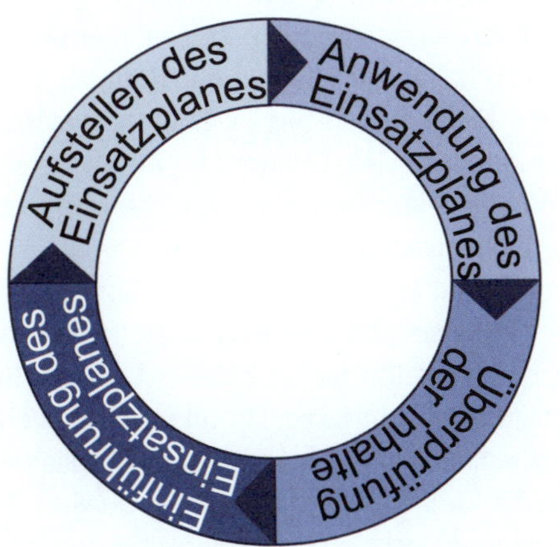

Bild 86: ***Aufstellen und Überprüfung eines Einsatzplanes***

Gibt man im ChatGPT (Generative Pre-trained Transformer) folgende Frage ein:

»Warum ist für eine Feuerwehr die Durchführung einer Einsatznachbesprechung sinnvoll?«

> Dann errechnet diese »künstliche Intelligenz« folgende Antwort:
> »Die Durchführung einer Einsatznachbesprechung ist für eine Feuerwehr aus verschiedenen Gründen sehr wichtig:
> 1. Verbesserung der Einsatzqualität: Eine Nachbesprechung bietet die Gelegenheit, den abgeschlossenen Einsatz kritisch zu reflektieren und zu bewerten. So können Verbesserungspotentiale und Schwachstellen aufgedeckt werden, um bei zukünftigen Einsätzen effektiver zu agieren.
> 2. Erfahrungsaustausch: Die Nachbesprechung fördert den Austausch von Informationen und Erfahrungen unter den Einsatzkräften. Dadurch können Erkenntnisse und Einsichten gesammelt werden, die das Team insgesamt stärken und verbessern.
> 3. Verbesserung der Zusammenarbeit: Die Nachbesprechung kann dazu beitragen, das Verständnis und die Zusammenarbeit innerhalb des Teams zu verbessern.«
>
> (ChatGPT Recherche, Chatbot OpenAI, am 9. Mai 2023)

Vereinzelt wird fälschlicherweise der Begriff Debriefing genannt. Ein Debriefing hat im Gegensatz zu einer Einsatznachbesprechung im Vorfeld ein direktes Ziel einer Maßnahme. Ein Taucher rechnet beispielsweise in einem Debriefing wiederkehrend nach einem Tauchgang seinen Luftverbrauch (Atemminutenvolumen) aus, um diesen persönlichen Wert immer aktuell zu halten und bei der nächsten Vorplanung eines Tauchganges nutzen zu können. Insgesamt liegen in einer systematischen Auswertung von Einsätzen und Übungen sehr viele Chancen für die Weiterentwicklung der Gefahrenabwehr. Dabei sind verschiedene Blickwinkel, die von verschiedenen Personen eingebracht werden, für die Nachbereitung sinnvoll.

Bei der Feuerwehr Köln wurde 2004 eine Arbeitsgruppe »Einsatzstellencontrolling« eingerichtet. »Sie besteht aus Personal der Feuerwachen (Mannschaft, Gruppenführer und Wachvorsteher), der Leitstelle, der Feuerwehrschule, der Branddirektion (Einsatzplanung und Abteilung Rettungsdienst) und einem Vertreter des Personalrates. Als Vertreter der Kölner Bürger wirken zwei Mitglieder der Verwaltungsabteilung mit« (Feyrer 2005). Sie hatte das Ziel, die Qualität der Einsatzbearbeitung aus interner und externer Sicht zu beurteilen und ggf. Maßnahmen abzuleiten.

Bei der Auswahl geeigneter Übungsszenarien ist ein Stück Fantasie gefordert. Die Übungsteilnehmer müssen dann bereit sein sich auf das Szenario einzulassen, auch wenn es vielleicht nicht üblich oder trivial ist. Betrachtet man die Bandbreite größerer Schadensereignisse der letzten 30 Jahre, so wird man von großen Zugunglücken, über gesunkene Schiffe, Gebäudeeinstürze, Explosionen oder Flugzeugabstürze alles finden. Neben den Einsatztaktischen Gesichtspunkten kann aber auch die technische

Funktionalität einer Ausrüstung im Rahmen einer Übung erprobt oder überprüft werden. Beispiel: »Welche Wurfweite erzielt das Wenderohr des neues Löschbootes? – Wurden die in der Ausschreibung festgelegte Werte praktisch erreicht?« In einer Einsatzübung kann aber auch der Leistungsstand der Einsatz- und Führungskräfte überprüft werden. Diese Aufzählung ließe sich beliebig fortsetzen.

Ziel einer Einsatznachbesprechung

Die Feuerwehr sollte als »lernende Organisation« aus Übungen und Einsätzen durch die Durchführung von Einsatznachbesprechungen wesentliche Erkenntnisse ziehen, anhand dieser eine kontinuierliche Weiterentwicklung möglich ist. Neben der Ableitung von Maßnahmen zur Verbesserung dienen Einsatznachbesprechungen auch als direktes Feedbacksystem für jede Einsatzkraft inklusive der Führung. Jeder Einzelne erfährt bei der Einsatznachbesprechung auch den Eindruck seiner Kollegen. Der Einsatzleiter kann erläutern, auf welcher Informationsbasis die Entscheidungen getroffen wurden. Dies führt zur Transparenz aber letztendlich auch dazu, dass Führungskräfte ebenfalls ein direktes Feedback erhalten.

Generell erlaubt eine positive Fehlerkultur Mitarbeitenden Fehler zu machen und daraus zu lernen. Fehler im Feuerwehreinsatz können aber eine ganz besondere Bedeutung haben, weil sie sich im Einzelfall gefährlich auswirken können. Viele inhaltliche Fehler im System kündigen sich bereits im Vorfeld an. Große Unternehmen arbeiten daher bereits sehr umfangreich so genannte »Beinahe-Unfälle« genauso auf, wie Unfälle selbst. Hier ist das Ziel, alle möglichen Unfallgefahren bereits im Vorfeld zu eliminieren, um den eigentlichen Unfall zu verhindern. Im Bereich der Atemschutzgeräte haben die Feuerwehren eigene Plattformen gefunden, um jeden Fehler sehr schnell flächendeckend zu kommunizieren. Durch eine fachlich gute Ausbildung und die Durchführung von Einsatzübungen sollen gravierende Fehler vermieden werden. Eine positive Fehlerkultur bedeutet aber auch, dass jeder Einzelne bereit ist, Gefahren und Fehler aufzuzeigen und aus den Fehlern selbst zu lernen. So entsteht insgesamt eine lernbereite Organisation.

6.1 Der Ablauf einer Einsatznachbesprechung

Eine Führungskraft sollte die Einsatznachbesprechung moderieren und den Teilnehmerkreis vorher festlegen. Im Einzelfall kann es sinnvoll sein, weitere Kollegen, wie zum Beispiel einen Disponenten der Leitstelle oder einen beteiligten Notarzt hinzuzuziehen. In einer offenen Gesprächskultur sollte zunächst der Einsatz ohne Wertung im Ablauf geschildert werden. Anschließend sollte Jeder zu Wort kommen können. Dabei sollte zunächst nur festgestellt werden, was gut lief und was nicht. Erst nach Zusammenführen des Gesamtbildes ist eine Beurteilung und das Ableiten von Maßnahmen sinnvoll. Dabei sollen alle am Einsatz beteiligen Einsatzkräfte die Möglichkeit haben, ihre Sicht auf den Einsatzablauf zu äußern. Idealerweise sollten Einsatznachbesprechungen zeitnah im Anschluss an den Einsatz durchgeführt werden.

Bei hauptberuflichen Feuerwehren kann es organisatorisch schwierig werden, erst in einer nachfolgenden Schicht alle Einsatzkräfte gemeinsam zu versammeln. Bei Freiwilligen Feuerwehren ist die Verfügbarkeit für die Teilnahme an Terminen zu beachten. Sinnvollerweise werden Einsatznachbesprechungen in den Abendstunden im Rahmen der üblichen »Übungsdienste« durchgeführt. In einigen Feuerwehren existieren besondere Anweisungen über den Ablauf, die Art der Dokumentation und Ablage der Ergebnisse der Einsatznachbesprechungen. Wertschätzend sollten auch Punkte angesprochen werden, die besonders gut abgelaufen sind – mit dem Ziel diese zu bewahren bzw. noch zu verstärken. Folgende Fragestellungen können eine Orientierung für den Inhalt geben.

Welche Qualität hatte die Einsatzbearbeitung in puncto:

- Hilfsfrist (wurde die vorgegebene Hilfsfrist eingehalten?),
- Anfahrt (schnellster Weg, ggf. Umfahrung von Hindernissen etc.),
- zeitlicher Verlauf der Rückmeldungen (zeitnah, wiederkehrend?),
- inhaltliche Qualität der Rückmeldungen,
- Einweisung der Einsatzkräfte in die Lage durch die nächste Führungsebene,
- Umfang der Nachforderungen,
- erfolgreiche Durchführung der Menschenrettung,
- Fahrzeugaufstellung/Ordnung des Raumes,
- Sicherheit der Gefahrenabwehrmaßnahmen,
- Kräfteansatz (für die gesamte Dauer des Einsatzes),
- keine Unterforderung/Überlastung,
- Führungsorganisation,
- Kommunikationskonzept/Sprechfunkorganisation,
- Taktik der Gefahrenabwehr,
- Einsatz der richtigen Technik zur richtigen Zeit,
- Performance der Einsatzkräfte bzw. einzelner Bereiche,
- Verfügbarkeit und Leistungsfähigkeit Fahrzeuge und Geräte,
- Reduzierung des Gesamtschadens (Schadenssumme, Lieferfähigkeit etc.),
- Wasserverbrauch,

- Schäden an Fahrzeugen und Geräten.

Fragen zum Einsatzablauf

- War die Erkundung umfassend und ausreichend?
- Wurden die richtigen Erkundungsergebnisse festgestellt?
- Wurden alle Gefahren erkannt und richtig beurteilt?
- Wurde der richtige Gefahrenschwerpunkt festgelegt?
- War die Einweisung der Einsatzkräfte in die Lage inhaltlich zielführend?
- War die Einsatztaktik erfolgreich?
- Wurden wiederkehrende Lagebesprechungen durchgeführt?
- War der Teilnehmerkreis in den Lagebesprechungen angemessen?
- Wären alternative Vorgehensweise besser gewesen?
- Gab es angemessene Reaktionen auf Lageänderungen?
- Wurden Aufträge präzise formuliert?
- Hatten unterstellte Einheitsführer ausreichende Gestaltungsmöglichkeiten? (Auftragstaktik versus Befehlstaktik)
- Wurden Aufträge qualitativ ausreichend umgesetzt?

Bei allen Fragen ist stets zu beachten, unter welchen vorliegenden Informationen bzw. bei welchem Lagebild die einzelnen Entscheidungen getroffen wurden. Dies sollte eingangs bei einer Einsatznachbesprechung immer vorangestellt werden. (Beispiel: Aufgrund des Einganges sehr vieler Notrufe hat die Leitstelle das Alarmstichwort »FEU 2« gewählt, auch wenn sich beim Eintreffen die Lage nicht sehr »dramatisch« dargestellt hat.«)

Für eine systematische Auswertung ist die Durchführung der bereits erwähnten strukturierten Vorgehensweise erforderlich. Diese sollte nach gleicher Systematik auch für größere Einsatzübungen durchgeführt werden. Der Ablauf der Einsatznachbesprechung und die Dokumentation sollten im Vorfeld durch die Leitung festgelegt werden. Dies kann in Form von Dienstanweisungen oder Verordnungen verbindlich umgesetzt werden. Idealerweise wird dafür eine Protokollvorlage vorgegeben. Dies bietet die Basis für die einheitliche systematische Auswertung mehrerer Einsätze. Ferner trägt es dem »Grundgedanken des Qualitätsmanagements« Rechnung.

Wenn in einer Einsatznachbesprechung festgestellt wird, dass Einsatzkräfte durch das Ereignis psychisch belastet wurden, kann ein direktes Debriefing einzelner Einsatzkräfte direkt notwendig werden. Der Einsatzleiter muss dies erkennen und angemessen reagieren. Ebenfalls muss er zeitnah ein ggf. notwendiges Biomonitoring für seine Einsatzkräfte feststellen und Umsetzen. Die FwDV 500 gibt dazu einen konkreten Hinweis: »Insbesondere bei kanzerogenen Stoffen sollte ein Bio-Monitoring durchgeführt werden. Dabei ist möglichst auf die Art, Ort und Dauer der Einwirkung sowie auf den ABC-Gefahrstoff hinzuweisen« (FwDV 500 Kapitel 1.5.3.6, Dekontamination). Und in der Anlage 1 »Begriffsbestimmungen«: »Bio-Monitoring ist eine regelmäßig oder einsatzbezogen stattfindende arbeitsmedizinische Untersuchung von humanbiologischen Materialien, wie z. B. Blut oder Urin, auf ABC-Gefahrstoffe oder deren Abbauprodukte.« Eine verbindliche Forderung dazu gibt es momentan nur in dieser Vorschrift. Es ist aber zu erwarten, dass im Rahmen der Forschungsvorhaben zum »Feuerkrebs« künftig auch beim Brandeinsatz verbindlichere Regelungen für die Durchführung eines Biomonitorings nach Brandeinsätzen mit Kontamination der ungeschützten Haut durch Ruß gefordert wird.

6.2 Auswertung

An einer zentralen Stelle sollten die Ergebnisse der Einsatznachbesprechung gesammelt werden und zu einem Gesamtbild zusammengeführt werden. Neben der Ableitung von Maßnahmen im direkten Bezug zu einem einzelnen Einsatz ist es auch erforderlich, eine Gesamtauswertung der Einsatzbearbeitung insgesamt durchzuführen. Dies könnte neben der Leitung einer Einsatzabteilung auch die Einsatzplanung durchführen.

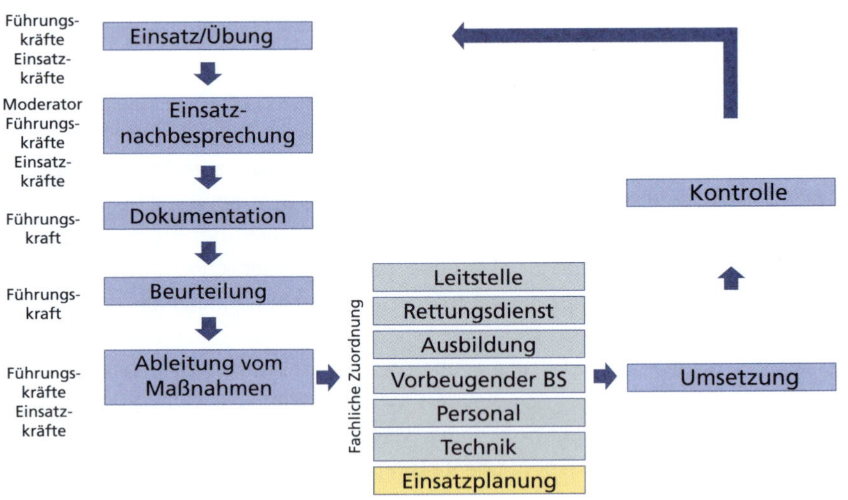

Bild 87: ***Zuordnung von Maßnahmen***

Einsatznachbesprechungen haben nicht nur das Ziel, mögliche Fehler aufzudecken. Vielmehr geht es um eine Überprüfung der Prozesse und anschließend eine Optimierung. Bei Einsätzen mit einer sehr langen Dauer kann es zunächst sinnvoll sein, den zeitlichen Verlauf mit »Meilensteinen« durch eine vorangestellte Recherche der Einsatzdokumentationen durchzuführen, damit die Teilnehmer der Einsatzbesprechung sich daran orientieren können, um ihre Eindrücke zeitlich korrekt einzusortieren. Für die Ermittlung der »Zeiten« kann die Einsatzdokumentation der Leitstelle herangezogen werden. Im Einzelfall können Kurzzeit- und Langzeitdokumentationen der Leitstelle und im ELW abgehört und ausgewertet werden. Dabei ist die Einhaltung des Datenschutzes zu beachten. Einfacherweise kann man aber auch zum Beispiel ein Diensthandy in der Anrufliste auswerten.

Eine Einsatznachbesprechung könnte nach folgendem Ablauf durchgeführt werden.

Vorbereitung:

1) Recherche relevanter Fakten (z. B. Hilfsfristauswertung durch die Leitstelle),
2) Auswahl der Teilnehmer, Moderatoren und ggf. Beobachter,
3) Terminfestlegung.

Durchführung:

1) Klärung der Protokollaufgabe und der Moderatorenrolle. Die Moderatorenrolle kann bei Zugstärke der Einsatzleiter übernehmen. Insgesamt bietet ein neutraler Moderator die Chance konstruktiver Kritik der Einsatzleitung. Dies ist aber nur bei größeren Einsätzen im Aufwand verhältnismäßig.
2) Ggf. kurze Darstellung des zeitlichen Verlaufes durch den Einsatzleiter,
3) Schilderung der persönlichen Eindrücke aller Teilnehmer inklusive Wertung aber ohne Ableitung von Maßnahmen,
4) Schilderung der Sichtweise des Einsatzleiters – idealerweise zum Schluss,
5) Zusammenfassung durch den Moderator,
6) Protokollerstellung.

Die Ableitung von Maßnahmen sollte erst im Nachgang erfolgen.

Bei den Punkten, die ein Verbesserungspotential aufzeigen, kann unterschieden werden in:

- Abläufe/Entscheidungen, Vorgehensweisen,
- Erkennen notwendiger Ausbildungsschwerpunkte,
- fehlende oder fehlerhafte Einsatzunterlagen,
- technische Geräte,
- Schnittstellen zu …,
- Kommunikation.

Nach Auflistung aller Maßnahmen sollte eine Priorisierung erfolgen. Ferner ist bei der Umsetzung zu unterscheiden zwischen:

- sofort,
- kurzfristig/mittelfristig/langfristig,
- nicht umsetzbar aufgrund von … (z. B. fehlender Finanzmittel o. ä.).

6.3 Einsatznachbesprechungen bei großen Einsatzlagen am Beispiel einer Führungsorganisation

Bei Großschadensereignissen kann es sinnvoll sein, zunächst eine gezielte Systematik der Einsatznachbesprechungen, passend für den Einsatz aufzustellen. Dabei sollte festgelegt werden, in welchen Gruppen Einsatznachbesprechungen schnittstellenorientiert durchgeführt werden. Ein Gesamteinsatzleiter sollte beispielsweise zusammen mit den Einsatzabschnittsführern eine eigene Einsatzbesprechung durchführen. Auch sollte zum Beispiel innerhalb der Einsatzabschnitte (z. B. »EA medizinische Rettung« oder »technische Rettung«) eine eigene Einsatzbesprechung durchgeführt werden. Dies hat den Vorteil, dass die Teilnehmerzahl nicht zu groß wird und jeder Einzelne nur Dinge bespricht, bei denen er auch einen Beitrag leisten kann.

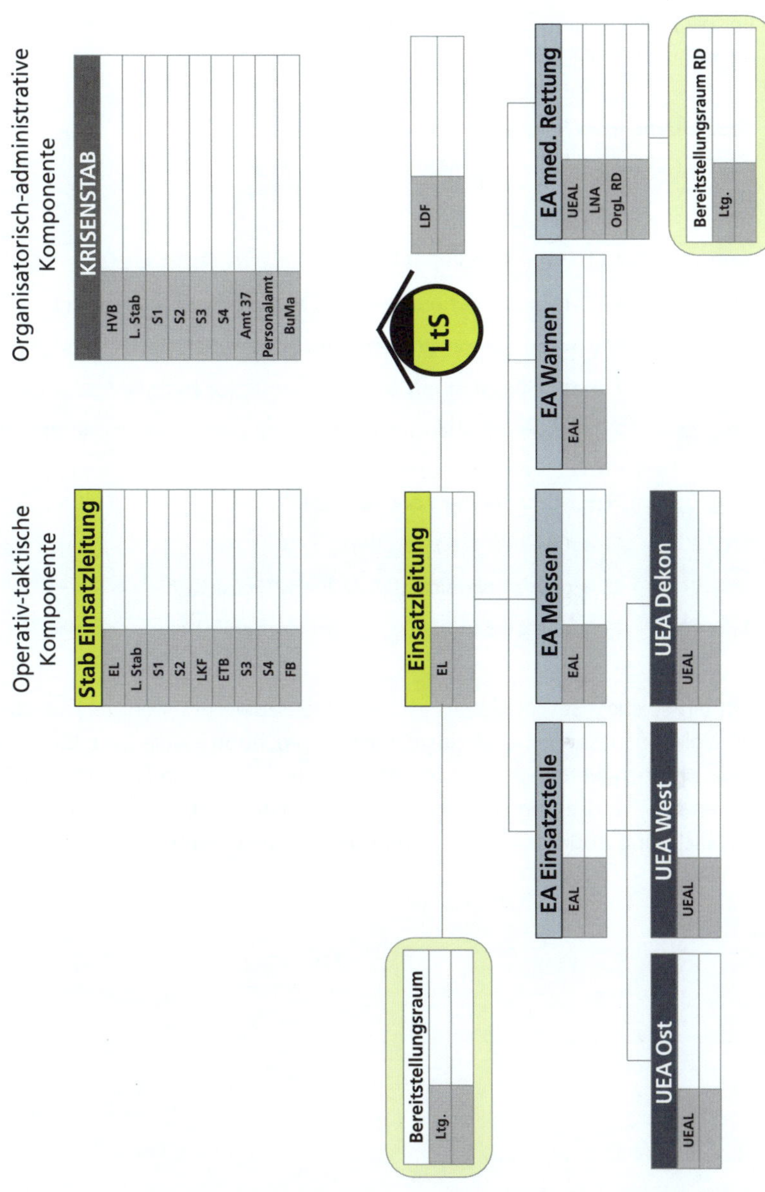

Bild 88: ***Einsatznachbesprechungen bei großen Einsatzlagen am Beispiel einer Führungsorganisation***

Beispielhaft könnten für diese Führungsorganisation folgende Einsatznachbesprechungen sinnvoll sein.

Tabelle 11: ***Einsatznachbesprechungen bei großen Einsatzlagen***

Lfd. Nr.	Bereich
ENB 1	EL + alle EAL
ENB 2	EAL ›med. Rettung‹ inkl. OrgL RD, LNA, ÄLRD etc.
ENB 3	EAL ›Messen‹ mit unterstellten EK (+ ggf. EAL ›Warnen‹)
ENB 4	EAL ›Warnen‹ mit unterstellten EK (+ ggf. EAL ›Messen‹)
ENB 5	Einsatzleiter-Stab mit allen Stabsfunktionen (inkl. EL vor Ort)
ENB 6	Krisenstab mit allen Stabsfunktionen (+ ggf. Verbindungsmann zum EL-Stab)
ENB 7	LDF + Disponenten der Leitstelle
ENB 8	Einsatzkräfte Wachabteilung
ENB 9	EL + ggf. zuständiger EAL + Freiw. Feuerwehr
ENB 10	EL + ggf. zuständiger EAL + Hilfsorganisationen

Um ein solches Gesamtsystem in Summe auszuwerten, könnte z. B. die Vorgabe sinnvoll sein, dass nach jeder Einsatznachbesprechung jeweils 5 Punkte priorisiert und herausgestellt werden zu Dingen, die gut gelaufen sind und zusätzlich 5 Punkte, bei denen es Verbesserungspotential gibt. So müssten in diesem Beispiel (▶ Tabelle 12) im Nachgang 100 Punkte im Gesamtbild beurteilt werden.

Tabelle 12: *Ablauf Auswertung ENB bei großen Einsatzlagen*

Nr	Prio	Problemstellung/Mangel	Maßnahme	Verantwortlich		Durchführung (Umsetzung)	Mitwirkung	Information	Status
				SG	Name				
1	1	Schlechte Wasserversorgung im Bereich Friedrich-Ebert-Str.	Kontaktaufnahme zu den Stadtwerken, Abt. XY	VB	Hr. Meier	Hr. Meier	EPL, Hr. Dietrich		geplant
2	1	Zu wenig (Ersatz-)Wäsche nach Dekontmination der EK	Bestückungsliste des AB-Dekon prüfen und ggf. anpassen	Technik	Fr. Müller	Kleiderkammer, Hr. Becker			begonnen
4	1	Schlechte Funkverbindung im TMO innerhalb des Gebäudes		LtSt	Hr. Schulze	Hr. Schulze			erledigt
5	2	Ladekapazität der Akkus der HRT im ELW ist unzureichend	Überprüfung aller Akkus nach Lebensdauer und Funktionalität	LtSt	Hr. Schulze	Fu-Ge-Werkstatt, Hr. Nötzel			offen
6	2	Unzureichende Übergabe im Einsatzabschnitt 3 bei Ablösung	Checkliste ›Übergabe‹ überprüfen und schulen	Ausb.	Hr. Grube	Hr. Grube	EPL, Hr. Dietrich	alle Führungskräfte in nächster Schulung	offen
7	2	Zu geringe Anzahl an Verletzenanhängekarten im ELW	Bestückungsliste aller ELW prüfen und ggf. anpassen	Technik	Fr. Müller	SG RD, Fr. Schuster			offen
8									
9									

Da in Führungsstäben andere Arbeitsabläufe umgesetzt werden als zum Beispiel an der Einsatzstelle selbst, sollten diese auch nach einer anderen Systematik betrachtet werden.

Folgende Fragestellung könnte sowohl im Einsatzleiterstab als auch im Krisenstab bei der Einsatznachbesprechung vorangestellt werden.

1) **Lagebesprechung/Lagedarstellung**
   - Wie war der Ablauf der Stabsarbeit insgesamt?
   - Gab es eine Moderation?
   - Haben die Lagebesprechungen die notwendigen Erkenntnisse zur Durchführung der eigenen Aufgabe gebracht?
   - War der zeitlicher Abstand der Lagebesprechungen passend?
   - War die jeweilige Dauer der Lagebesprechungen passend?
   - Waren Lagebesprechungen auf das Wesentliche begrenzt – oder eher ausschweifend?
2) **Führungsorganisation (für Einsatzleiterstab)**
   - War den Stabsfunktionen (Sachgebietsleitern) und Einsatzkräften jederzeit bekannt, wer die Einsatzleitung hat/bzw. übernommen hat?
   - Wurde die Übernahme der EL klar kommuniziert und dokumentiert?
   - Passte die Führungsorganisation insgesamt zum Einsatz?
   - Kannte jeder seine Aufgabe?
   - Wurden Dinge »nicht« oder »doppelt« gemacht?
   - War die Auslastung verteilt oder zu stark auf Einzelne?
   - Wurde auf personelle Engpässe angemessen reagiert?
   - Hat der Stabsleiter bei der personellen Ausstattung der Sachgebiete ggf. reagiert?
3) **Informationsfluss**
   - Waren die Informationswege bekannt?
   - Wurden Informationen nach richtigen Prioritäten kommuniziert?
   - Wurden notwendige Informationen oder Befehle von der Empfangsseite bestätigt?
   - Wurden notwendige Informationen zu spät oder gar nicht kommuniziert?

- War der Informationsfluss insgesamt effektiv? (Hinweis: Durch das Setzen der Zeitstempel auf den Vierfachvordrucken können diese im Nachgang berechnet werden)
- Welche »Durchlaufzeiten« hatten Informationen in der Leitstelle?
- Wurde die Dringlichkeit einzelner Meldungen angemessen eingestuft und in der Bearbeitung berücksichtigt?

4) **Entscheidungsfindung**
- Welche maßgeblichen Entscheidungen wurden im Führungsstab getroffen?
- Wurde die Auftragstaktik (nach FwDV 100) angewandt?
- Wurde den unterstellten Einheitsführern ausreichend Spielraum für die Umsetzung der Auftragstaktik eingeräumt? (für Einsatzleiterstab)
- Gab es eine klar kommunizierte strategische Ausrichtung des Stabes?
- Wurden Entscheidungen ausreichend abgewogen?
- Wurden ggf. anwesende Fachberater ausreichend und wirksam eingebunden?
- Konnte aus den Sachgebieten Einfluss auf Entscheidungen insgesamt genommen werden?

5) **Ausstattung**
- Was empfanden Sie bei der Einsatzbearbeitung unterstützend?
- Wurden wichtige Entscheidungen und Maßnahmen dokumentiert?
- Wurden vorhandene Einsatzunterlagen genutzt?
- Welche Ausstattung hat konkret gefehlt?

Nach Auswertung der Ergebnisse werden Maßnahmen abgeleitet. Diese könnten aus Sicht der Einsatzplanung unterschieden werden in die Bestätigung, Anpassung oder Neuaufstellung von:

- Einsatzkonzepten,
- Einsatzplänen,
- Funkkonzepten,
- Standard-Einsatz-Regeln,
- Feuerwehrplänen,
- Objektplänen,
- Alarm- und Ausrückeordnung (AAO),

- Notwendigkeit der Anschaffung neuer »Technik« mit der vorherigen Festlegung,
- der Anforderungen der Einsatzplanung,
- Ausrückezeit (zum Beispiel Konzept für die Verkürzung).

7 Zusammenfassung und Schlusswort

In diesem Buch wurden die wesentlichen Aufgaben der Einsatzplanung der Feuerwehr betrachtet und anhand vieler praktischer Beispiele veranschaulicht. Dabei ist eine ganzheitliche Erstellung verschiedener Elemente notwendig. Besonders das Zusammenspiel der Bedarfsplanung, der Alarm- und Ausrückeordnung und den taktischen Festlegungen müssen aufeinander abgestimmt sein. Sie dürfen keine inhaltlichen Lücken offenlassen und Dinge nicht doppelt – im schlimmsten Fall widersprüchlich – regeln. Dies erfordert nach Überzeugung des Autors das Vorhandensein eines zentralen Sachgebietes Einsatzplanung in der Feuerwehr.

Die organisatorische Anbindung des Sachgebietes Einsatzplanung in der Feuerwehr spielt dabei weniger eine Rolle, da dieses Aufgabengebiet themenabhängig sehr viele interne und externe Schnittstellen besitzt und somit interdisziplinär agiert. Vielmehr führen notwendige Kompetenzen, wie Teamfähigkeit, räumliches Denken und die Fähigkeit zur vereinfachten visuellen Darstellung auch komplexer Sachverhalte zum Erfolg der Einsatzplanung. Eine hohe fachliche Kompetenz für die erfolgreiche Einsatzplanung ist ebenfalls entscheidend, da die Mitarbeitenden oftmals die Denkweise der Einsatzleiter einnehmen müssen, um aus der Vielzahl der Informationen die wesentlichen und notwendigen herauszusuchen und in geeigneter Form zur Verfügung zu stellen. Diese Anforderungen wurden in diesem Fachbuch genauso betrachtet, wie die Ausstattung an Hilfsmitteln für das Sachgebiet.

Viele Pläne und Informationen, die für den Feuerwehreinsatz erforderlich sind, werden an anderen Stellen, zum Beispiel von einem Betreiber einer Störfallanlage, erstellt und der Feuerwehr zur Verfügung gestellt. Die Einsatzplanung muss neben der Lesbarkeit und Anwendbarkeit dieser Unterlagen auch eine Bewertung über ggf. erforderliche Maßnahmen innerhalb der Feuerwehr durchführen. Dies können besondere Vorgehensweisen im Einsatz, Anpassungen in der Alarm- und Ausrückeordnung oder auch die Vorhaltung besonderer Ausrüstungen in der Umsetzung bedeuten. Um ein sinnvolles Zusammenspiel aus Bedarfsplan, Alarm- und Ausrückeordnung, Standard-Einsatzregeln, Plänen für besondere Einsatzlagen, Taktikstandards und weiteren Planungen sicherzustellen, ist es erforderlich, diese inhaltlich »übereinander« zu legen und wiederkehrend in einem sinnvollen Rhythmus zu aktualisieren. Einzelne Elemente sind durch Durchführung einer (Einsatz-)Übung auf Praktikabilität und Kontrolle der Abläufe und der Wirksamkeit zu überprüfen. Die dabei erzielten Erkenntnisse sind auszuwerten, Konzepte sind ggf. anzupassen.

Dieses Buch betrachtet die Entwicklung der Bedarfsplanung als Grundlagen für die Stärkebemessung einer Feuerwehr ohne tiefergehend in die Bedarfsplanung selbst einzusteigen, da dieses Thema bereits umfassend in der Literatur behandelt wurde. Dabei wird Szenarienbasiert anhand vordefinierter Einsätze vorgegangen.

Auch in Freiwilligen Feuerwehren bietet sich die Einrichtung einer hauptberuflichen zentralen Stelle »Einsatzplanung« an, um die steigenden Anforderungen und die Vielzahl der Aufgaben in Zukunft qualitativ hochwertig umsetzen zu können. Neben der Aufgabenbewältigung der Einsatzplanung könnten in diesem Sachgebiet auch Ausbildungsunterlagen erstellt und fortgeschrieben werden. Ergänzend könnte durch eine fachliche Vertretung der Feuerwehr nach außen die Leitung der Feuerwehr entlastet werden. Im Informationszeitalter der »Vernetzung« ist es notwendig, den Einsatzkräften die richtigen Informationen zur richtigen Zeit in der richtigen Detailtiefe zur Verfügung zu stellen und gleichzeitig eine Informationsüberfrachtung zu vermeiden. Dafür stehen neben Alarmdisplays in den Feuerwachen, Alarmierungsunterstützungen per Alarmdepeschen und Einsatzleiterhandbüchern eine Vielzahl weiterer Tools zur Verfügung. All diese Dinge werden in diesem Fachbuch systematisch betrachtet und beispielhaft vorgestellt. Der Leser hat die Möglichkeit bei der Aufstellung dieser Tools die wesentlichen Fragestellungen diesem Buch zu entnehmen, um somit die passende Lösung für die eigene Feuerwehr zu erarbeiten. Dafür werden viele Punkte stichwortartig aufgeführt, um eine hohe Übersichtlichkeit zu erzielen. Es ist davon auszugehen, dass zukünftig neben der Brandschutzbedarfsplanung auch Katastrophenschutzplanungen auf verschiedenen Ebenen durchzuführen sind. Auch die Anforderungen an die externe Notfallplanung könnten aufgrund der Extremwetterlagen deutlich steigen.

Die Einsatzplanung der Feuerwehr wird daher aus Sicht des Autors an Bedeutung zunehmen, um sinnvollerweise all diese Planungen an zentraler Stelle zu begleiten bzw. je nach Organisation federführend selbst aufzustellen. Der Einfluss durch Künstliche Intelligenz auf die zukünftige Arbeit der Einsatzplanung und die Feuerwehr insgesamt kann zum heutigen Zeitpunkt nur grob abgeschätzt werden. Es ist aber sicher davon auszugehen, dass dies zu großen Entwicklungen führen wird, die viele Chancen aber auch Risiken bietet und proaktiv durch die Feuerwehren betrachtet und gestaltet werden muss. Die Auswirkungen werden neben der Einsatzplanung alle Bereiche der Feuerwehr betreffen. Im ersten Kapitel wurden dazu einige Ansätze vorgestellt. Die vielen Weiterentwicklungen der Leistungsfähigkeit (zum Beispiel die Übernahme neuer Aufgaben) müssen von der Feuerwehr strategisch geplant werden. Aufgabenzuwächse müssen auch zu einem Mitwachsen der Feuerwehr (Feuerwache, Geräthaus, Mannschaft, Gerät etc.) führen. Hier sind gute Argumente gefordert, um die dadurch steigenden Kosten zu begründen bzw.

die Stellenanzahl einer hauptberuflichen Feuerwehr zu erweitern oder erste hauptamtliche Stellen in einer Freiwilligen Feuerwehr ins Leben zu rufen. Diese Themen sind in enger Zusammenarbeit mit der Leitung der Feuerwehr zu betrachten.

Um Beschaffungen technischer Einsatzgeräte im Vorfeld strategisch begründen zu können, erfordert es besonders im Zeitalter leerer Kassen gute Argumente und schlüssige Konzepte. Die Einsatzplanung erstellt diese Konzepte und einsatztaktische Vorgaben an künftige (Ersatz-)Beschaffungen und stimmt diese intern ab. Auf Basis dieser Vorgaben werden Beschaffungen durchgeführt. Anhand verschiedener Beispiele werden Fragestellungen vorgestellt, die unterstützend wirken können. In einem Einsatzbeispiel wird praxisnah der (einsatz-)planerische Teil des Führungsvorganges systematisch aufgezeigt. Hier wurde ein Stück über die übliche Vorgehensweise hinausgegangen und zusätzlich die Faktoren Eintrittswahrscheinlichkeit und Schadensausmaß in einer Riskomatrix betrachtet. Während in der Ausbildung der Führungskräfte oftmals die Entscheidung der Maßnahmen in Entschluss und Befehl enden, wurde hier der Ansatz der Kontrolle insbesondere auf die zeitliche Abfolge erfolgskritischer Maßnahmen gelegt. Dies kann den Leser gleichermaßen in der Vorbereitung auf ein Planspiel unterstützen, wie auch generell als Ansatz zur Weiterentwicklung oder zum Nachdenken anregen. In einem eigenen Kapitel werden Möglichkeiten der Lagedarstellung vorgestellt ohne zu tief in die »Welt der taktischen Zeichen« selbst einzutauchen, da diese absehbar in einer neuen FwDV/DV 102 veröffentlicht werden sollen und dann einheitlich und verbindlich einzusetzen sind. Im letzten Kapitel wird systematisch das Thema Einsatznachbesprechungen tiefergehend betrachtet. Keine noch so gut geplante Einsatzübung, kein noch so realistisches Übungsszenario kann Erfahrungen, die in einem realen Einsatz gemacht werden, ersetzen. Es gibt dennoch viele Bereiche, in denen überhaupt keine praktischen Erfahrungen gemacht werden können und die Einsatzfähigkeit ausschließlich durch Ausbildung und Durchführung von Übungen erlangt werden kann. (Jede Flughafenfeuerwehr muss bspw. vorbereitet sein auf einen Flugzeugabsturz oder ähnliche Ereignisse.) Die Einsatzplanung legt dabei mögliche Szenarien fest, die sowohl für die Beschaffung technischer Einsatzmittel als auch die Durchführung von Einsatzübungen als Planungsgrundlage dienen. Nachbesprechungen bieten die Chance für ein Feedback und somit der Weiterentwicklung. Dafür erfordert es neben der Nachbesprechung selbst eine Systematik der Nachverfolgung und Umsetzung. Dieses Thema kam aus Sicht des Autors in der Feuerwehrliteratur deutlich zu kurz. Insofern wird auch hier eine Lücke geschlossen. Der Anhang enthält eine Vielzahl an Informationsquellen und Planungswerten, die aus Sicht der Einsatzplanung notwendig oder hilfreich sind.

8 Abkürzungen

AAO	Alarm- und Ausrückeordnung
ABC	Atomare, biologische oder chemische Gefahren
AEGL	Acute Exposure Guideline Level
AGBF	Arbeitsgemeinschaft der Leiter der Berufsfeuerwehren
ArbStättV	Arbeitsstättenverordnung
BAGAP	Betriebliche Alarm- und Gefahrenabwehrpläne
BBK	Brandbekämpfung, in einem anderen Kontext auch: Bundesamt für Bevölkerungsschutz und Katastrophenhilfe
BDBOS	Bundesanstalt für den Digitalfunk der BOS
BHKG	Gesetz über den Brandschutz, die Hilfeleistung und den Katastrophenschutz in NRW
BMA	Brandmeldeanlage
BMZ	Brandmeldezentrale
BOS	Behörden und Organisationen mit Sicherheitsaufgaben
CEDIC	Verband der Europäischen chemischen Industrie (übersetzt)
CNG	Compressed Natural Gas (Erdgas für Fahrzeuge)
CBRN	Chemisch, biologisch, radiologisch und nuklear (vergleich »ABC«)
DV	Dienstvorschrift
DGUV	Deutsche Gesetzliche Unfallversicherung
DMO	Direct Mode Operation
DVGW	Deutscher Verein des Gas- und Wasserfaches e. V.
EA	Einsatzabschnitt
e-DGTI	Electronic Dangerous Goods Transport Information (Elektronisches Beförderungspapier für Gefahrgut-Transporte)
ERI-Cards	Emergency Response Intervention Cards
ERPG	Emergency Response Planning Guidelines
FASi	Fachkraft für Arbeitssicherheit
FAT	Feuerwehr-Anzeigetableau
FSD	Feuerwehrschlüsseldepot
FRT	Fixed Radio Terminal (Stationäres Funkgerät oder Funkstation)
FSE	Freischaltelement
FIZ	Feuerwehr Informationszentrale
FwK	Feuerwehrkran
FwDV	Feuerwehrdienstvorschrift

HRT	Handheld Radio Terminal (Funkgerät)
IDECS	Integrated Dispatch and Emergency Control (funktionale Bedienoberfläche für den Funk)
KS	Krisenstab
LB	Löschboot
LG	Laufbahngruppe
LNA	Leitender Notarzt
LPG	Liquified Petroleum Gas (= Autogas)
LUF	Löschunterstützungsfahrzeug
MANV	Massenanfall von Verletzten
MRT	Mobile Radio Terminal (= Fahrzeugfunkgerät)
MZB	Mehrzweckboot
OrgL RD	Organisatorischer Leiter Rettungsdienst
PAC	Protective Action Criteria
QM	Qualitätsmanagement
RD	Rettungsdienst
RTB	Rettungsboot
RWA	Rauch- und Wärmeabzug
SAE	Stab für außergewöhnliche Ereignisse
SER	Standard-Einsatzregel
SiAss	Sicherheitsassistent in der Feuerwehr
TAB	Technische Anschlussbedingung für eine Brandmeldeanlage
TBB	Taktisch Technische Betriebsstelle im Digitalfunk
TEEL	Temporary Emergency Exposure Limits
TMO	Trunk Mode Operation
TRAS	Technische Regeln für Anlagensicherheit
TRGS	Technische Regeln für Gefahrstoffe
TRK-Wert	Technische Richtkonzentration
UAS	Unmanned Aerial System (Drohnen)
ÜE	Übertragungseinrichtung (Gefahrenmeldetechnik)
UEA	Untereinsatzabschnitt
vfdb	Vereinigung zur Förderung des Deutschen Brandschutzes

9 Informationsquellen und Planungswerte

9.1 Informationsquellen

ABC-Schutzkonzept NRW Teil 5 »Messzug NRW«, Ministerium für Inneres und Kommunales des Landes Nordrhein-Westfalen, 2011.

AEGL-Werte (Acute Exposure Guideline Level), Environmental Protection Agency EPA.

AGBF Bund – AK-R, Grundsatzpapier »Anforderungen an MANV-Konzepte«, 2013.

Alarm- und Gefahrenabwehrplan, Musterkonzept für die Notfallplanung, Landesamt für Natur, Umwelt und Verbraucherschutz in NRW, Essen, 2017.

Betriebliche Alarm- und Gefahrenabwehrpläne in NRW, Musterkonzept für die Notfallplanung, Landesamt für Natur, Umwelt und Verbraucherschutz NRW, Essen, 2017.

Brandschutzbedarfsplanung, Empfehlung der Arbeitsgemeinschaft der Leiter der Berufsfeuerwehren (AGBF) für Qualitätskriterien für die Bedarfsplanung von Feuerwehren in Städten vom 16. September 1998, Fortschreibung vom 19. November 2015.

Brandschutzbedarfsplanung, Handreichung zur Brandschutzbedarfsplanung für kommunale Entscheidungsträger vom Ministerium für Inneres und Kommunales NRW, Städtetag NRW, Landkreistag NRW und Städte- und Gemeindebund NRW, 2016.

Bundesamt für Bevölkerungsschutz und Katastrophenhilfe, Bonn.

Deutsche Bahn Leitfaden »Hilfeleistungseinsätze im Gleisbereich der DB AG«, Herausgeber: Notfallmanagement der Deutschen Bahn Frankfurt am Main.

Deutscher Wetterdienst (DWD), Informationsportal für den Katastrophenschutz (FeWIS).

DGUV Information FBFHB-021, Einsatz von Kohlenmonoxidwarngeräten bei Feuerwehren und Hilfeleistungsorganisationen.

DGUV Information 205-014, Auswahl von persönlicher Schutzausrüstung für Einsätze der Feuerwehr.

DGUV Information 205-018, Einsatz an Photovoltaikanlagen – Informationen für Einsatzkräfte von Feuerwehren und Hilfeleistungsorganisationen.

DGUV Information 205-022, Rettungs- und Löscharbeiten an PKW mit alternativer Antriebstechnik.

DGUV Information 205-029, Umgang mit Acetylenflaschen im Brandeinsatz.

DGUV Information 205-035, Hygiene und Kontaminationsvermeidung bei der Feuerwehr.

DGUV Information 205-038, Leitfaden Psychosoziale Notfallversorgung für Einsatzkräfte.

DGUV Regel 100-001, Grundsätze der Prävention.

DGUV Regel 101-004, Kontaminierte Bereiche.

DGUV Regel 105-049, Feuerwehren.

DGUV Vorschrift 49, Unfallverhütungsvorschrift »Feuerwehren«, Fachbereich Feuerwehren, Hilfeleistungen, Brandschutz.

DIN 14011:2018-01, Feuerwehrwesen – Begriffe, DIN Media GmbH, Berlin, 2018.

DIN 14034-6:2024-06, Graphische Symbole für das Feuerwehrwesen – Teil 6: Bauliche Einrichtungen, DIN Media GmbH, Berlin, 2024.

DIN 14095:2025-07, Feuerwehrpläne für bauliche Anlagen, DIN Media GmbH, Berlin, 2025.

DIN 14505:2015-01, Feuerwehrfahrzeuge – Wechselladerfahrzeuge mit Abrollbehältern – Ergänzende Anforderungen zu DIN EN 1846-3 DIN 14961, DIN Media GmbH, Berlin, 2015.

DIN 14555-12:2023-03, Rüstwagen und Gerätewagen – Teil 12: Gerätewagen Gefahrgut GW-G, DIN Media GmbH, Berlin, 2023.

DIN 14555-3:2016-12, Rüstwagen und Gerätewagen – Teil 3: Rüstwagen RW DIN SPEC 14507, DIN Media GmbH, Berlin, 2016.

DIN 14095:2025-07, Feuerwehrpläne für bauliche Anlagen, DIN Media GmbH, Berlin, 2025.

DIN 824:1981-03, Technische Zeichnungen; Faltung auf Ablageformat DIN 14675, DIN Media GmbH, Berlin, 1981.

DIN EN 1846-1:2011-07, Feuerwehrfahrzeuge – Teil 1: Nomenklatur und Bezeichnung, DIN Media GmbH, Berlin, 2011.

DIN EN 1846-2:2025-03, Feuerwehrfahrzeuge – Teil 2: Allgemeine Anforderungen – Sicherheit und Leistung, DIN Media GmbH, Berlin, 2025.

DIN EN 1846-3:2013-11, Feuerwehrfahrzeuge – Teil 3: Fest eingebaute Ausrüstung – Sicherheits- und Leistungsanforderungen, DIN Media GmbH, Berlin, 2013.

DIN EN ISO 9000:2015-11, Qualitätsmanagementsysteme – Grundlagen und Begriffe (ISO 9000:2015), DIN Media GmbH, Berlin, 2015.

DIN EN ISO 9001:2015-11, Qualitätsmanagementsysteme – Anforderungen (ISO 9001:2015), DIN Media GmbH, Berlin, 2015.

DIN ISO 23601:2021-11, Sicherheitskennzeichnung – Flucht- und Rettungspläne (ISO 23601:2020), DIN Media GmbH, Berlin, 2021.

Drehleitererlass, Erlass des Ministeriums für Städtebau und Wohnen, Kultur und Sport NRW (»Drehleitererlass«) vom 29.08.2000 – II A5-100/7.3

Drohnen, Empfehlungen für Gemeinsame Regelungen zum Einsatz von Drohnen im Bevölkerungsschutz, Bundesamt für Bevölkerungsschutz und Katastrophenhilfe.

Einsatzleiter-Wiki, Christoph Ziehr, online abrufbar unter: https://wiki.einsatzleiterwiki.de, letzter Zugriff: 20.08.2025.

Eisrettung, FUK, Arbeitsgemeinschaft der Feuerwehr-Unfallkassen.

Elektronisches Beförderungspapier für Gefahrgut-Transporte, Information des Fachausschusses Einsatz, Löschmittel und Umweltschutz der deutschen Feuerwehren vom 22. Juni 2021.

Empfehlungen für die Probenahme zur Gefahrenabwehr im Bevölkerungsschutz, Bundesamt für Bevölkerungsschutz und Katastrophenhilfe.

ERI-Cards (Emergency Response Intervention Cards), Verband der Europäischen chemischen Industrie (CEFIC).

ERPG-Werte (Emergency Response Planning Guidelines), American Industrial Hygiene Association (AIHA).

Externe Notfallpläne, Muster-Inhaltsverzeichnis im KAS-Leitfaden 65.

Fachempfehlung 1 des Deutschen Feuerwehrverbandes, Hilfeleistung mit dem First-Responder-System durch Angehörige der Feuerwehren.

Fachempfehlung 15 des Deutschen Feuerwehrverbandes, Druckimpulslüftungsverfahren.

Fachempfehlung 23 des Deutschen Feuerwehrverbandes, Kennzeichnung von Führungskräften.

Fachempfehlung 27 des Deutschen Feuerwehrverbandes, Erholungs- bzw. Ruhezeiten für Einsatzkräfte der Freiwilligen Feuerwehren nach Einsätzen.

Fachempfehlung 3 des Deutschen Feuerwehrverbandes, Brandschutz in Tunnelanlagen.

Fachempfehlung 35 b des Deutschen Feuerwehrverbandes, Sicherheit und Taktik im Waldbrandeinsatz.

Fachempfehlung 36 c des Deutschen Feuerwehrverbandes, Sicherheit und Taktik im Vegetationsbrandeinsatz.

Fachempfehlung 39 des Deutschen Feuerwehrverbandes, Einsatzstrategien an Windenergieanlagen.

Fachempfehlung 45 des Deutschen Feuerwehrverbandes, Einsatzstrategien für Feuerwehren in vollautomatischen Hochregallagern.

Fachempfehlung 53 des Deutschen Feuerwehrverbandes, Sach- und umweltgerechter Einsatz von Schaummitteln.

Fachempfehlung 77 des Deutschen Feuerwehrverbandes, Einsatzgrundsätze zur Hygiene im Brandeinsatz.

Fachempfehlung für die Brandbekämpfung zur Menschenrettung, IdF Institut der Feuerwehr Nordrhein-Westfalen, 2019.

Feyrer, J.: »Die Qualität von Feuerwehreinsätzen. Eine Bestandsaufnahme bei der Berufsfeuerwehr Köln«, in: BRANDSchutz/Deutsche Feuerwehr-Zeitung 06/2005, S. 451 – 455.

Gefahrgut-Ersteinsatz, Handbuch für Gefahrgut-Transport-Unfälle mit „MET – Modell für Effekte mit toxischen Gasen", Dr.-Ing. Hans-Dieter Nüßler, Storck Verlag, 2024, Hamburg.

Gefahrstoffnachweis und Notfallprobenahme im Katastrophenschutz des Landes Hessen.
Gemeinsames Positionspapier des Verbandes der Feuerwehren in NRW, der Arbeitsgemeinschaft der Leiter der Berufsfeuerwehren (AGBF NRW) und des Institutes der Feuerwehren in NRW.
Gewässerkunde/Einsatzplanung, FUK, Arbeitsgemeinschaft der Feuerwehr-Unfallkassen 2015.
Handbuch der gefährlichen Güter, Günther Hommel, Springer Verlag.
Hygiene im Feuerwehrdienst, Medienpaket der Arbeitsgemeinschaft der Feuerwehr-Unfallkassen.
Katastrophenschutz-Dienstvorschrift 510, Hessen.
Kommission für Anlagensicherheit beim Bundesministerium für Umwelt, Naturschutz, nukleare Sicherheit und Verbraucherschutz.
Krankenhausalarm- und -einsatzplanung, Hinweise unter: www.bbk.bund.de.
Kunst und Kulturgut, Leitfaden für die Erstellung von Evakuierungs- und Rettungsplänen für Kunst und Kulturgut, Herausgeber: Gesamtverband der Deutschen Versicherungswirtschaft e. V. (GDV) erhältlich beim VdS Verlag Schadenverhütung GmbH Köln.
Lagedarstellungssystem NRW, Institut der Feuerwehr Nordrhein-Westfalen, Münster.
Hinweise zu Hilfeleistungseinsätzen im Gleisbereich der DB AG, Deutsche Bahn AG, 2025.
Löschwasserversorgung aus Hydranten in öffentlichen Verkehrsflächen, Information der Arbeitsgemeinschaft der Leiter der Berufsfeuerwehren und des Deutschen Feuerwehrverbandes in Abstimmung mit dem DVGW Deutscher Verein des Gas- und Wasserfaches e. V., München, 2018.
Löschwasserversorgung, Arbeitsblatt W 405 der DVGW, Deutscher Verein des Gas- und Wasserfaches e. V.
Luttermann, R.: »TIBRO-Studie im System Feuerwehr«, Facharbeit im Rahmen der Laufbahnausbildung gemäß VAP2.2-Feu NRW, Institut der Feuerwehr Nordrhein-Westfalen, 2020.
fremdwort.de, Depesche, o. A., online abrufbar unter: https://www.fremdwort.de/suchen/bedeutung/depesche/, letzter Zugriff: 20.08.2025.
PAC-Werte (Protective Action Criteria), U. S. Department of Energy.
Einsatzmerkblätter für Eisenbahnfahrzeuge, Hinweise für Fremdrettungskräfte, Deutsch Bahn AG, 2016.
Rettungsdatenblätter, Die Rettungskarte zum Download, ADAC.
Rettungszüge der Deutschen Bahn AG, online abrufbar unter: https://www.bahndienstwagen-online.de/bahn/BDW/BDW/NOTFALL/rtz.html, letzter Zugriff: 20.08.2025.
Schläfer, H.: Das Taktikschema, Merkblätter zur Feuerwehr-Einsatzlehre, Kohlhammer Deutscher Gemeindeverlag, Stuttgart, 1990.
Sicherheitsassistent, Dr. Adrian Ridder, online abrufbar unter: https://www.sicherheitsassistent.info, letzter Zugriff: 22.08.2025.
Technische Regeln für Gefahrstoffe, Arbeitsplatzgrenzwerte AGW (TRGS 900), Ausschuss für Gefahrstoffe (AGS) Vorgänger MAK-Werte (Maximale Arbeitsplatzkonzentration).
TEEL-Werte (Temporary Emergency Exposure Limits) U. S. Department of Energy.
TRK-Werte (Risikobezogenes Maßnahmenkonzept für Tätigkeiten mit krebserzeugenden Gefahrstoffen) TRGS 910.
Vegetationsbrandbekämpfung, Rahmenempfehlung Wald- und Vegetationsbrandbekämpfung in Hessen, Arbeitsgruppe der Hessischen Landesfeuerwehrschule (HLFS).
vfdb-Merkblatt 06/01, Technische – medizinische Rettung nach Verkehrsunfällen.
vfdb-Merkblatt 06/02, Zusammenarbeit Feuerwehr – Luftrettung.
vfdb-Merkblatt 06/04, Unfallhilfe und Bergen bei Fahrzeugen mit Hochvolt-Systemen.
vfdb-Merkblatt 06/08, Unfallhilfe & Bergen bei LNG-Fahrzeugen.
vfdb-Merkblatt 06/10, Technische Quarantäneflächen für beschädigte Fahrzeuge mit Lithium-Ionen-Batterien.
vfdb-Merkblatt 07/01, Geodateninfrastrukturen in Behörden und Organisationen mit Sicherheitsaufgaben.
vfdb-Merkblatt 07/02, BOS Routing und Navigation.
vfdb-Merkblatt 09/01, Empfehlungen für die Definition der Hilfsfrist für Werkfeuerwehren.
vfdb-Merkblatt 10-02, Empfehlung für den Feuerwehreinsatz bei Tierseuchen.

vfdb-Merkblatt 10-03, Empfehlung für den Feuerwehreinsatz bei Gefahr durch Ammoniak.
vfdb-Merkblatt 10-05, Empfehlung für den Feuerwehreinsatz bei Gefahr durch Chlor.
vfdb-Merkblatt 10-07, Empfehlung für den Feuerwehreinsatz bei Gefahr durch Flüssiggas.
vfdb-Merkblatt 10-17, Empfehlung für den Feuerwehreinsatz bei Gefahr durch Lithium-Zellen, Batterien und Akkumulatoren.
vfdb-Merkblatt 13-01, Sicherheitskonzept für Großveranstaltungen.
vfdb-Merkblatt 13-02, Sicherheitsabsperrungen bei Veranstaltungen.
vfdb-Merkblatt 13-04, Flucht- und Rettungswege bei Veranstaltungen im Freien.
vfdb-Richtlinie 10-01, Einsatztoleranzwerte.
vfdb-Richtlinie 10-02, Feuerwehr im B-Einsatz.
vfdb-Richtlinie 10-04, Dekontamination bei Einsätzen mit ABC-Gefahren.
vfdb-Richtlinie 10-05, ABC-Gefahrstoffnachweis im Feuerwehreinsatz, Teil I bis III
Vorkehrungen und Maßnahmen wegen der Gefahrenquellen Niederschläge und Hochwasser (TRAS 310), Kommission für Anlagensicherheit.
Vorkehrungen und Maßnahmen wegen der Gefahrenquellen Wind, Schnee- und Eislasten (TRAS 320), Kommission für Anlagensicherheit.
Wasserförderung lange Wegstrecken, App (z. B.: »FireYak« oder »Feuerwehr Löschwasserförderung«).

9.2 Planungswerte

9.2.1 Versorgung der Einsatzkräfte

- Je Einsatzkraft pro 8 Stunden Einsatzdauer 1,5 bis 2 Liter Getränke.

  Getränke können an der Einsatzstelle außerhalb des Gefahrenbereiches zur Verfügung gestellt werden. Gut geeignet sind dafür calciumreiche Mineralwasser (Calcium > 150 mg/l) und stark verdünnte Saftschorlen.

  (Warmes) Essen sollte aus hygienischen Gründen zum Beispiel in Zelten o. ä. angeboten werden. Die Einsatzkräfte sind dabei aus der Aufgabe herauszulösen. Die Schwarz-Weißtrennung ist bei der Essensaufnahme zu beachten. Vor dem Essen sollten die EK die Möglichkeit haben, sich die Hände gründlich zu waschen um eine Inkorporation (siehe FwDV 500) auszuschließen. Ferner sollte nach Möglichkeit mit Besteck gegessen werden, um die Lebensmittel nicht direkt anzufassen.

  Als erste Nahrungsaufnahme bieten sich Frucht- oder Müsliriegel oder (Vollkorn-)Kekse an. Diese können längerfristig gelagert werden. Als warme Lebensmittel eignen sich kohlenhydrathaltige Speisen, wie zum Beispiel Nudelgerichte. Aber auch reichhaltige Suppen sind gut geeignet, da sie warm gehalten gut transportierbar und einfach auszugeben sind.
- Ersatzwäsche (inkl. Unterwäsche) rechtzeitig bereitstellen.

- Sammelbehälter für kontaminierte Persönliche Schutzausrüstung bereitstellen.
- Zeitnahes Duschen (innerhalb ca. 1 h nach Ablegen der kontaminierten PSA) ermöglichen.
- Kraftstoff:
  - Motorkettensäge 2 bis 8 l pro Stunde Gemisch oder Spezialbenzin,
  - Stromerzeuger 8 kVA 10 l pro Stunde Benzin,
  - Stromerzeuger 130 kVA 30 l pro Stunde Diesel,
  - Tragkraftspritze TS 8/8 ca. 8 l pro Stunde Benzin,
  - Kleinfahrzeuge 10 l pro Stunde Diesel oder Benzin,
  - Industrielöschfahrzeuge (große Pumpe) im Einsatz 50 bis 80 l pro Stunde Diesel,
  - Löschfahrzeuge unter Einsatz der Pumpe 30 bis 50 l pro Stunde Diesel,
  - Drehleiter im Einsatz 20 l pro Stunde Diesel,
  - Kran/Bagger im Einsatz 100 l pro Stunde Diesel.
- WC-Anlagen pro 1 000 Einsatzkräfte/24 Std. nach Versammlungsstättenverordnung (VStättVO) 32 Stück,
- Wasch- und Duschcontainer pro 1 000 Einsatzkräfte/24 Std. nach Versammlungsstättenverordnung (VStättVO) 32 Stück,
- Geräteversorgung und Persönliche Schutzausrüstung (PSA):
  - ein Atemluftkompressor (übliche Bauart) erzeugt ca. 1 000 Liter pro Minute (300 bar),
  - eine Füllleiste Atemluft für 3 Flaschen ermöglicht ca. 20 bis 25 Atemluftflaschen pro Stunde bei ausreichendem Personal (pro Kompresser 3 bis 5 Personen),
  - Zeitansatz zum Reinigen einer Atemschutzmaske inkl. Trocknung ca. 4,5 Stunden,
  - Reinigung CSA inkl. Produktfreiheit ist im laufenden Einsatz kaum möglich. Hier ist der Einsatz von Einmalanzügen, wie nach FwDV 500 zulässig, zu bevorzugen. Eine frühzeitige Abfrage der Lieferfähigkeit durch die Hersteller ist sicherzustellen.

9.2.2 Personalansatz Einsatzkräfte

Zeiten für Alarmierung/Ausrücken und Austauschen sind zu berücksichtigen. Atemschutzgeräteträger können i. d. R. zweimal pro Einsatztag für ca. 40 Minuten als Atemschutzgeräteträger eingesetzt werden. Die Schwere der körperlichen Arbeit ist ebenfalls zu berücksichtigen. Danach sind mindestens zwei Stunden Erholung erforderlich. Bei hohen Temperaturen im Sommer kann sich diese Zeit erheblich reduzieren. Die Einsatzzeiten unter einem Chemikalienschutzanzug sind i. d. R. noch kürzer. Personalaustausch im Stab ist ebenfalls frühzeitig zu planen. In Dynamischen Einsatzlagen sind erste Ermüdungserscheinungen bei einzelnen Stabsmitgliedern in der Regel nach bereits 4 bis 5 Stunden zu beobachten. Hinzu kommen erforderliche Zeiten für die Übergaben.

9.2.3 Einsatztaktische Planungswerte

Auf Ebene der Bundesländer gibt es verschieden Konzepte für die Sicherstellung der überörtlichen Hilfe, wie zum Beispiel in NRW: »Konzept für die Vorgeplante überörtliche Hilfe im Brandschutz und der Hilfeleistung durch die Feuerwehren im Land Nordrhein-Westfalen« (VüH-Feu NRW).

Wasserförderung über lange Wegstrecken in geschlossener Schaltreihe

B-Schlauch mit 800 l/min Förderstrom erzeugt einen Druckverlust durch Reibung von 1,2 bar je 100 m Schlauchstrecke.

Der Eingangsdruck muss in jeder FP mind. 1,5 bar betragen.

Tabelle 13: ***Druckverluste***

Förderstrom	l/min	600	800	1 000	1 200
Druckverlust je 100 m B-Schlauch	bar	0,7	1,2	1,7	2,4
Druckverlust je B-Schlauch (20 m)	bar	0,15	0,25	0,35	0,5

Der Abstand der Pumpen in der Ebene bei 8 bar Ausgangsdruck (z. B. FPN 8/8) liegt dabei bei ca. 540 m. Für die Berechnung können geeignete Apps eingesetzt werden, die neben der Entfernung auch den Höhenverlauf der Schlauchstrecke berücksichtigen (z. B.: »FireYak« oder »Feuerwehr Löschwasserförderung«).

Dabei sind in der Regel folgende Angaben erforderlich:

1) Festlegung der Wasserentnahmestelle
2) Festlegung des Streckenverlaufes über das Setzen von Wegpunkten
3) Festlegung der Position der Einsatzstelle
4) Eingabe der technischen Parameter: Pumpeneingangsdruck [bar], Pumpenausgangsdruck [bar] und Förderstrom [l/min]

Pendelverkehr für Bereitstellung von Löschwasser

- Tanklöschfahrzeug muss mind. über einen Wassertank > 2 000 l verfügen
- i. d. R. vorteilhaft ab 3 km Wegstrecke gegenüber Wasserförderung über lange Wegstrecken
- Fahrtgeschwindigkeit im Ansatz mit 30 km/h
- Rüstzeit Kuppeln und Rangieren jeweils 2 min

Wasserführung über lange Wegstrecken, Druckverluste bei einem Förderstrom von 400 l/min

- B-Rollschlauch 0,3 bar je 100 m
- C52-Rollschlauch 1,7 bar je 100 m
- Festlegung der Summe der Pumpen = Summer aller erforderlichen Drücke/verfügbarem Druck.

Bildnachweise

Bild 10 SiAss bei einer Übung, mit freundlicher Genehmigung von Christian Schorer.
Bild 11 Verknüpfung SiAss und FASi, mit freundlicher Genehmigung von Adrian Ridder.
Bild 13 Führungsorganisation IdF, mit freundlicher Genehmigung des Institutes der Feuerwehr NRW, Münster.
Bild 15 Funkkonzept BF Bremerhaven, mit freundlicher Genehmigung der Stadt Bremerhaven, Leitung Feuerwehr.
Bild 16 Funkkonzept BF Bremerhaven mit UEA medizinische Rettung, mit freundlicher Genehmigung der Stadt Bremerhaven, Leitung Feuerwehr.
Bild 17 Hausalarmtafel, mit freundlicher Genehmigung von Andreas Rehbein, Fa. Kobra – Konzepte für Brandschutz GmbH, FÜsYS.
Bild 23 Taktikstandard H-A-U-S-Regel, mit freundlicher Genehmigung von Jan Ole Unger.
Bild 24 Orientierungshilfe Gefahrguteinsatz BF Bremerhaven, mit freundlicher Genehmigung der Stadt Bremerhaven, Leitung Feuerwehr.
Bild 26 Infodisplay Fa DIVERA, mit freundlicher Genehmigung der Fa. DIVERA.
Bild 27 Alarmdisplay Fa DIVERA, mit freundlicher Genehmigung der Fa. DIVERA.
Bild 28 Alarmdepesche BF Bremerhaven, mit freundlicher Genehmigung der Stadt Bremerhaven, Leitung Feuerwehr.
Bild 30 Beispiel Eisenbahnmerkblatt Triebzug HH Seite 1 von 2, mit freundlicher Genehmigung der Deutschen Bahn AG, Notfallmanagement Eisenbahnbetrieb Frankfurt.
Bild 30 Beispiel Eisenbahnmerkblatt ICE Seite 2 von 2, mit freundlicher Genehmigung der Deutschen Bahn AG, Notfallmanagement Eisenbahnbetrieb Frankfurt.
Bild 33 Beispiel Darstellung der bewerteten Messergebnisse, mit freundlicher Genehmigung von Andreas Rehbein, Fa. Kobra – Konzepte für Brandschutz GmbH, FÜsYS.
Bild 34 Taktisches Arbeitsblatt IdF, mit freundlicher Genehmigung der Herausgeber »Projektgruppe einheitliche Lagedarstellung in NRW des Arbeitskreises Ausbildung NRW und des Institutes der Feuerwehr NRW«.
Bild 35 Taktische Arbeitstafel IdF, mit freundlicher Genehmigung der Herausgeber »Projektgruppe einheitliche Lagedarstellung in NRW des Arbeitskreises Ausbildung NRW und des Institutes der Feuerwehr NRW«.
Bild 37 Taschenkarte Gewässerverunreinigung Bremerhaven, mit freundlicher Genehmigung der Stadt Bremerhaven, Leitung Feuerwehr.
Bild 42 Messprotokoll NRW, mit freundlicher Genehmigung des Institutes der Feuerwehr NRW, Münster.
Bild 44 Taktisches Arbeitsblatt EA MedRett BF KR Seite 1, mit freundlicher Genehmigung der Stadt Krefeld, Leitung Feuerwehr und ÄLRD.
Bild 45 Taktisches Arbeitsblatt EA MedRett BF KR Seite 2, mit freundlicher Genehmigung der Stadt Krefeld, Leitung Feuerwehr und ÄLRD.
Bild 53 Rettungskarte BMW X2, Copyright BMW AG, Konzernkommunikation München, mit freundlicher Genehmigung.
Bild 73 Lagetafel kalte Lage, mit freundlicher Genehmigung von Andreas Rehbein, Fa. Kobra – Konzepte für Brandschutz GmbH, FÜsYS.
Bild 74 Lagedarstellung, mit freundlicher Genehmigung von Andreas Rehbein, Fa. Kobra – Konzepte für Brandschutz GmbH, FÜsYS.
Bild 75 Lagekarte mit Einsatzabschnitten, mit freundlicher Genehmigung von Andreas Rehbein, Fa. Kobra – Konzepte für Brandschutz GmbH, FÜsYS.
Bild 76 mobile Lagekarte aktuelle Lage, mit freundlicher Genehmigung von Matthias Korte, Mobile Lagekarte, Gerlingen.

Bild 77 mobile Lagekarte Lageentwicklung, mit freundlicher Genehmigung von Matthias Korte, Mobile Lagekarte, Gerlingen.

Bild 78 mobile Lagekarte Patientenerfassung, mit freundlicher Genehmigung von Matthias Korte, Mobile Lagekarte, Gerlingen.

Bild 79 Leitungsboard, mit freundlicher Genehmigung von Andreas Rehbein, Fa. Kobra – Konzepte für Brandschutz GmbH, FÜsYS.

Bild 82 Foto Stabsraum einer rückwärtigen Einsatzleitung, mit freundlicher Genehmigung der Fa. Currenta GmbH & Co. OHG, Werkfeuerwehr CHEMPARK Dormagen.

Bild 83 Checkliste Einsatzleiter BF KR, mit freundlicher Genehmigung der Stadt Krefeld, Leitung Feuerwehr.

Bild 87 Mappe Einsatzleiterhandbuch, mit freundlicher Genehmigung von Oliver Kohle, Fa. pax-bags, XCEN-TEK GmbH & Co. KG.

Stichwortverzeichnis

Der Autor

Dipl.-Ing. Peter Wiegmann: Die Leidenschaft für die Feuerwehr begann bereits mit dem Eintritt in die Jugendfeuerwehr Gütersloh (Löschzug Isselhorst) 1985 mit 13 Jahren. Nach der Übernahme in die aktive Freiwillige Feuerwehr Gütersloh (LZ GT zentral) und dem Maschinenbaustudium in Bielefeld folgte die Laufbahn für den gehobenen feuerwehrtechnischen Dienst bei der Berufsfeuerwehr Kassel.

Anschließend folgte der Wechsel in die (damalige) Werkfeuerwehr der Bayer AG (der heutigen WF CHEMPARK) mit der Übernahme verschiedener Aufgaben.

Seit über 18 Jahren ist er in der Einsatzplanung tätig und koordiniert diese fachlich für die drei Niederrheinstandorte Leverkusen, Dormagen und Krefeld-Uerdingen. Neben der Aufstellung von Systemen der Feuerwehrpläne und Standard-Einsatz-Regeln wirkt Peter Wiegmann maßgeblich in der Aus- und Fortbildung aller Führungskräfte des Einsatzleiterstabes (Führungsstufe D) mit.